高职高专计算机类专业教材·软件开发系列

PHP 程序设计基础教程

王海宾　丁　莉　主　编
宋海军　罗文琙　郗君甫　副主编

電子工業出版社
Publishing House of Electronics Industry
北京·BEIJING

内 容 简 介

本书以计算机语言的学习与认知过程为主线，以实践为主导，按照程序设计与编写的思路进行讲解。首先对PHP有所认知并搭建PHP的开发环境；随后在实践中学习程序设计的基本元素；在学习基本知识的过程中，逐渐引入三大结构的概念；从Web应用开发的需求入手，讲解了PHP表单的交互与会话、数组存储批量数据，通过函数进行程序的模块化操作，使用正则表达式规范网页数据，使用文件和PHP操纵MySQL实现数据永久化存储，引入面向对象的编程提高程序设计编写效率；以及为了更好地处理网页中的图片，讲解了PHP的图形图像处理；最后通过综合实例对整本书的内容进行总结。

本书精选大量实例贯穿知识点的讲解，并在每个章节末配有实训任务，突出PHP程序设计学习的实用性与可操作性。顺应“互联网+”趋势，本书提供了大量配套资源，包括源代码、实训任务、PPT课件等，可登录华信教育资源网（www.hxedu.com.cn）免费注册后下载。

本书适合作为高等职业院校新一代信息技术相关专业的教材，也可作为应用型本科PHP基础课程的教材，同时本书也适合作为计算机编程爱好者的入门参考书籍，还可作为计算机培训机构的培训教材。

图书在版编目（CIP）数据

PHP程序设计基础教程 / 王海宾，丁莉主编. —北京：电子工业出版社，2020.10
ISBN 978-7-121-37503-3

Ⅰ. ①P… Ⅱ. ①王… ②丁… Ⅲ. ①PHP语言－程序设计－高等学校－教材 Ⅳ. ①TP312.8

中国版本图书馆CIP数据核字（2019）第216461号

责任编辑：左　雅
印　　刷：三河市君旺印务有限公司
装　　订：三河市君旺印务有限公司
出版发行：电子工业出版社
　　　　　北京市海淀区万寿路173信箱　邮编　100036
开　　本：787×1 092　1/16　印张：19.5　字数：499.2千字
版　　次：2020年10月第1版
印　　次：2021年9月第3次印刷
定　　价：59.80元

凡所购买电子工业出版社图书有缺损问题，请向购买书店调换。若书店售缺，请与本社发行部联系，联系及邮购电话：（010）88254888，88258888。

质量投诉请发邮件至zlts@phei.com.cn，盗版侵权举报请发邮件至dbqq@phei.com.cn。

本书咨询联系方式：（010）88254580，zuoya@phei.com.cn。

前言 Preface

LAMP 是 Web 应用开发中四种最常用的开源、免费软件的组合，包括 Linux 操作系统、Apache 服务器、MySQL 数据库和 PHP 语言。LAMP 的四部分本身都是各自独立的程序，但是因为常被放在一起使用，它们相互之间拥有了越来越高的兼容性，共同组成了一个强大的 Web 应用开发平台。随着“开源”潮流的蓬勃发展，开放源代码的 LAMP 被称为 Web 应用开发的黄金组合，成为 Web 应用开发的主流技术，而 LAMP 的核心是 PHP 语言。

PHP 是一种开源、免费、跨平台、运行在服务器端的程序开发语言，主要应用于 Web 应用开发领域，具有程序运行效率高、速度快、易学习、好上手的特点。PHP 与 JSP、ASP.NET 合称为服务器端网站开发的“3P”技术，且相对于 JSP 和 ASP.NET，PHP 更加灵活、安全，是时下最流行的 Web 开发语言之一。

1．写作背景

2019 年，国务院以国发〔2019〕4 号文印发了《国家职业教育改革实施方案》，其中，第（五）条是“完善教育教学相关标准”，开启了职业教育专业建设、课程建设的标准化时代；第（六）条是“启动 1+X 证书制度试点工作”，教育部已于 2019 年 6 月 18 日公布了首批 1+X 证书制度试点院校名单，首批试点职业技能领域中包含了 Web 前端认证，并提供了 Web 前端认证的详细标准与知识点；第（九）条是“坚持知行合一、工学结合”，鼓励校企双元开发精品教材。

本书对标新一代信息技术相关专业人才培养方案中，对 PHP 基础课程的要求；覆盖“1+X Web 前端开发职业技能等级标准”中 PHP 基础知识点。

本书的主编是一名具有 16 年程序设计与开发经验的程序设计界的“老兵”，同时还是一名潜心教学改革与创新的高校教师。编者一直致力于将自己的经验或教训通过书的形式呈现给读者，通过最通俗易懂的语言与实例把复杂抽象的程序设计讲给新人们。

2．教材特色

职业教育和高等教育是两种不同的教育类型，它们同等重要。2019 年，职业教育迎来新的发展机遇，职业教育注重实践的特性进一步明晰化。本书顺应了这一趋势，本书在理论知识够用的前提下，更加强调实践，以实例与实训贯穿，通俗易懂，从应用角度将 PHP 的学习划分为 11 章，并在第 12 章给出综合实例。本书的特色主要体现在以下几个方面。

☑ 对标“1+X 证书制度”

本书以“1+X Web 前端开发职业技能等级标准”为依据，详细分析 Web 前端开发认证中对 PHP 程序设计的具体要求，完全对标工业和信息化部教育与考试中心提供的“Web 前端开发职业技能等级标准”中 PHP 部分的基础知识点。

☑ 双元开发

邀请企业导师加入教材编写团队，集合企业开发经验和校方教学经验共同开发本教材。

☑ 通俗易懂

本书尽量摒弃过于深奥的专业术语，用最通俗易懂的语言去描述程序设计开发的过程，利用类比的方法，将程序设计与现实生活相结合，让程序设计与编写更加简单易懂。

☑ 注重实践

本书以实践为主线，每个知识点都附以实例，每章配有实训任务。所有实例都经过作者的认真调试，并在书中给出详细的操作步骤，读者按照步骤操作 100%可以得到正确的结果。

全书篇幅合理、选材新颖，以实际操作为基础，辅以相应的理论知识，既有利于教学，又非常适合自学，帮助读者零基础、无障碍地阅读与学习。

3．主要内容

本书以计算机语言的学习与认知过程为主线，以实践为主导，尽量使用通俗易懂的语言描述，避免空洞难懂的理论。本书按照程序设计与编写的思路进行讲解。首先让读者对 PHP 有所认知并搭建 PHP 的开发环境；随后在实践中学习程序设计的基本元素，包括变量、常量、数据类型、运算符和表达式；在学习基本知识的过程中，逐渐感知程序的编写思路，并引入三大结构（顺序、分支、循环）的概念；而后从 Web 应用开发的需求入手，讲解 PHP 表单的交互与会话；在能够编写一些小程序后，引入数组存储批量数据；为了程序的模块化，引入函数；为了数据的规范化操作管理，引入正则表达式；为了数据的永久化存储，引入文件和 PHP 操纵 MySQL；为了更高效地开发程序，逐渐从面向过程的编程过渡到面向对象的编程；为了更好地处理网页中的图片，讲解了 PHP 的图形图像处理；最后通过综合实例对整本书的内容进行总结。

4．应用范围

本书适合作为高等职业院校新一代信息技术相关专业的教材，也可作为应用型本科 PHP 基础课程的教材，同时本书也是计算机编程爱好者的入门参考书籍，还可作为计算机培训机构的培训教材。顺应“互联网+”趋势，本书提供了大量配套资源，包括源代码、实训任务、PPT 课件等，请登录华信教育资源网（www.hxedu.com.cn）免费注册后下载。

5．编写情况

本书由王海宾进行整体规划与内容组织，王海宾与丁莉负责内容统稿并担任主编，宋海军、罗文瑛、郗君甫担任副主编。

本书第 1、2、3 章由王海宾编写，第 4、6、8 章由丁莉编写，第 5、11 章由宋海军编写，第 7 章由郗君甫编写，第 9 章由吴超楠、李磊、李园园共同编写，第 10 章由罗文瑛编写，第 12 章由赵庆编写，程序源码、PPT 课件与实训任务由王海宾和罗文瑛共同编写。在本书的编写过程中得到很多业界同人的支持，在此一并表示感谢。

尽管作者认真、仔细，并尽量做到最好，但书中难免有疏忽、遗漏之处，恳请读者提出宝贵意见和建议，以便今后改进和修正。作者 E-mail 地址：seashorewang@qq.com。

编　者

目录 Contents

第1章 PHP认知与环境搭建

PHP 是一种开源、免费、跨平台、运行在服务器端的程序开发语言，主要应用于 Web 开发领域，具有程序运行效率高、速度快、易学习、好上手的特点。PHP 与 JSP、ASP.NET 合称为服务器端网站开发的“3P”技术，且相对于 JSP 和 ASP.NET，PHP 更加灵活、安全，是时下最流行的 Web 开发语言之一。

章节学习目标

☑ 熟悉 HTTP 协议相关知识；
☑ 了解 Web 相关技术；
☑ 了解 Web 开发的黄金组合——LAMP；
☑ 掌握 PHP 开发环境的搭建与虚拟主机配置；
☑ 掌握 DW 下简单 PHP 程序的编写。

1.1 HTTP 协议

HTTP（HyperText Transfer Protocol，超文本传输协议）是互联网上应用最为广泛的网络协议之一，用于传输 WWW 数据，由 W3C 与 Internet 工作小组共同推出，是浏览器与服务器请求与应答的标准。

1.1.1 HTTP 协议简介

在访问网站的过程中，网站的每个页面都是真实存在于 Web 服务器之上的文件。访问网页的过程其实就是读取与认知文件的过程。通过浏览器访问 Web 服务器上的网页需要遵循一些协议（规范），HTTP 协议就是浏览器与 Web 服务器之间进行数据交互所遵循的最为普遍的规范，它定义了浏览器与服务器之间数据交互的格式。

HTTP 是应用级的协议，主要用于分布式、协作的信息系统；它是通用的、无状态的，其系统的建设和传输与数据无关；它也是面向对象的协议，可以用于各种任务，包括名字服务、分布式对象管理、请求方法的扩展和命令等。

1.1.2 URL

客户端（浏览器）需要通过 HTTP 协议访问存储在 Web 服务器端的网页信息，其访问方式是在浏览器的地址栏中输入网站的地址。网站的地址就像我们使用的手机号码一样，每个 Internet 地址唯一地对应一个网页。用于唯一地识别一个网页文件的地址被称为 URL（Uniform Resource Locator，统一资源定位符）。

URL 的格式为 http://主机名:端口号/资源名称，例如，http://www.xtfwy.gov.cn/index.html。下面来分别介绍一下 URL 的组成部分。

☑ http：表示数据传输所遵循的协议，也有很多公司遵循以安全为目标的 HTTPS 协议；

☑ www：表示一个 Web 服务器；

☑ xtfwy.gov.cn：表示存储网页的服务器的域名，域名使用前需要注册；

☑ 80：表示端口号为 80，80 端口在 URL 中可以省略，如果端口号不是 80，则必须在 URL 中指定；

☑ index.html：表示访问的资源名称，这里访问的是一个 HTML 页面，在端口号和页面名称之间还可以增加目录文件夹作为 URL 的一部分。

1.1.3 请求与应答

HTTP 协议采用了请求/应答模型机制，因此 HTTP 信息包括请求和应答两种类型的信息。这两种信息都由请求行或状态行信息、消息头、消息体三部分组成，消息头和消息体以空行分隔。客户端向服务器发送一个请求，请求头包含请求的方法、URL、协议版本及类似于 MIME 的消息结构。服务器以一个状态行作为响应，其内容包括协议版本、状态码和状态描述等。浏览器与 Web 服务器请求与应答的过程如图 1.1 所示。

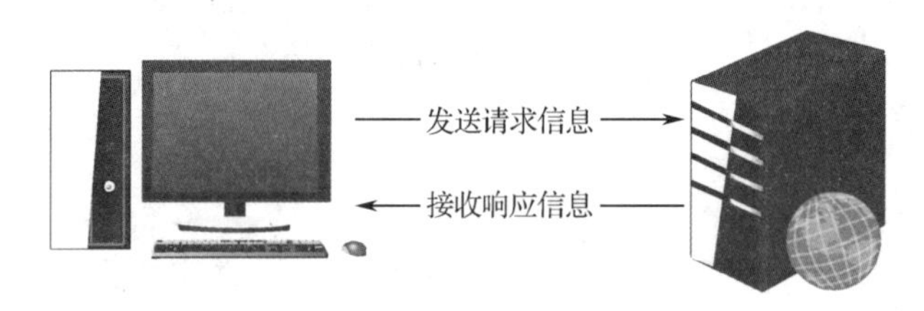

图 1.1 请求与应答的过程

1.2 Web 相关技术

网站是“互联网+”时代的主流媒介，在学习 PHP 程序设计与开发之前先来整体了解一些网站相关技术。

1.2.1 网站行业的细分

随着互联网技术的进步与发展，目前网站设计与开发在企业中已经进一步完成了岗位细分，对应岗位划分为四种：UI 设计师、前端工程师、服务器端工程师和运维工程师。

☑ UI 设计师：进行网站的原型设计，制作网站效果图。

☑ 前端工程师：利用 HTML5+CSS3、JQuery 等相关技术将 UI 设计师设计的网站效果转换为 HTML 页面。

☑ 服务器端工程师：利用服务器端动态网页开发语言，将前端工程师设计的静态页面转换为动态页面。

☑ 运维工程师：安装、部署与维护网站。

1.2.2 B/S 架构

PHP 是一种主要用于服务器端动态网站开发的脚本语言，使用 PHP 开发网站属于服务器端工程师的工作范畴。网站开发完毕之后需要将其部署到 Web 服务器，并通过浏览器进行访问，这种软件运行模式被称为“B/S 架构”。B/S 全称是 Browser/Server，即浏览器/服务器的模式，其架构图如图 1.2 所示。

B/S 架构是互联网时代软件技术在 C/S 架构下的升级与进化。B/S 架构无须在客户端下载与安装软件，用户界面的访问全部通过 Web 浏览器来实现，程序的轻量级业务逻辑可以使用客户端动态网页技术、在网页前端实现，但软件系统的主要业务逻辑是在服务器端完成与实现的。大家熟悉的各种购物类网站就是 B/S 架构最好的例子。

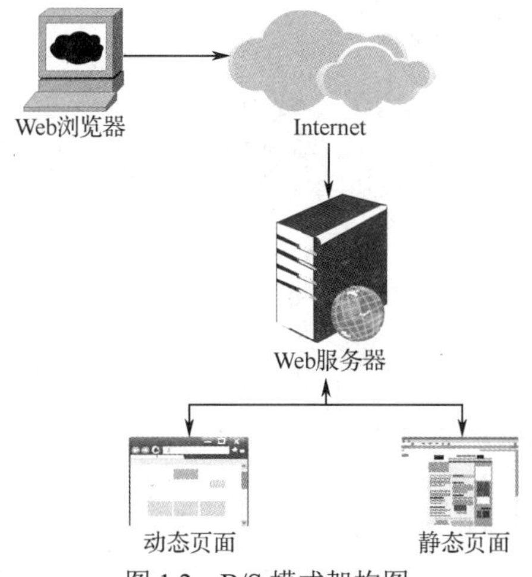

图 1.2　B/S 模式架构图

1.2.3 静态网页与动态网页

在网站建设的过程中，根据采用的技术不同，将网页分为静态网页与动态网页。静态网页是指前端工程师根据 UI 设计师设计的效果图转换而成的纯 HTML 页面；动态网页并非指网页中可以呈现动画，而是指网站内容可根据不同情况动态变更，一般情况下动态网站通过数据库进行架构，且具有交互性、自动更新，以及随时间、随数据变化的特点。动态网页开发的要点是选择合理的数据传递方式。根据改变网页内容的程序运行的位置，动态网页可分为客户端动态网页和服务器端动态网页。

1. 静态网页的访问过程

静态网页的访问过程分为四步，如图 1.3 所示。

（1）客户端发送 HTTP 请求；

（2）Web 服务器在本地查找静态网页文件；

（3）Web 服务器对客户端的请求进行响应，也就是将找到的静态网页发给浏览器；
（4）浏览器解释 HTML，并显示网页。

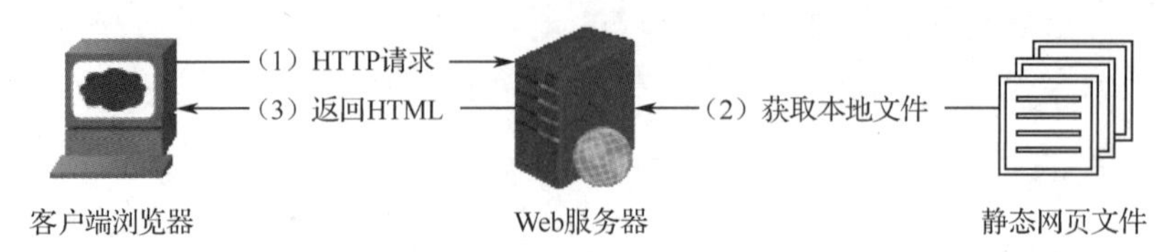

图 1.3　静态网页的访问过程

2. 客户端动态网页的访问过程

客户端动态网页的访问过程分为五步，如图 1.4 所示。
（1）客户端发送 HTTP 请求；
（2）Web 服务器在本地查找静态网页和对应的脚本文件；
（3）Web 服务器向客户端返回找到的静态网页和相应脚本文件；
（4）浏览器工具处理脚本文件，并转换为 HTML；
（5）浏览器解释 HTML，并显示网页。

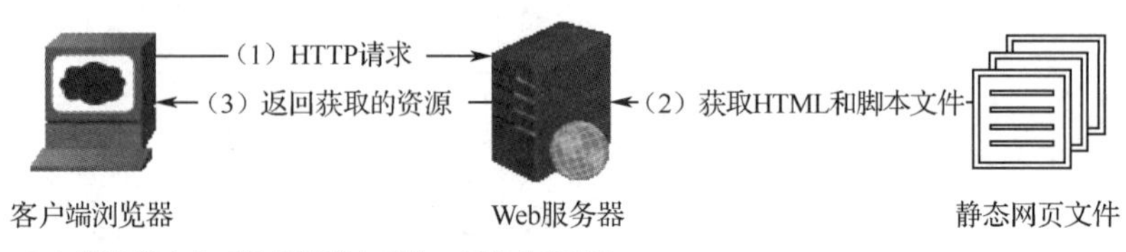

图 1.4　客户端动态网页的访问过程

3. 服务器端动态网页的访问过程

服务器端动态网页的访问过程分为五步，如图 1.5 所示。
（1）客户端发送 HTTP 请求；
（2）Web 服务器在本地查找服务器端脚本文件；
（3）Web 服务器处理脚本文件，并转换为 HTML。
（4）Web 服务器向浏览器返回 HTML 文件；
（5）浏览器解释 HTML，并显示网页。

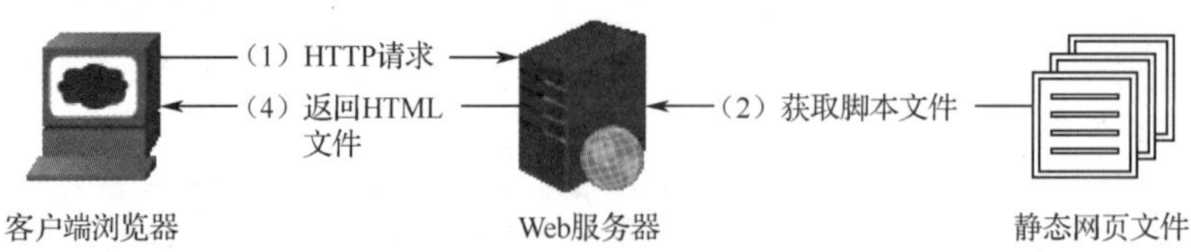

图 1.5　服务器端动态网页的访问过程

1.2.4　服务器端动态网页的“3P”技术

PHP 与 JSP、ASP.NET 合称为服务器端网站开发的“3P”技术，是时下服务器端动态网页开发的主流技术。ASP.NET 由于其自身特点，目前逐渐处于下滑趋势；JSP 是基于 Java 语言的开发技术，具有 Java 语言的所有特点，但其学习成本相对较高；相对于 JSP 和 ASP.NET，PHP 则更加灵活、安全、易学习、易上手，是目前 Internet 上最流行的 Web 开发语言之一。PHP 语法借鉴了 C、Java、PERL 等语言，并且还具有 PHP 自身语言的特点，学习简单易懂，使用方便快捷，只需要很少的编程知识就能使用 PHP 建立一个真正交互的 Web 站点。

1.3 Web 应用开发的黄金组合——LAMP

LAMP 是 Web 开发中四种最常用的开源、免费软件的组合，包括 Linux 操作系统、Apache 服务器、MySQL 数据库和 PHP 语言。LAMP 的四部分本身都是各自独立的程序，但是因为常被放在一起使用，它们相互之间拥有了越来越高的兼容性，共同组成了一个强大的 Web 应用程序平台。随着“开源”潮流的蓬勃发展，开放源代码的 LAMP 被称为 Web 应用开发的黄金组合，已经超越了 J2EE 和 ASP.NET，成为 Web 应用开发的主流技术。采用 LAMP 技术可以零成本搭建稳定可靠的网站系统。

1.3.1 Linux 操作系统

Linux 是一个开源、免费、多用户、多任务的类 UNIX 操作系统，它的稳定性、安全性与网络功能是许多商业操作系统所无法比拟的。Linux 操作系统最大的特点是源代码完全公开。Linux 操作系统的内核由林纳斯•托瓦兹在 1991 年 10 月 5 日首次发布。从专业的角度来讲，Linux 仅代表操作系统内核本身，但在表述时通常用“Linux 内核”来代表操作系统的内核，而用“Linux”来代表基于 Linux 内核的完整操作系统。Linux 操作系统主要作为服务器来使用，它包括 GUI 组件和许多其他实用工具及数据库。

1.3.2 Apache 服务器

Web 服务器通俗地讲就是一个容器，这个容器要对 HTML、CSS、JS、PHP 等文件进行集中管理，要管理各种文件就需要安装一些管理软件。Apache 就是一款应用非常广泛的 Web 服务器软件，它可以运行在任何计算机平台上，尤其对 Linux 操作系统有更好的支持。Apache 是一款开源软件，以安全、稳定和跨平台的特性著称。目前主流的 Apache 版本是 2.4.29。

1.3.3 MySQL 数据库

MySQL 是 Oracle 旗下一款开源、免费的关系数据库管理系统。由于体积小、速度快、总体拥有成本低，MySQL 逐渐成为 Web 应用中最为流行的数据库管理系统，与 PHP 可以完美地结合。一般中小型网站的开发都选择 MySQL 作为网站数据库。目前主流的 MySQL 版本是 5.5。

1.3.4 PHP 语言

PHP 是一种程序开发语言，主要用于人与计算机之间的沟通交流，用于 Web 服务器端动态网页的开发。PHP 程序需要安装一款开源、免费的软件进行程序的解释与执行。

PHP 具有以下特点：

☑ 开源、免费、环境搭建方便；

☑ 简单易学习、好上手；

☑ 安全、高效、成本低；

☑ 几乎支持所有计算机平台；

☑ 对主流数据库有很好的支持。

1.3.5 从 LAMP 到 WAMP

Apache+PHP+MySQL 被业界认为是 Linux 操作系统上最佳的 Web 开发技术组合，也就是说在 Web 开发中用到的技术是这三者的组合，最终开发的网站部署与运行的最佳平台是 Linux 操作系统。但需要读者熟悉 Linux 操作系统的使用（如果读者决心学习 Linux，可以参看王海宾老师主编的《Linux 应用基础与实训——基于 CentOS 7》），这对初学者无疑会造成很大的负担。因此在使用 PHP 进行 Web 应用程序开发的过程中，很多公司选择使用 Windows 平台，在网站开发完毕后再将开发的网站部署到 Linux 服务器。这种将 Linux 操作系统换成 Windows 之后的组合，我们称之为“WAMP”。本书的学习将基于 WAMP 展开。

1.4 环境搭建与虚拟主机配置

搭建 WAMP 环境的最好方式就是分别去 Apache、MySQL 与 PHP 各自的官方网站下载相应的免费软件，并逐一进行安装与配置，最终搭建基于 PHP 的 Web 应用开发环境。用这种方法搭建的环境是最干净也是最好的，但是对于初学者来说有些难度，并且较为麻烦。为了能够将学习的注意力集中到 PHP 的学习中，本书不推荐一开始就自己从头去搭建开发环境，而是推荐使用集成环境，可以简单、快速地搭建开发环境。

目前互联网上提供了很多 Apache、MySQL 与 PHP 三者的集成环境，如 XAMPP、phpStudy、WAMP Server 等。这些软件都很好地集成了三种软件，并且能提供不同版本，只需要进行简单的安装，零配置就可以使用。本书采用 XAMPP 作为开发环境。下面分别介绍基于 XAMPP 和 phpStudy 搭建 PHP 开发环境的操作方法。

1.4.1 基于 XAMPP 搭建 PHP 开发环境

1. 环境搭建

步骤 1：获取 XAMPP 集成环境。在浏览器中打开网址 https://www.apache friends.org/

或 http://www.xampps.com/，在首页的中间区域展示了针对不同平台的集成软件，单击“XAMPP for Windows”按钮进行下载，如图 1.6 所示。

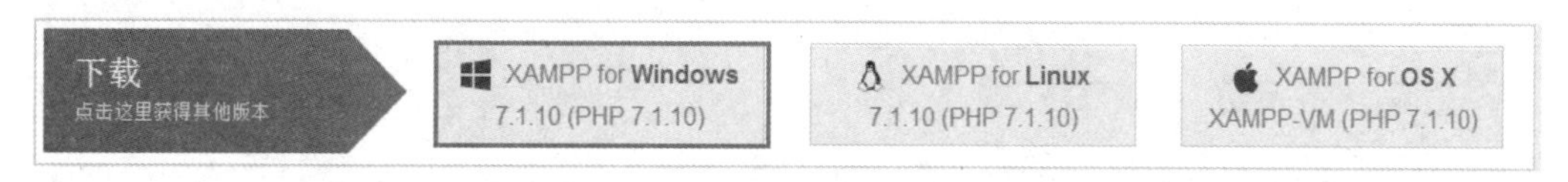

图 1.6　XAMPP 集成软件下载

步骤 2：双击下载的安装包进行安装。如果你的计算机安装了杀毒软件，会提示计算机上装有杀毒软件，安装过程会比较缓慢，如图 1.7 所示。单击“Yes”按钮；如果你的计算机的操作系统是 64 位的，会提示在 64 位系统下开启了 UAC 账户控制，请关闭 UAC 或者安装到 x86 目录后进行 UAC 设置，如图 1.8 所示，单击“OK”按钮即可。

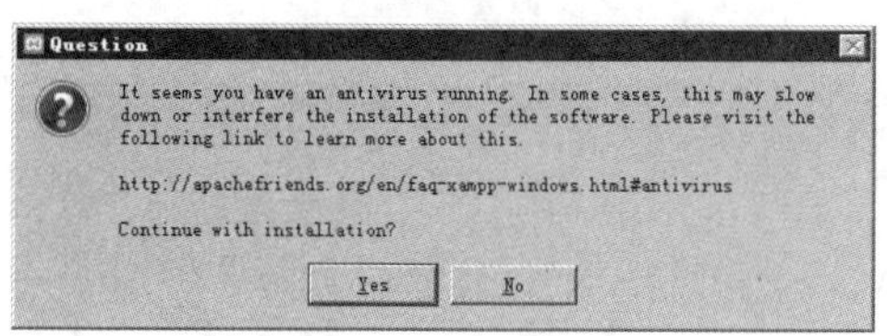

图 1.7　安全提示

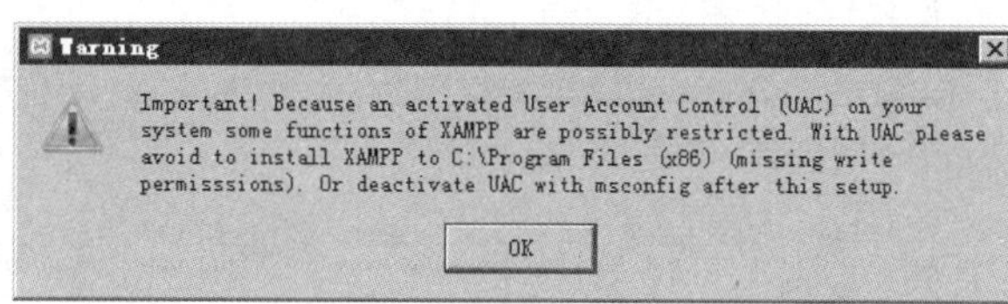

图 1.8　UAC 提示

步骤 3：进入 XAMMP 安装欢迎界面，单击“Next”按钮继续，如图 1.9 所示。进入选择安装界面，默认选择所有组件，这里可根据需要选择，建议新手选择全部组件，单击“Next”按钮继续即可，如图 1.10 所示。

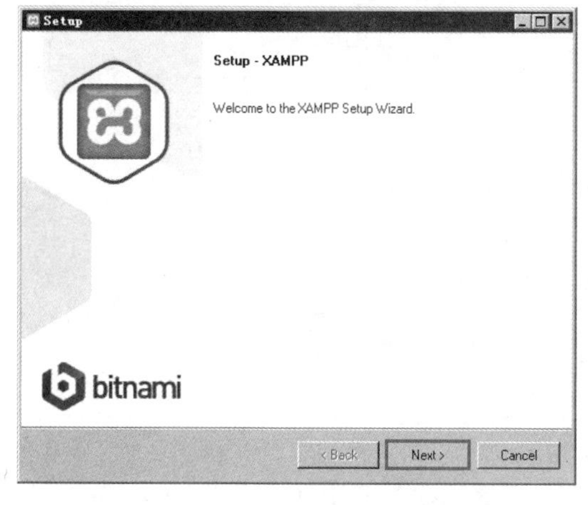

图 1.9　欢迎界面

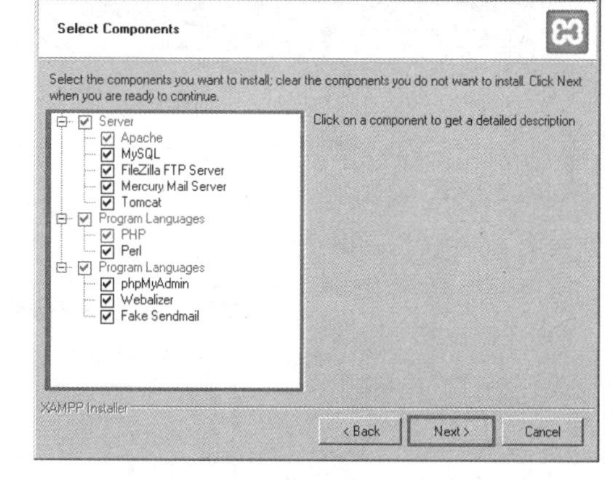

图 1.10　选择组件界面

步骤 4：选择安装路径，默认安装到 C 盘下的 xampp 目录下，单击“Next”按钮继续安装，如图 1.11 所示。对于是否学习更多 XAMPP 的选择，可以取消勾选“Learn more about Bitnami for XAMPP”复选框，如果取消勾选会在下一步出现学习网页。单击“Next”按钮继续，如图 1.12 所示。

步骤 5：接下来进入准备安装与安装等待的界面，每步都单击“Next”按钮继续即可，如图 1.13 所示。

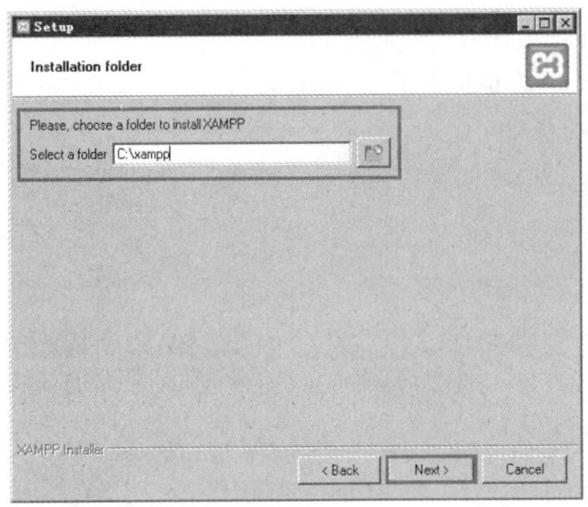

图 1.11　选择安装路径

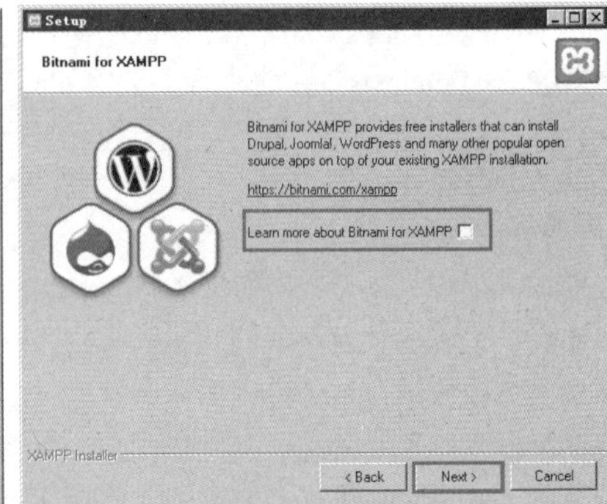

图 1.12　是否开启学习网页

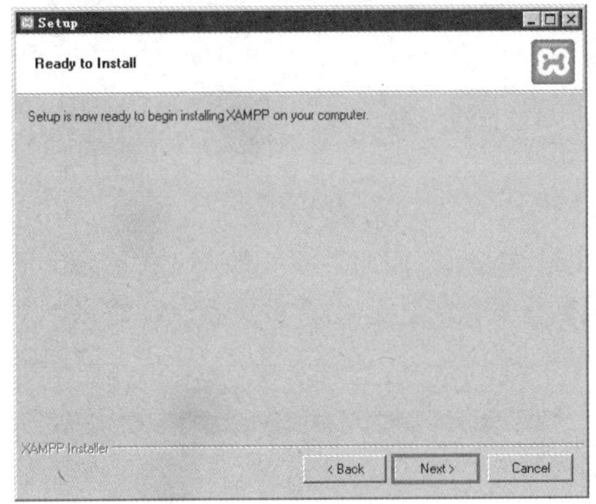

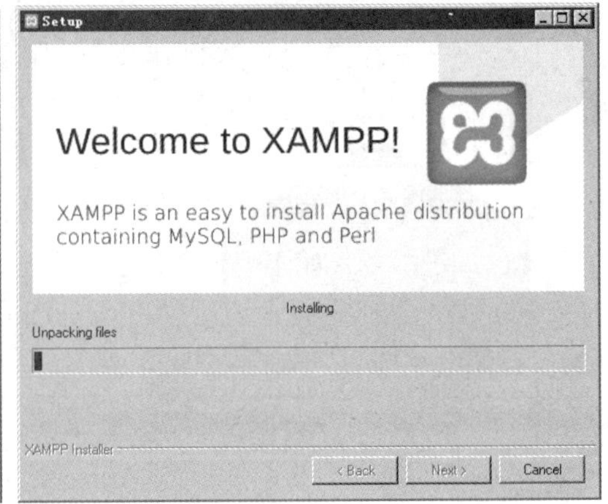

图 1.13　准备安装与安装等待界面

步骤 6：在进行了几分钟的等待后，安装完毕，如图 1.14 所示，如果需要在安装完毕后直接启动 XAMPP，则勾选“Do you want to start the Control Panel now？”复选框；如不需要直接启动，则取消勾选该复选框。单击“Finish”按钮结束安装。

图 1.14　安装完成界面

步骤 7：选择安装完直接启动 XAMPP，会出现“XAMPP Control Panel”管理面板，在此面板中可以根据需要启动相应服务或者进行相应设置，如图 1.15 所示。“XAMPP Control

Panel”管理面板提供了对 Apache、MySQL、Tomcat 等服务的管理功能。每个服务在面板上以一行的方式呈现，分别是模块（也就是服务名称）、PID、端口号和相应的 Actions。Actions 中包含了对服务的管理与配置，包括服务的启动/停止、配置文件修改、日志查看等。在面板的右侧提供了一排按钮，用于 XAMPP 的配置与管理。面板下面的白色区域用于显示服务的运行状态，如果服务运行过程中存在问题，则会在该区域提示。

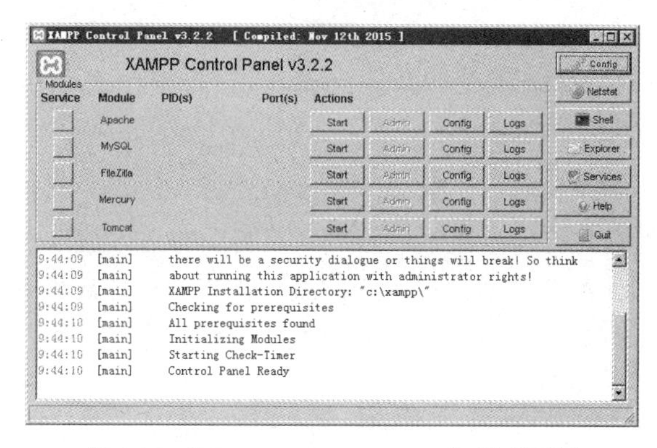

图 1.15 “XAMPP Control Panel”管理面板

说明：单击对应服务后面的“Start”按钮可以启动相应服务。在学习本书初期，只需要启动 Apache 服务即可，在 PHP 操纵 MySQL 数据库章节需要启动 MySQL 服务。

提示：如果 Apache 服务启动不成功，一般情况下是端口被占用了，可以通过单击面板中“Apache”一行对应的“Config”按钮，打开下拉菜单中的 httpd.conf 文件，或者在 C:\xampp\apache\conf 目录下找到并打开 httpd.conf 文件，找到“Listen 80”行，修改端口号并保存，重新单击“Start”按钮启动 Apache 服务即可。如果还不能启动，则在相同位置找到 httpd.conf 下方的 httpd-ssl.conf 文件或者在 C:\xampp\apache\conf\extra 目录下找到并打开 httpd-ssl.conf 文件，找到“Listen 443”行，修改 443 为其他端口号。一般情况下进行了以上两种设置后便可以成功启动 Apache 服务了。

步骤 8：XAMPP 集成环境测试。当集成环境安装完毕后，单击“Apache”一行对应的“Start”按钮，启动 Apache 服务，并在 Google Chrome 浏览器中输入网址“127.0.0.1:80”（80 端口默认可以省略，也就是网址可以改为 127.0.0.1）并按回车键，如果出现如图 1.16 所示页面，则表示环境搭建成功。

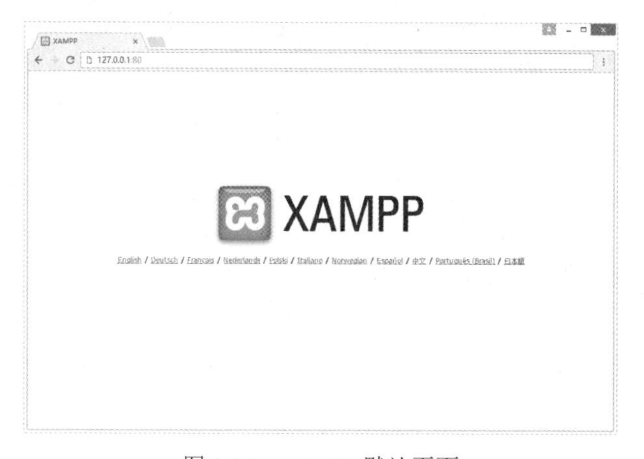

图 1.16 XAMPP 默认页面

2. 目录解析

XAMPP 默认安装到 C 盘根目录下的“xampp”文件夹下。在 xampp 目录下可以看到 apache、mysql 和 php 三个目录，这便是三种开源软件安装的位置。另外 htdocs 目录为默认的 PHP 网站的根目录，默认存放网站的地方，如果不做特殊配置，使用 localhost 访问的网站应该存放到该目录下。

apache 目录下 bin 目录为可执行文件所在目录，conf 目录中存放着 Apache 的配置文件，manual 目录中存放的是 Apache 的帮助文件，manual 目录中存放的是 Apache 支持的动态加载的模块，conf 为错误文件所在目录。

3. 虚拟主机配置

在实际应用中，网站的访问是通过域名访问来实现的，例如 http://www.baidu.com/。要使用域名访问对应网站就需要进行虚拟主机配置。虚拟主机也被称为网站空间，就是把一台互联网上的真实的服务器划分成多个“虚拟”服务器。大家知道的互联网上的虚拟主机租用服务就是基于这个道理的。

虚拟主机的配置涉及两个文件：C:\xampp\apache\conf\extra 目录下的 httpd-vhosts.conf 文件和 C:\Windows\System32\drivers\etc 目录下的 hosts 文件。下面详细描述新建一个站点，并配置虚拟主机，通过域名访问页面的详细步骤。

步骤 1：在 D:\php\chapter01 目录下新建一个记事本文件，文件名为“index”，并将其扩展名修改为“.php”，文件内容如图 1.17 所示。

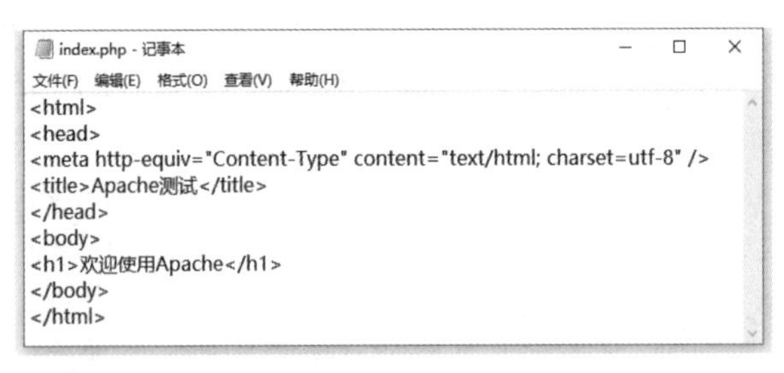


```
<html>
<head>
<meta http-equiv="Content-Type" content="text/html; charset=utf-8" />
<title>Apache测试</title>
</head>
<body>
<h1>欢迎使用Apache</h1>
</body>
</html>
```

图 1.17　index.php 文件内容

说明：index.php 文件中的内容为单纯的 HTML，其作用是创建一个 title 为“Apache 测试”的网页，采用 h1 效果显示一句话“欢迎使用 Apache”。

步骤 2：配置 C:\Windows\System32\drivers\etc 目录下的 hosts 文件。在 hosts 文件的最后加上一行，内容为“127.0.0.1 www.php.com”，如图 1.18 所示。增加的内容包括两个部分，分别是 IP 地址和域名。

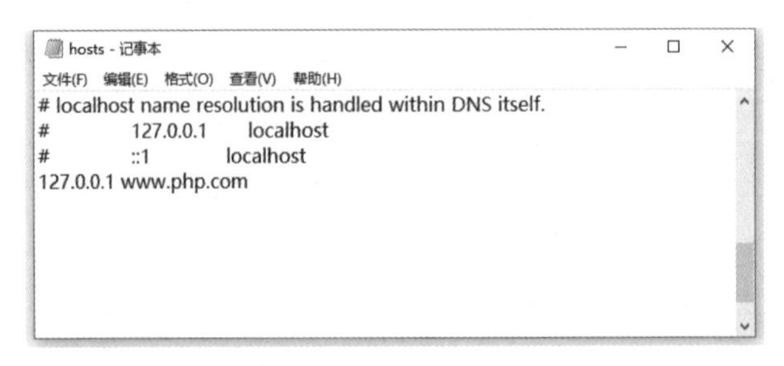


```
# localhost name resolution is handled within DNS itself.
#       127.0.0.1       localhost
#       ::1             localhost
127.0.0.1 www.php.com
```

图 1.18　hosts 文件

说明 1：hosts 文件的修改需要使用超级账户 administrator。可以下载 Notepad++，安装后使用管理员身份打开，并在 Notepad++环境下找到 hosts 文件所在目录，打开该文件进行修改。

说明 2：hosts 文件中的内容中以“#”开头的都为注释。

步骤 3：配置 C:\xampp\apache\conf\extra 目录下的 vhosts.conf 文件。在最终安装完毕 XAMPP 后，打开 vhosts.conf 文件，里面的所有内容都为注释，其中最下面以“#”开头的内容是采用注释方式提供的样例。在样例后增加域名 www.php.com 的配置项如图 1.19 所示。

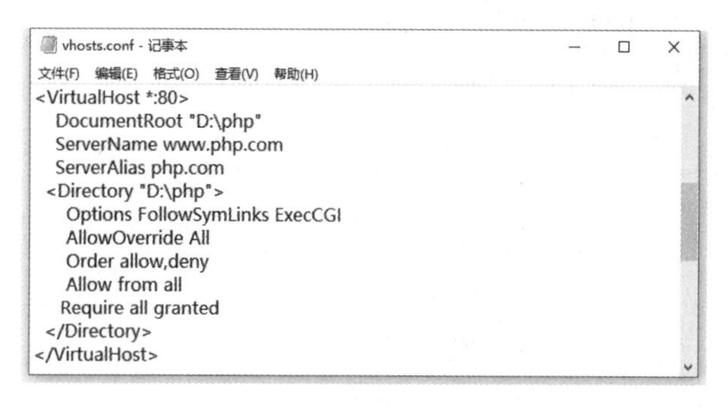

图 1.19　httpd-vhosts.conf 文件

说明 1：www.php.com 中的 www 表示 Web 服务器，php.com 表示存储网页的服务器的域名。如果在 Internet 上使用，域名需要进行注册才能使用。本书中使用的 www.php.com 是只作为内部实验使用的域名，因此不需要注册。

说明 2：下面对新增加项目的含义逐一进行解释。

（1）DocumentRoot 表示 Apache 的网站站点的根目录，这里需要注意，最后一级目录后面没有“\”。

（2）ServerName 表示需要配置的域名。

（3）<Directory>标签之间的内容是目录访问的权限，换句话说，Apache 中目录访问权限的控制是使用 Directory 来完成的。<Directory>标签中应该包含权限设置所对应的目录。

（4）Require all granted 表示允许其他主机的访问请求。

（5）Allow from all 表示所有 IP 地址都允许通行。

步骤 4：重启 Apache 服务。这里需要重点指出，凡要修改 Apache 的配置文件就必须重启 Apache 服务，因为只有在 Apache 服务启动时才会读取配置文件。

步骤 5：使用域名 www.php.com 访问自己编写的页面，结果如图 1.20 所示。

图 1.20　使用域名访问自己编写的页面

说明 1：默认访问 index.html 或者 index.php 文件，如果目录下没有这两个文件，则会

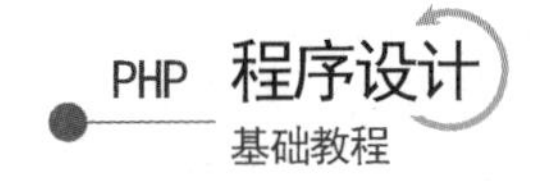

以目录形式展示当前目录下所有的文件和目录。

说明 2：可以使用域名直接访问 index.php 页面，是因为 XAMPP 的配置文件中做了相应设置。如果为其他格式的网页文件，则需要在 Apache 的配置文件 httpd.conf 中查找到 IfModule dir_module 模块，在其后增加相应扩展名的文件。

1.4.2 基于 phpStudy 搭建 PHP 开发环境

1. 服务器软件安装

步骤 1：获取 phpStudy 集成环境。在浏览器中打开 phpStudy 官方网站 http://phpstudy.php.cn/，在首页的中间区域单击“立即下载”按钮，如图 1.21 所示。

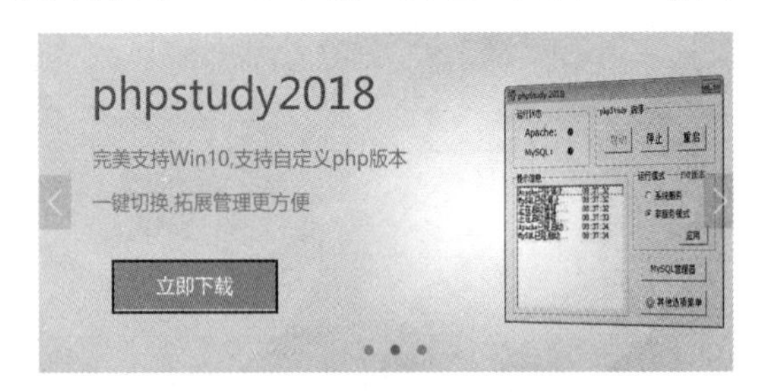

图 1.21　phpStudy 下载区域

步骤 2：解压缩下载的安装包。双击“phpStudySetup.exe”文件，文件将自动解压缩，如图 1.22 所示，这里可以修改文件解压缩的路径，单击“是”按钮将出现解压缩界面，如图 1.23 所示。

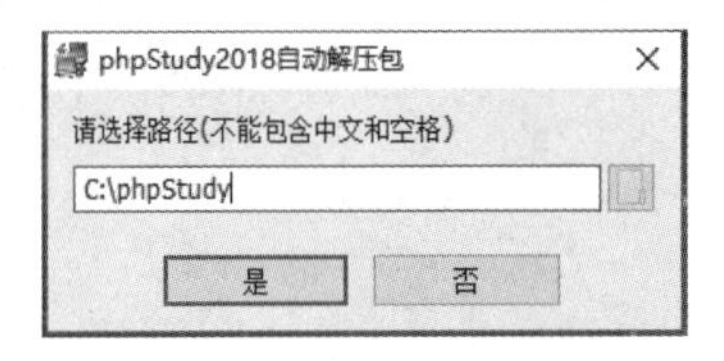

图 1.22　路径选择界面

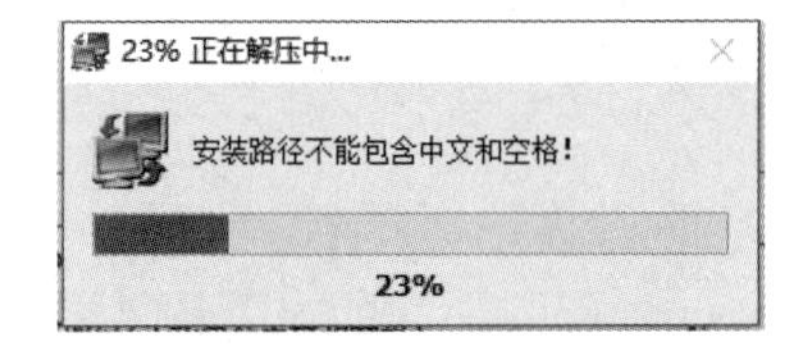

图 1.23　解压缩界面

步骤 3：解压缩成功后，如果版本不是最新的将出现如图 1.24 所示界面，单击“跳过”按钮将出现如图 1.25 所示界面，表示 phpStudy 已经可以使用了。

图 1.24　版本更新界面

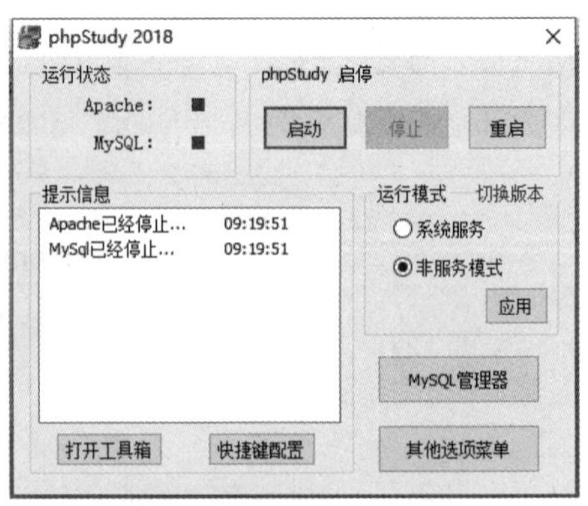

图 1.25　phpStudy 使用界面

2. 服务器配置

步骤 1：修改 Apache 配置文件。在 phpStudy 集成环境中单击“其他选项菜单”按钮，在出现的级联菜单中单击“站点域名管理”选项，出现如图 1.26 所示界面，在该界面下可以配置网站域名、目录和端口。将域名设置为“www.php.com”，网站目录指向“D:\php”，第二域名也就是别名设置为“php.com”，网站端口设置为“80”，单击“新增”按钮，然后单击“保存设置并生成配置文件”按钮。

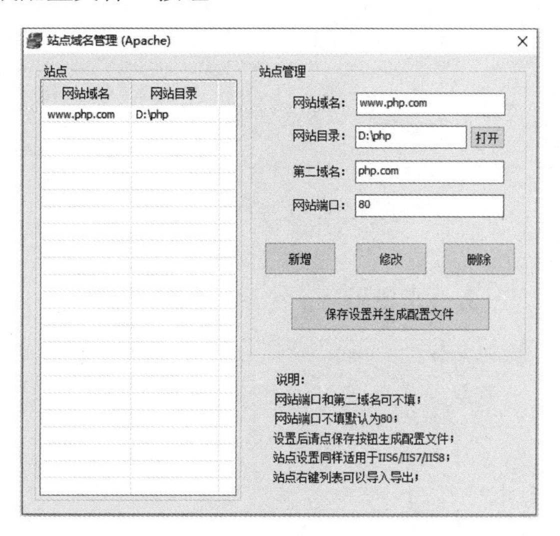

图 1.26 “站点域名管理”界面

步骤 2：修改 hosts 文件。在 phpStudy 集成环境中单击“其他选项菜单”按钮，在出现的级联菜单中选择“打开 hosts”命令，出现如图 1.27 所示“hosts”文件界面，在该文件中需要设置域名和 IP 地址的转换关系。

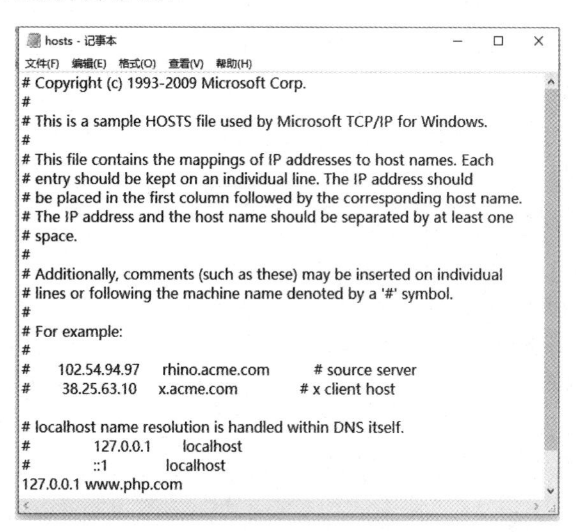
hosts - 记事本
文件(F) 编辑(E) 格式(O) 查看(V) 帮助(H)

```
# Copyright (c) 1993-2009 Microsoft Corp.
#
# This is a sample HOSTS file used by Microsoft TCP/IP for Windows.
#
# This file contains the mappings of IP addresses to host names. Each
# entry should be kept on an individual line. The IP address should
# be placed in the first column followed by the corresponding host name.
# The IP address and the host name should be separated by at least one
# space.
#
# Additionally, comments (such as these) may be inserted on individual
# lines or following the machine name denoted by a '#' symbol.
#
# For example:
#
#      102.54.94.97     rhino.acme.com          # source server
#       38.25.63.10     x.acme.com              # x client host

# localhost name resolution is handled within DNS itself.
#	127.0.0.1       localhost
#	::1             localhost
127.0.0.1 www.php.com
```

图 1.27 “hosts”文件界面

步骤 3：选择 PHP 版本。在 PHP 5 版本之后很多函数库发生了较大变化，本书选择 PHP 的最新版本 PHP 7.2.10，如图 1.28 所示。

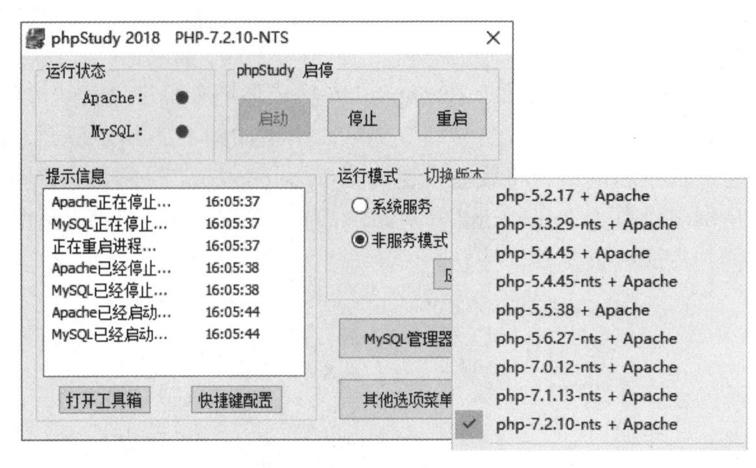

图 1.28　选择 PHP 版本

步骤 4：启动 Apache。在选择了合适的 PHP 版本后，单击“启动”按钮，可以启动 Apache，之后就可以作为服务器来使用了，如图 1.29 所示。

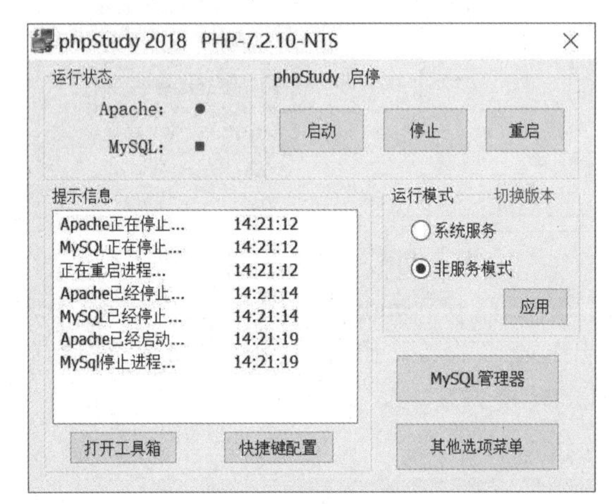

图 1.29　启动 Apache

1.5　编辑器与简单的 PHP 程序

当开发环境搭建并测试完成后，就可以进行 PHP 程序开发了。在虚拟主机配置一节中，编写的网页是采用记事本打开并编辑的。可以用记事本编写网页，但效率太低。目前，互联网上有很多编辑工具，可以分为两大类：混编模式编辑器和独立模式编辑器。为了更好地学习 PHP，本书采用两种编辑器：与静态网页无缝衔接的混编模式编辑器“Dreamweaver CS6”和针对 PHP 开发的独立模式编辑器“Zend Studio”。

1．Dreamweaver CS6

不用多做解释，凡是学过网页设计与制作的读者肯定都使用过 Adobe Dreamweaver，简称“DW”，它是一款所见即所得的网页编辑器。使用 DW 进行 PHP 开发，需要新建站点，指向前面域名所指向的目录位置。如何新建站点属于 DW 的基础知识，在这里不再赘述。

2. Zend Studio

Zend Studio 是 Zend Technologies 公司开发的 PHP 语言集成开发环境（IDE），具有强大的提示功能，可进行单步调试。Zend Studio 目前最新的版本是 13.6，其安装步骤非常简单，根据向导逐步单击“下一步”按钮完成安装即可使用。

接下来使用 DW 编辑器，在 XAMPP 集成环境下进行第一个 PHP 程序的开发。

【实例 1.1】 编写网页输出“这是我的第一个 PHP 网页!”，并采用域名解析方式在浏览器中访问。

程序代码：

```
<?php
echo "这是我的第一个 PHP 网页!";
?>
```

实例 1.1 在浏览器中访问的结果如图 1.30 所示。

图 1.30　实例 1.1 在浏览器中访问的结果

说明 1：本例的目的是在网页上输出一句话。“<?php”与“?>”是标准的 PHP 标记，其间用来编写 PHP 代码。echo 对于熟悉 Linux 操作系统的读者来讲非常容易，它用来将其后双引号中的信息原样输出到终端上（这里的终端是浏览器）。

说明 2：作为第一个 PHP 程序的提示，在浏览器中访问页面前一定要启动 Apache 服务器。

除了采用域名方式访问开发的 PHP 网页，还可以采用创建本地测试服务器的方式进行网站测试。具体做法是在 DW 中新建站点、新建服务器，采用 localhost:port 在浏览器中访问编写的 PHP 页面。

【实例 1.2】 采用 DW 新建站点、新建服务器，并编写页面文件 demo2.php，使用 DW 的默认快捷键运行并浏览网页。

步骤 1：新建站点。在 DW 的站点菜单中选择“新建站点”命令，在弹出的对话框中填写站点名称，选择本地站点文件夹，这里让站点文件夹指向“D:\php\chapter01\”，如图 1.31 所示。

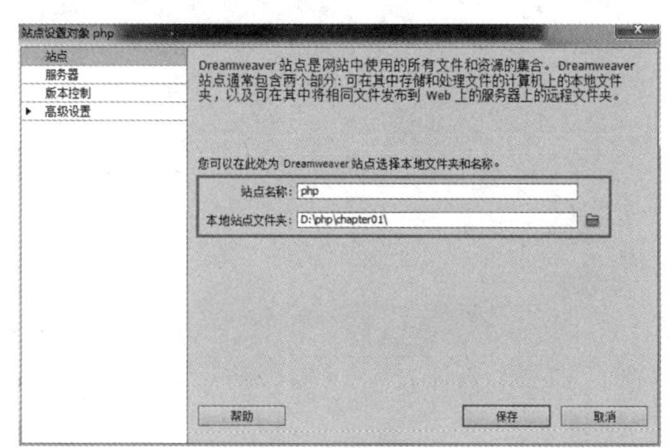

图 1.31　新建站点

步骤 2：新建服务器。新建站点后，选择左侧的“服务器”选项，单击右侧左下方的加号“+”，新建服务器，如图 1.32 所示。

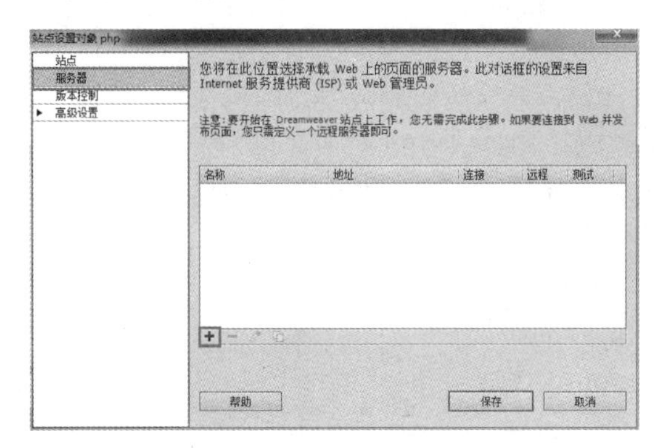

图 1.32　新建服务器

步骤 3：填写服务器的基本信息。在弹出的“基本”选项卡中，填写服务器名称（自己起的名字，建议不要用中文）；选择连接方法（根据实际情况选择，一般为“本地/网络”）；选择服务器文件夹，这里需要指向网站所在的文件夹；Web URL 中填写 http://localhost:port/网站所在文件夹，这里根据实际情况填写的 URL 是 http://localhost/chapter01/。需要注意的是，如果端口号为 80，可以省略不写，localhost 可以使用 127.0.0.1 代替，如图 1.33 所示。

步骤 4：选择服务器模型。选择“高级”选项卡，选择服务器模型为“PHP MySQL”，如图 1.34 所示。单击“保存”按钮，在列表框中将出现新建的服务器。这里注意，“测试”下面的复选框一定要勾选，如图 1.35 所示。单击“保存”按钮，测试服务器创建完毕。

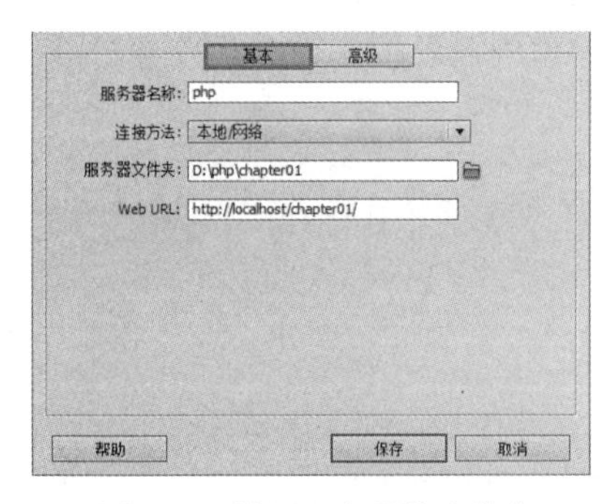

图 1.33　填写服务器基本信息

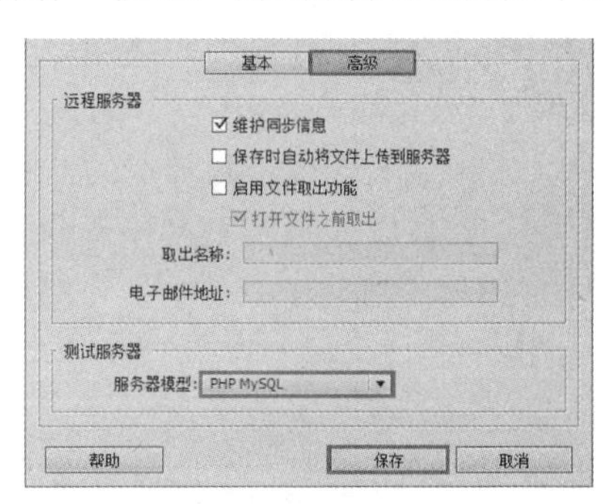

图 1.34　选择服务器模型

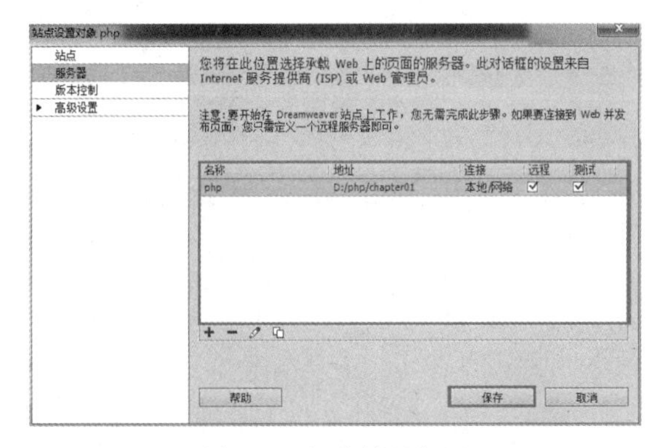

图 1.35　新建的服务器

步骤 5：在创建好的站点中新建文件“demo1.2”，若扩展名变成了“.php”则表示前面的步骤都是正确的。将“demo1.2.php”文件内容中的 title 修改为“demo1.2”，在 body 中使用 h1 输出“采用本地测试服务器，浏览网页 demo1.2”。

```
<!DOCTYPE html PUBLIC "-//W3C//DTD XHTML 1.0 Transitional//EN" "http://www.w3. org/TR/xhtml1/DTD/xhtml1-transitional.dtd">
<html xmlns="http://www.w3.org/1999/xhtml">
<head>
<meta http-equiv="Content-Type" content="text/html; charset=utf-8" />
<title>demo1.2</title>
</head>
<body>
<?php
echo "<h1>采用本地测试服务器，浏览网页 demo1.2</h1>";
?>
</body>
</html>
```

说明：echo 是输出后面双引号内容的关键字，HTML 的所有标记都可以写到双引号中进行原样输出。

步骤 6：将 C:\xampp\apache\conf 目录下 httpd.conf 文件中的 DocumentRoot 和 Directory 的路径修改为“D:\php\chapter01”，并保存。

步骤 7：修改 DW 中使用[F12]快捷键运行网页的默认浏览器为“Google Chrome”。

步骤 8：在 DW 中使用[F12]快捷键运行网页，运行效果如图 1.36 所示。

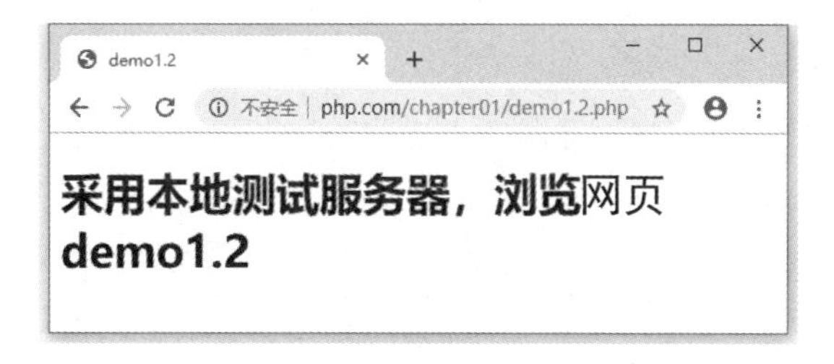

图 1.36　网页运行效果

说明：实例 1.1 和实例 1.2 中分别采用域名解析和新建站点、新建服务器两种方式查看 PHP 编写的程序的运行结果，本书后续内容为了和生产环境保持一致，均采用域名解析方式查看 PHP 程序的运行结果。

实训任务 1　PHP 认知与环境搭建

1. 实训目的

☑ 熟悉 HTTP 协议相关知识；
☑ 了解 Web 相关技术；
☑ 了解 Web 开发的黄金组合——LAMP；
☑ 掌握 PHP 开发环境的搭建与虚拟主机配置；
☑ 掌握 DW 下简单 PHP 程序的编写。

2．项目背景

小菜上大学了，读的是计算机专业。令小菜异常兴奋的是在学习了“网页设计与制作”课程后，学校开设了动态网站开发课程“PHP 网站开发基础”。在第一节课上小菜了解了HTTP 协议、动态网站与静态网站、B/S 架构、动态网站开发技术、PHP 开发环境搭建与虚拟主机配置，以及如何在 DW 下新建、编辑并浏览一个动态页面。大鸟老师布置的课下自学任务是熟悉 XAMPP 集成环境的搭建，查阅互联网资料，自己动手下载 Apache、MySQL 与 PHP 软件，并搭建 PHP 开发环境。

3．实训内容

任务 1：通过教材研读与查阅资料完成。

（1）什么是动态网站？

（2）主流的动态网站开发技术都有哪些？

（3）什么是 LAMP？

（4）什么是虚拟主机？

任务 2：查阅网络资料和根据下面的提示，在官网上分别下载 Apache、MySQL 与 PHP 软件，安装、配置并完成 PHP 网站开发环境的搭建。

提示 1：在 C 盘根目录下建立名字为“wamp”的文件夹。

提示 2：下载并安装 Apache，下载地址为“https://www.apachelounge.com/download/”。

提示 3：解压缩下载的 Apache 核心安装包，并复制到 wamp 目录下。

提示 4：将配置文件中所有的“C:/apache24”路径都修改为“C:/wamp/apache”。

提示 5：使用命令行（以超级管理员打开“cmd.exe”）进入到 apache/bin 目录下，使用“httpd.exe–k install”命令进行安装。

提示 6：下载并安装 MySQL，下载地址为“http://www.mysql.com/downloads/”。

提示 7：将下载的 MySQL 安装包复制到 wamp 目录下，并安装。

提示 8：下载并安装 PHP，下载地址为“http://www.php.net/downloads.php”。

提示 9：将下载的 PHP 核心安装包复制到 wamp 目录下，并将“php.ini-development”修改为“php.ini”。

提示 10：让 Apache 认识 PHP。在 Apache 中载入 PHP 模块、加入文件认知、加载 PHP 配置文件、修改 Apache 配置文件并重启服务。

第2章 PHP 语法基础

编写计算机程序的目的是解决现实中的某些问题，PHP 程序设计开发的目的是开发出高效的动态网站。在对 PHP 语言及 PHP 程序开发的相关技术有了整体的了解和熟悉了 PHP 的开发环境之后，接下来的任务就是系统学习 PHP 语言并使用 PHP 语言编写程序。

PHP 语言的学习和一年级小朋友学习汉语一样，应该从最基本的字、词、句子开始学起，只有熟练掌握了语言的基本语法才能够造出"漂亮的句子"，写出"精彩的文章"。在学习语法之前，还应该熟悉程序的结构及编写程序应该遵循的规范。

章节学习目标

☑ 熟悉程序的基本结构与编写规范；
☑ 熟悉 PHP 的语法常识；
☑ 掌握 PHP 中的变量、常量；
☑ 掌握 PHP 的数据类型；
☑ 掌握 PHP 中的运算符。

2.1 程序的结构与编写规范

使用 PHP 编写程序前，我们首先应该清楚什么是程序，编写程序的目的是什么，程序的基本结构与编写规范是什么样子的。

2.1.1 什么是程序

1．生活中的程序

通俗地说，程序就是做事情的先后次序，或者说是做事情的某种规范或套路。举个例子，日常生活中我们经常去银行取钱，现在有一位老大爷，钱存在存折上，请按照程序的思路描述整个过程。

解答：

（1）带上存折去银行；
（2）银行大厅叫号；
（3）填写取款单，并到对应窗口排队；
（4）将存折和填写的单子递给银行职员；
（5）银行职员为老大爷办理取款事宜；

（6）拿钱，离开银行。

说明：这是使用存折的用户去银行取钱的基本流程，也可以称之为生活中的程序。

2. 计算机中的程序

计算机的发明是为了帮助人类解决很多工作与生活中烦琐的问题，简化很多人为的操作。比如在一个大型的企业中，老板一般会配备一名或多名秘书。老板经常会给秘书交代一些事情，当老板交代的事情是一件、两件，甚至十件八件的时候，秘书都会把这些事情干净利落地完成。但随着公司规模的扩大，老板的事情越来越多，当老板交代的事情不是十件八件，是一千件、一万件的时候，秘书是不可能完成的，或者说是非人力所能为的。于是这时候老板想到了用计算机解决问题。老板把自己的想法或要求告诉了一个人，这个人叫作“程序员”，程序员按照老板的要求或者说指令，将其转化为计算机能识别的指令，这就是程序。上述场景也就是人们常说的办公自动化。

计算机中的程序是为了使用计算机解决现实中的某些问题而编写的一系列有序指令的集合。

说明：上述有三层意思，第一，程序是为了解决现实中的问题而编写的；第二，指令必须有先后顺序；第三，程序是指令的集合。

2.1.2 程序的结构

程序是为了使用计算机解决现实生活中的某些问题而编写的一系列有序指令的集合。那么，这个“指令的集合”应该包括哪几部分呢？这要从什么是计算机的本质讲起。计算机发展到今天，计算机这三个字不再单纯地指台式机、笔记本电脑或者服务器，只要是“能够接受外界的信息，经过大脑处理后，产生有用的信息的软硬件的结合”都可以称作计算机。

按照对计算机功能的描述，计算机可以做三部分事情：第一，接收外界信息（信息采集）；第二，加工处理（也就是如何进行信息处理，专业角度称为算法逻辑）；第三，产生有用信息（信息输出）。使用计算机解决问题无外乎也是去做这三件事情，因此在使用 PHP 编写程序的过程中，以上的三部分将构成程序的基本结构。

PHP 程序的基本结构如下：

```
<?php
    信息采集
    算法逻辑
    信息输出
?>
```

说明：对于初学者，无论编写什么程序，都可以从这三部分着手。大家在学习 PHP 之初，不妨把程序的编写当作一个填空题，第一个空就是如何采集信息，第二个空是算法逻辑如何处理，第三个空则是如何产生有用信息并输出。

2.1.3 程序的编写规范

使用汉语写文章每段段首缩进两格；使用英语写文章每段段首缩进两格且首字母大写，

或首字母大写不缩进但段间空一行。关于使用汉语或者英语写文章的这些规范无关内容，但具有特殊的意义。使用 PHP 语言编写代码时也有一定的规范。

PHP 的学习者往往是学习计算机专业的人员，学习目的是将来成为程序员。目前的软件越来越大，已经大到不是一个人的力量能够编写完成的，这就需要团队协作。团队协作的前提是整体规划，这种规划除了规划程序的框架结构，就是建立“数据字典”。数据字典中约束了书写的代码需要满足的规范，文件、变量、数组等不能按照个人的意愿随意命名，要满足公司的统一规定，按照数据字典进行操作。程序员在编写程序时需要加上大量注释，因为公司的人员流动是很正常的，当一名程序员离职后，一定要保证其他程序员能够顺利接管其工作。

一般的编码规范包括以下几个方面。

1. 代码格式

（1）一行只写一条语句，最好不要把多条语句写在一行中。

（2）关键词和操作符之间加适当的空格。

（3）相对独立的程序块之间加空行。

（4）代码整体采用左缩进风格。新行要进行适当的缩进，使排版整齐，语句可读。

（5）程序块的界定符独占一行，内容在“{”后另起一行，并且左缩进。

（6）较长的表达式或语句要进行适当的划分。

2. 注释

（1）注释一般占到代码的 30%～50%，注释要写到必要的地方，量要适中，注意二义性。

（2）注释简单明了，能够清楚说明要表达的意思，一般注释的位置遵循就近原则。

（3）边写代码边注释，修改代码同时修改相应的注释，保证注释与代码的一致性。

（4）每个源文件的头部都要有必要的注释信息，包括文件名、版本号、程序员和编码日期等。

（5）变量、常量的注释应放在其上方相邻位置或右侧。

（6）每个函数的前面要有必要的注释信息，包括函数名称和功能描述等。

3. 留白

所谓“留白”，是指在编写程序过程中适当运用空格或者空行。合理留白会使程序具有更好的可读性，例如，PHP 文件中两个函数之间应该留白，两个类之间应该留白，一个函数内的两段逻辑之间也应该留白等。

4. 命名规范

标识符的名称应简单、明了，但要有实际性意义，最好用英文缩写，在使用英语实在有困难的时候可以使用拼音，不可使用汉字。

目前，稍具规模的软件公司都有公司内部的编码规范，关于变量、常量、数组、函数等细节性的编码规范的定义这里不再阐述。本书反复强调编码规范，是希望读者在学习之初就养成良好的编程习惯，这样可以在就业时尽快适应公司的工作岗位。

2.2 从最简单的程序中学习语法常识

从本节开始就要真正编写 PHP 程序了，但是 PHP 程序又要从哪里开始，到哪里结束，如何编写呢？本节引入一个任务：编写最简单的 PHP 程序，输出一句话“我是一个好人!”。

2.2.1 任务分析

PHP 程序采用 PHP 语言编写。PHP 语言是运行在服务器上的脚本语言，自然应该有脚本的开始与结束；在难度较大的程序中需要添加注释，PHP 有自己的注释标记；PHP 的每条语句使用“;”作为结束标记，常用的输出语句是 echo。

2.2.2 相关知识

1. 语言标记

PHP 是一种运行在服务器上的脚本语言，脚本可以放置到扩展名为.php 的网页的任何位置，只要在合适的地方嵌入脚本标记即可。笔者经常用打比方的方式给学生讲：“PHP 是一种挖窟窿的工具，网页的哪个位置需要变成动态数据，就可以在哪个位置挖窟窿。”所谓的挖窟窿其实就是在合适的位置放上 PHP 的标记，PHP 标记可以嵌入到 HTML 文件的任何位置。

PHP 7 以前的版本中提供了四种语言标记：标准风格、简短风格、脚本风格和 ASP 风格。但一般常用前两种，后面两种不推荐使用。PHP 7 中去掉了后两种标记，仅支持前两种，因此我们主要介绍前两种标记。

（1）标准风格。

格式：

```
<?php
//php 代码
?>
```

说明 1：在扩展名为.php 的网页文件中使用“<?php”作为起始符号，使用“?>”作为结束符号，将会自动开启 PHP 模式。

说明 2：标准风格是 PHP 推荐的标记风格，在实际开发中使用最多，这种风格不能通过设置进行禁用。本书后续的程序开发中都使用标准风格的标记。

说明 3：在使用独立文件编写 PHP 代码时，结束标记“?>”可以省略不写；但是在混编模式中必须要有“?>”，因为如果没有结束标记，在程序编译过程中不知道哪里是结束，将会出错。

（2）简短风格。

格式：

```
<?
```

```
//php 代码
?>
```

说明：以“<?”作为开始标记，以“?>”作为结束标记。这种标记风格简单，但一般不默认启用 PHP，需要在 php.ini 配置文件中启用 short_open_tag。

（3）脚本风格。

格式：

```
<script language="php">
//php 代码
</script>
```

说明：该标记在 PHP 7 以前版本中可运行，以“<script language="php">”作为开始标记，以“</script>”作为结束标记，将 PHP 编写的程序放到开始标记与结束标记之间。这种风格标记最长，但和标准风格的标记一样在扩展名为.php 的网页文件中始终可以使用。

（4）ASP 风格。

格式：

```
<%
//php 代码
%>
```

说明：该标记在 PHP 7 以前版本中可运行，以“<%”作为开始标记，以“%>”作为结束标记，和 ASP 中典型的流模式格式相同。该模式默认也不启用 PHP，需要修改配置文件 php.ini，启用 asp_tags。

【实例 2.1】 编写动态网页，分别用标准风格和脚本风格两种标记输出一句话，内容为“我是 PHP 中的 XXX 标记！”，并采用域名解析方式在浏览器中访问。

程序代码：

```
<?php
echo "我是 PHP 中的标准标记！<br>";
?>
<script language="php">
echo "我是 PHP 中的脚本标记！<br>";
</script>
```

说明：从本节开始，如果页面中不涉及布局，则只列出 PHP 相关程序代码。

实例 2.1 在浏览器中访问的结果如图 2.1 所示。

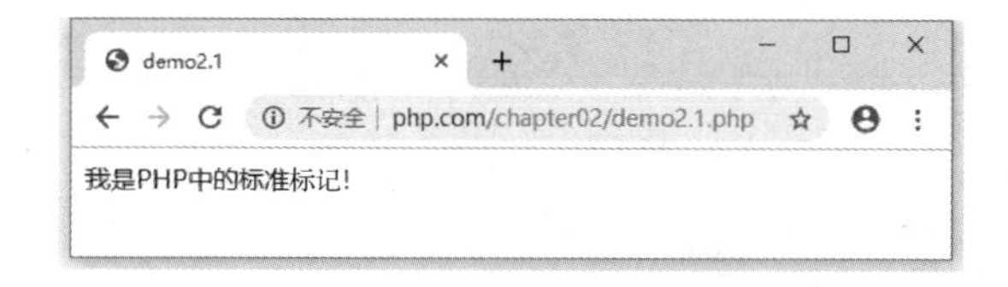

图 2.1 实例 2.1 的运行结果

说明：因为 PHP 7 中去掉了第三种脚本风格标记，因此无法支持该标记模式，无法正常显示。

2. PHP 中的语句

PHP 和其他语言一样，最基本的构成单位是语句。通过实例 2.1 我们不难发现，PHP 的每句话后面都有一个分号，即以“;”作为语句结束标记。语句分为流程结构语句、定义类语句和功能描述语句三种，其中第三种语句就是我们常说的指令，每条指令必须以分号作为结束标记。如果开发过程中使用的是标准标记模式，结束标记“?>”前面默认包含了一个分号，因此最后一条语句的分号可以省略不写。但是如果在独立文件中省略了“?>”，则最后一条语句后面就必须加上分号，否则将会出现错误。

例如：

```
<?php
echo "PHP 语句测试 1"
?>
```

说明：上面的写法是正确的，因为“?>”前自动包含了一个“;”。

例如：

```
<?php
echo "PHP 语句测试 2"
```

说明：这样的写法是错误的，因为独立文件模式省略掉了“?>”，它前面的“;”也同时被省略掉，因此上面的语句缺少结束标记。

3. PHP 中的注释

编写程序的目的是解决现实中的某些问题，根据问题的复杂度，可能需要编写的代码量很大，这就需要团队协作，把程序按照某些原则进行划分。这就要求在编写程序的过程中，变量的定义、函数的声明或流程的设置不但要自己能看明白，还要让别人能看明白；不但要现在能看明白，还需要过一段时间也能搞清楚，这就涉及了 PHP 中的注释。注释不是让计算机去识别和执行的，而是给程序员看的。

PHP 提供了以下两类三种注释方式。

（1）单行注释“//”和“#”。

“//”是典型的 C 语言风格注释，“#”是典型的 Shell 风格注释，两者都用于单行注释，表示的注释的范围为从“//”或“#”开始到行末结束。

格式：

```
//单行注释
#单行注释
```

（2）多行注释“/* */”。

多行注释以“/*”开头到“*/”结束，中间的内容全部为注释，注释可以是单行，也可以是多行。一个大的项目，每个文件的开头都会使用多行注释符号来标明程序员、编码日期、主要功能等。在一个模块或者一个函数定义的开头，同样可以使用多行注释对函数的功能、参数、函数名等进行注释。

格式：

```
/*多行注释*/
```

例如：

```
<?php
/*
程序员：seashorewang
日期：2020.9.20
功能：认知 PHP 中的注释
*/
// 我是 C 语言风格的单行注释
# 我是 Shell 风格的单行注释
?>
```

4. PHP 中的大小写

PHP 不像 C 语言或者 Java 语言那样所有地方区分大小写。也正因如此，对于新手来说，大小写问题总是令他们感到很困惑，很难理清。但这并不表示 PHP 语言对大小写不敏感。

在 PHP 中，所有用户定义的函数、类和关键词（如 if、else、echo）都对大小写不敏感，但变量名称、常量名称、数组名称等却对大小写敏感。关于大小写的问题读者应该做到心中有数，并在编写程序中不断地总结经验。

5. PHP 常用的输出语句

程序框架的最后一部分用来输出有用信息。PHP 常用的输出语句有 echo 和 print，两者都是用来输出语句的，其中 echo 能够输出一个以上的字符串；而 print 只能输出一个字符串，并始终返回 1。因为 echo 没有返回值，效率比 print 高，且能同时输出多个字符串，因此，在 PHP 程序开发中经常使用 echo 语句来进行有用信息的输出。

【实例 2.2】 PHP 输出语句测试。

程序代码：

```
<?php
//采用一级标题输出一句话
echo "<h1>我是一个好人!</h1>";
//使用 print 语句输出一句话
print "我是一个好人!<br>";
//使用 echo 语句同时输出多个字符串。
echo "我", "是", " 一", " 个", "好人";
?>
```

实例 2.2 在浏览器中访问的结果如图 2.2 所示。

图 2.2　实例 2.2 的运行结果

2.2.3　任务实现

经过前面的讲解我们学习了 PHP 程序的开始和结束标记，能够在网页中嵌入 PHP 程序代码；学习了使用注释在编写程序的过程中整理自己的思路，并能够让其他程序员或者自己以后看明白；学习了“;”作为 PHP 语句的结束标记；了解了什么情况下 PHP 区分大小写；最后还学习了 PHP 中常用的输出语句。

当掌握了上述知识之后，我们可以非常简单地实现本节课的任务。任务在实例 2.2 中已经顺利完成，这里不再赘述。

2.3 从求圆的周长和面积中学习变量常量

为了更好地学习变量、常量等基础知识，本节引入一个任务：求圆的周长和面积，其中半径 r 可以通过用户输入来获得，输入不同的 r 得到不同的周长和面积。

2.3.1 任务分析

求圆的周长和面积，在小学数学中就学习过，但本任务是通过程序去计算。根据常识我们知道圆的周长和面积都取决于圆的半径 r，其中周长 $c=2\pi r$，面积 $s=\pi r^2$。在程序设计中，2 叫作常数，π 叫作常量，c、s 和 r 都叫作变量，c 和 s 的值取决于 r 的大小。

2.3.2 相关知识

1. 常量

通过任务分析我们得知，在计算圆的周长和面积的过程中，2 和 π 都是固定不变的量，其中 2 称为常数；π 如果只使用一次或几次也可以用常数表示，但如果使用的地方非常多，则可以给这个数起一个别名，通过定义常量来表示。在程序执行过程中，其值可以不变的量称为常量。

常量的定义使用 define()函数来完成。

格式：

```
define(string $name, mixed $value, $case_sensitive)
```

说明：

（1）$name 表示常量的名称，可以由字母、数字和下画线三部分组成，并且只能以字母或者下画线开头。

（2）$value 表示常量的值，可以是整数、小数或者字符串。

（3）$case_sensitive 为可选参数，表示是否区分大小写，true 表示不区分大小写，false 表示区分大小写，默认为 false。

【实例 2.3】 求半径是 3 的圆的周长和面积。

程序代码：

```
<?php
define("PI",3.14);        //定义常量，第三个参数使用默认值，即 false
echo "半径为 3 的圆的面积为：".(PI*3*3)."周长是：".(2*PI*3);
echo "<br>";              //换行
echo "半径为 3 的圆的面积为：".(Pi*3*3)."周长是：".(2*Pi*3);    //测试是否区分大小写
echo "<br>";
```

```
define("PI",3.14,true);         //定义常量，第三个参数使用 true
echo "半径为 3 的圆的面积为：".(PI*3*3)."周长是：".(2*PI*3);
echo "<br>";                    //换行
echo "半径为 3 的圆的面积为：".(Pi*3*3)."周长是：".(2*Pi*3);   //测试是否区分大小写
echo "<br>";
?>
```

说明 1：本例使用 define()函数定义了圆周率的值，这样便于多次使用这个值时进行修改。同时在程序中测试了 define()函数中第三个参数的值分别为“false”和“true”时的作用。

说明 2：第二个输出的周长和面积都为 0，是因为第一个 define()函数中第三个参数使用默认值“false”，因此 Pi 不能被识别，最终计算结果为 0。

实例 2.3 在浏览器中访问的结果如图 2.3 所示。

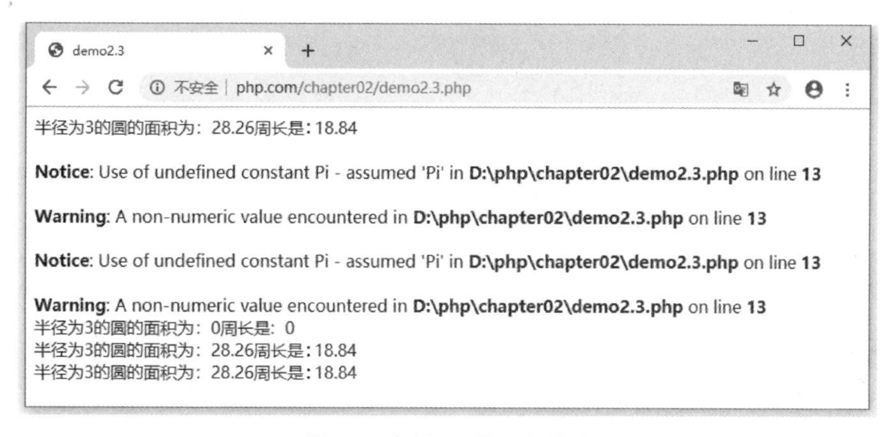

图 2.3　实例 2.3 的运行结果

除了用户自定义的常量，PHP 中还提供了很多系统预定义的常量，这些常量的值表示了很多 PHP 的预定义信息。PHP 中常用的预定义常量如表 2.1 所示。

表 2.1　PHP 常用预定义常量

预定义常量名称	功能描述说明
PHP_VERSION	获取当前 PHP 的版本
PHP_OS	获取当前所使用的操作系统类型
PHP_EOL	获取当前系统的换行符
PHP_BINDIR	获取 PHP 的执行路径
__LINE__	获取 PHP 程序当前的行号
__FILE__	获取当前文件的绝对路径（包含文件名）
__DIR__	获取当前文件的绝对路径（不包含文件名）
__FUNCTION__	获取当前函数的名称
__CLASS__	获取类的名称
__METHOD__	获取方法的名称

续表

预定义常量名称	功能描述说明
__NAMESPACE__	获取命名空间的名称
DEFAULT_INCLUDE_PATH	获取 PHP 默认包含的路径
E_ERROR	指向最近的错误位置
E_WARNING	指向最近的警告位置
E_NOTICE	指向最近的提示位置

说明：以“__”开头和结尾的预定义常量，在使用时一定要注意“__”是两个“_”符号，否则取不到值。

【实例 2.4】 获取 PHP 常用预定义常量的值，并输出。

程序代码：

```
<?php
class ceshi
{
        function shuchu()
        {
        //获取 PHP 常用预定义常量的值
        echo '当前 PHP 的版本：'.PHP_VERSION.'<br>';
        echo '当前所使用的操作系统类型：'.PHP_OS.'<br>';
        echo '当前系统使用的换行符：'.PHP_EOL.'<br>';
        echo '获取 PHP 的执行路径：'.PHP_BINDIR.'<br>';

        echo '当前文件的路径为：'.__FILE__.'<br>';
        echo '当前所在行数：'.__LINE__.'<br>';
        echo '当前文件的绝对路径为：'.__DIR__.'<br>';
        echo '当前函数名称为：'.__FUNCTION__.'<br>';
        echo '当前类名称为：'.__CLASS__.'<br>';
        echo '当前方法名为：'.__METHOD__.'<br>';
        echo '当前命名空间名称为：'.__NAMESPACE__.'<br>';

        echo '获取 PHP 默认包含的路径：'.DEFAULT_INCLUDE_PATH.'<br>';
        echo '最近出现的错误所在的行数：'.E_ERROR.'<br>';
        echo '最近出现的警告所在的行数：'.E_WARNING.'<br>';
        echo '最近出现的注意所在的行数：'.E_NOTICE.'<br>';
        }
}
$ceshi=new ceshi();
$ceshi->shuchu();
?>
```

说明：本例中为了验证预定义常量引入了类和方法，将输出预定义常量的语句封装到类的方法之中，然后通过调用类的对象，最终得到结果。关于类和方法的使用，将会在后续章节中详细讲解。

实例 2.4 在浏览器中访问的结果如图 2.4 所示。

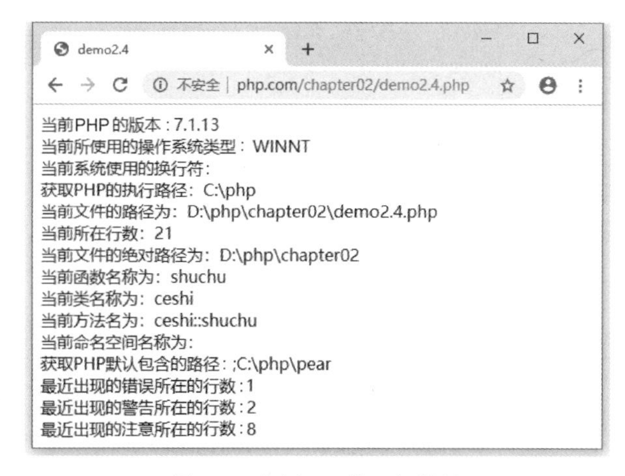

图 2.4　实例 2.4 的运行结果

2. 变量

在程序执行的过程中，其值可以改变的量称为变量。一个变量应该有一个名字，在内存中占据一定的存储单元。变量是用于临时存储一个值的容器，该值可以是任何数据类型。PHP 是一门类型松散的语言，会根据变量的值，自动把变量转换为正确的数据类型，无须像 C 语言或 Java 语言那样在变量声明时指定其数据类型。

通俗地讲，变量就是在内存空间中找一块地方，起一个名字，存储一个值。比如定义一个整型变量，名称为 num，其在内存中分配的起始地址为 EF01，该内存中存储的值为 100，变量与内存的关系如图 2.5 所示。

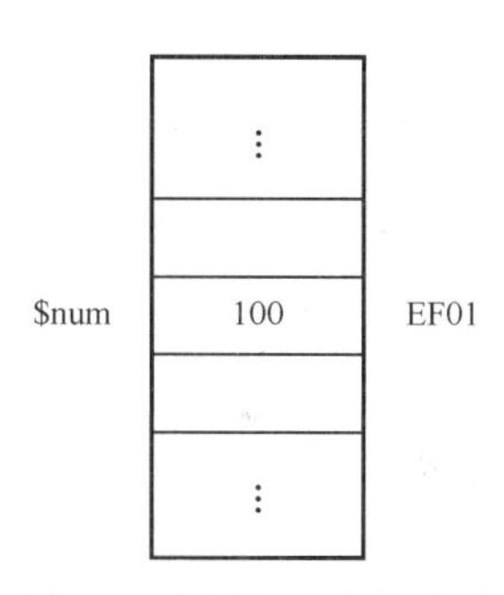

图 2.5　变量与内存的关系

变量的使用一般有三个步骤：变量的声明、变量的初始化与变量的引用。因为 PHP 是一种弱类型的语言，变量一般不需要显式声明，因此变量的使用的三个步骤中前两步往往可以合并。也就是变量使用过程只需要做两步：一是变量的声明和初始化，二是变量的引用。

在变量的声明和初始化中，需要给变量提供一个名字，PHP 中变量的命名需要符合下面的规则：

☑ 变量以“$”开头，后跟变量名；
☑ 变量名只能由字母、数字和下画线三种元素组成；
☑ 变量名只能以字母或下画线开头；
☑ 变量名是严格区分大小写的。

【实例 2.5】 变量的声明、初始化与引用。

程序代码：

```
<?php
//变量的声明、初始化
$zhengshu=100;
$wenben="我是一个好人<br>";
$xiaoshu=3.1415;
//变量的引用
echo $wenben;
```

```
echo $xiaoshu."<br>";
echo"变量 zhengshu 和 100 的和为";
echo ($zhengshu+100)."<br>";
?>
```

实例 2.5 在浏览器中访问的结果如图 2.6 所示。

图 2.6　实例 2.5 的运行结果

说明 1：本例中共定义了三个变量“$zhengshu”“$wenben”“$xiaoshu”，分别存储了整数、文本和小数三种类型的数据。其中文本中还包含了一个 HTML 的换行标签“
”，在这里需要说明的是，HTML 的所有标签都可以在 PHP 中以文本形式输出，并且仍然保留其原本的含义。“($zhengshu+100)."
"”语句中使用了字符串连接符号“.”将两个字符串连接到一起，这里用到了数据类型的转换，将“$zhengshu+100”的计算结果转换为字符串，因此加上了一对小括号。

说明 2：本例中变量的使用分为两个步骤，声明赋值和引用。变量赋值是通过“=”将右侧的值存储到左侧的变量对应的地址空间中的。除了把一些值赋给变量，还可以通过“&”符号，取一个变量的地址赋给另外一个变量。

例如：

```
<?php
$a=100;
$b=&$a;
echo $b;
?>
```

说明：“$b=&$a”表示将 a 和 b 两个变量关联起来，二者同时变化。

变量的作用域指的是变量起作用的范围，如果没有特殊说明，普通变量的作用域起源于其声明赋值前的“{”，终止于与其对应的“}”。关于变量在函数之间的作用域，将会在后续章节中详细讲解。

在变量的作用域内，可以使用函数 isset()判断变量是否已声明，使用 unset()函数释放变量所占的空间，使用 empty()函数判断是否为空。

【实例 2.6】 利用函数检测变量。

程序代码：

```
<?php
$a="";
$b=10;
if(isset($a))
{
    echo "存在 a 变量！<br>";
}
if(!isset($c))
```

```
{
    echo "不存在 c 变量！<br>";
}
unset($a);
if(isset($a))
{
    echo "存在 a 变量！<br>";
}
else
{
    echo "不存在 a 变量！<br>";
}
if(empty($a))
{
    echo "a 的值为空！<br>";
}
if(!empty($b))
{
    echo "b 的值不为空！<br>";
}
?>
```

实例 2.6 在浏览器中访问的结果如图 2.7 所示。

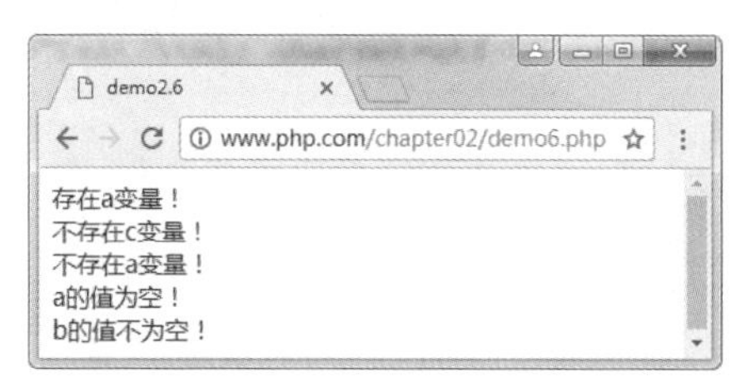

图 2.7 实例 2.6 的运行结果

说明：PHP 中的函数是用来完成一定功能的代码块，分为自定义和系统定义两种。本例中使用的几个函数都是系统定义的内置函数。

2.3.3 任务实现

经过前面的讲解，我们已经可以使用常数和常量表示 2 和π，使用变量表示半径 r，同时使用变量表示周长 c 和面积 s。接下来再详细实现本节之初提出的任务。

网页代码：

```
<html xmlns="http://www.w3.org/1999/xhtml">
<head>
<meta http-equiv="Content-Type" content="text/html; charset=utf-8" />
<title>求圆的周长和面积</title>
</head>
<body>
<form action="" method="post">
请输入圆的半径：<input name="txt_r" type="text" /><br>
<input name="btn_jisuan" type="submit" value="计算" />
```

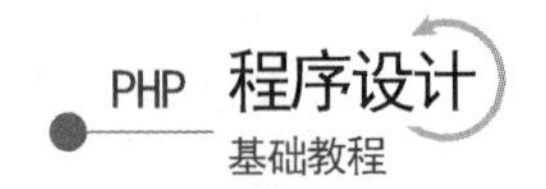

```
</form>
</body>
</html>
```

说明 1：若想通过页面实现用户交互，则必须在<body></body>之间插入<form action="" method="post"> </form>，并且所有的用户控件都必须放到<form>标记对之间。<form>标记中的 method 有 post 和 get 两种选择，采用哪种方法，在 PHP 代码中也需要使用该方法获取数据，在没有特殊说明的时候我们使用 post 方法。

说明 2：PHP 依赖控件的 name 属性区分每个控件，因此若想在 PHP 中获取到 HTML 的控件，则控件必须有 name 属性，且 name 值唯一。为了编写程序方便，需要为控件起一个易识别、有意义的名字，例如使用“btn_”开头表示按钮，使用“txt_”开头表示文本框。

程序代码：

```
<?php
 define("PI",3.14); //定义圆周率用 PI 表示
 if(isset($_POST["btn_jisuan"]))
 {
      //采集信息
      $r=$_POST["txt_r"];
      //算法逻辑
      $c=2*PI*$r;
      $s=PI*$r*$r;
      //输出有用信息
      echo "半径为："."$r."的圆的周长是："."$c."面积是："."$s;
 }
?>
```

本节任务在浏览器中访问的结果如图 2.8 所示。

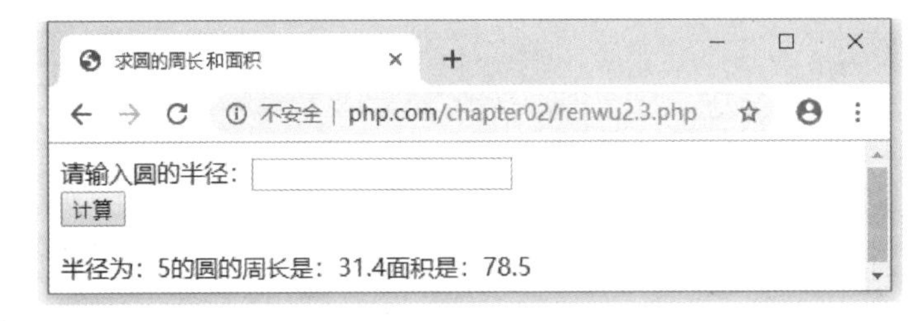

图 2.8　任务实现结果

说明 1：“if(isset($_POST["btn_jisuan"]))”用于判断按钮是否被单击，如果单击了按钮则执行其后“{ }”之间的代码。“$r=$_POST["txt_r"];”采用 post 方法获取文本框“txt_r”的值，并赋值给变量“$r”。

说明 2：在变量的引用过程中“$”符号不可缺少。

说明 3：使用常量的好处在于，当用户需要修改圆周率精度的时候，只需要修改常量定义即可，不需要改具体逻辑代码。

2.4 从输出学生信息表中学习数据类型

在 2.3 节的任务中，常数 2 是一个整数，π 是一个小数，半径 r 可以是小数或者整数，另外在变量讲解过程中还用变量存储过字符串型的数据。整数、小数和字符串等在 PHP 程序设计中被称为数据类型。

为了更好地学习数据类型，本节引入一个新的任务：输出学生信息表，可以通过 echo 语句输出字符串，在字符串中使用 HTML 标记完成。

2.4.1 任务分析

本任务要输出的学生信息包括学号、姓名、年龄、性别、期末成绩、是否三好学生，共六项。其中，学号、姓名、性别为字符串型，年龄为整型，期末成绩为浮点型，是否三好学生可以采用布尔型。具体输出信息如表 2.2 所示。

表 2.2 学生信息表

学　号	姓　名	年　龄	性　别	期末成绩	是否三好学生
1001	梅长苏	35	男	99.5	是
1002	蔺晨	36	男	98.5	否
1003	萧平旌	18	男	99.5	是
1004	林夕	18	女	96.5	否

2.4.2 相关知识

虽然 PHP 是弱类型的语言，但弱类型并不代表没有类型。PHP 提供了八种数据类型，如图 2.9 所示，用以将各种数据进行划分，不同性质的变量在内存中占用的内存单元的长度不同。

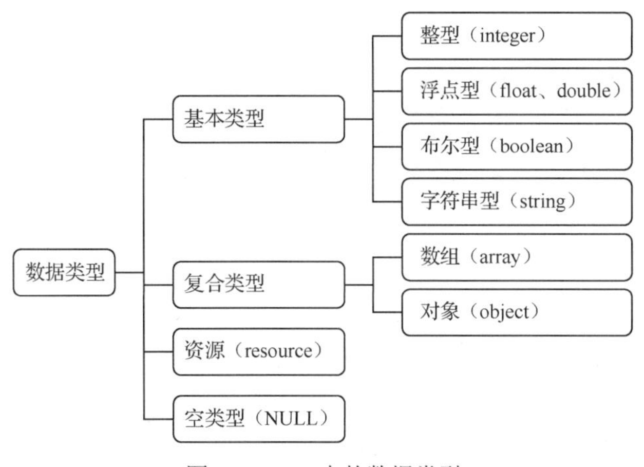

图 2.9 PHP 中的数据类型

1. 整型（integer）

整数是没有小数的数字，其间不能包含空格或逗号，整数分为正数和负数。整型数据可以用三种进制数来描述，分别是十进制数、八进制数（前缀是 0）和十六进制数（前缀是 0x）。整型数据表示的数值范围取决于操作系统是 32 位还是 64 位的。

使用函数 var_dump()会返回变量的数据类型和值。

【实例 2.7】 整型数据及其检测。

程序代码：

```
<?php
    $int_number1=123;
    var_dump($int_number1);//输出 int(123)
    $int_number2=-123;
    var_dump($int_number2);//输出 int(-123)
    $int_number3=0123;
    var_dump($int_number3);//输出 int(83)
    $int_number4=0x123;
    var_dump($int_number4);//输出 int(291)
?>
```

实例 2.7 在浏览器中访问的结果如图 2.10 所示。

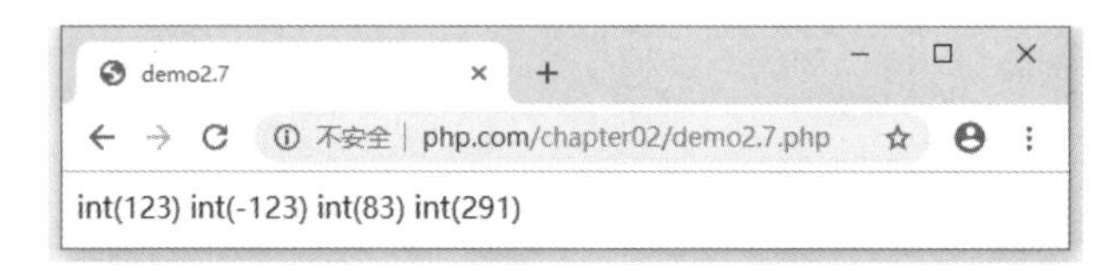

图 2.10　实例 2.7 的运行结果

2. 浮点型（float 和 double）

浮点数是指带有小数的数，数值范围取决于操作系统的位数。浮点型数据常用于定义长度、高度、金钱等类型的变量。浮点数常有小数和指数两种表示形式。PHP 中的浮点型数据根据小数点后面跟的小数位数不同，可划分为单精度（float）和双精度（double）。

```
<?php
    $float_number1=2.71828;
    $float_number2=1.01E2;
    $float_number3=2E3;
?>
```

说明：采用指数形式表示浮点数，指数标记“E”后不能为小数，否则编译将会报错。

3. 布尔型（boolean）

布尔型用于表示只有真与假两个逻辑值的数值类型，真用 true 表示，假用 false 表示，真和假的表示不区分大小写。

```
<?php
    $bool_number1=true;
    $bool_number1=false;
?>
```

4. 字符串型（string）

PHP 中的字符串可以由一个字符也可以由若干个字符组成，一般字符串由字母、数字和其他符号组成。PHP 中没有限制字符串包含字符的多少，最少可以是空，没有任何字符；多的时候可以是一篇文章，甚至一本书。PHP 中定义字符串可以使用单引号“'”、双引号“"”和定界符“<<<”，实际开发中最常用的字符串定义方式是单引号和双引号。

PHP 中用双引号定义的字符串可以使用转义字符。PHP 常用转义字符如表 2.3 所示。

表 2.3　PHP 常用转义字符

转 义 字 符	对 应 含 义
\n	换行
\r	回车
\t	制表符
\\	反斜线
\$	$字符
\"	双引号
\[0-7]{1,3}	1～3 位表示八进制数
\x[0-9 A-F a-f]{1,2}	1～2 位表示十六进制数

【实例 2.8】 字符串型数据及其检测。

程序代码：

```
<?php
$string_number1 = 'Hello';           //定义一个字符串型变量
$int_number = 2018;                  //定义一个整型变量
//在字符串中取另一个变量的值
$string_number2 = "Hello\$$int_number";
echo $string_number1;                //输出第一个字符串
echo "<br>";
echo $string_number2;                //输出第二个字符串
?>
```

实例 2.8 在浏览器中访问的结果如图 2.11 所示。

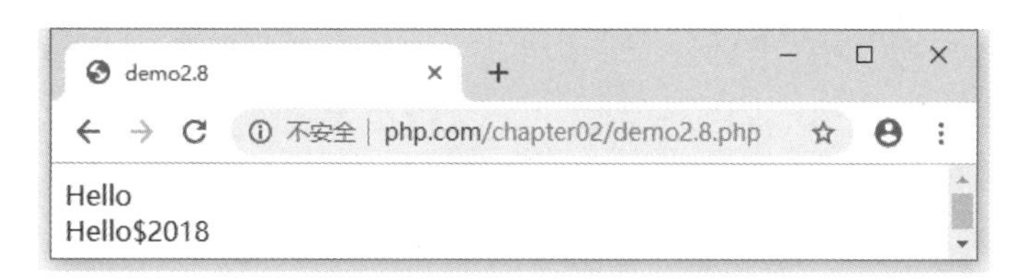

图 2.11　实例 2.8 的运行结果

说明：“$string_number2 = "Hello\$$int_number";”语句是在双引号内部引用其他变量的值，从而利用该值构建新的字符串。在字符串中还利用了转义字符输出了一个“$”。

5. 数组（array）与对象（object）

数组与对象在后续的章节中会详细地讲解。PHP 中的数组相对其他语言更加复杂，不但提供了索引数组，还提供了关联数组通过键值对访问数组元素的值。在 PHP 中可使用

array()函数创建数组，数组的元素可以是任意数据类型。

```
<?php
    //定义索引数组，按照索引值访问
    $arr=array(1,2,3,4,5);
    //定义关联数组，按照 key 访问对应 value
    $list=array("id"=>"1001","name"=>"梅长苏","age"=>35,"score"=>99.5);
?>
```

说明：PHP 中除了索引数组与关联数组，还提供了多维数组，也称为数组的数组。

PHP 中的对象是通过类的实例化产生的，通过 new 关键字实现，通常用一个变量接收一个对象。

【实例 2.9】 对象数据及其检测。

程序代码：

```
<?php
    class StudentInfo                    //定义类
    {
        function userinfo()              //定义类中的方法
        {//本方法的作用是输出一句话
            echo "梅长苏，男，35 岁，期末成绩 99.5，三好学生！";
        }
    }
    $obj=new StudentInfo();              //通过 new 实例化对象
    $obj->userinfo();                    //通过类的对象调用类的成员方法
?>
```

实例 2.9 在浏览器中访问的结果如图 2.12 所示。

图 2.12　实例 2.9 的运行结果

说明：类中的方法不能被直接调用，而是要通过类的实例化的对象来访问类的成员方法或成员属性，类中定义的函数也称为类的成员方法。

6．资源与空类型

资源是一种特殊的数据类型，保存了外部资源的引用，需要通过专门的函数来建立和使用。空类型 NULL 表示一个变量没有任何值，NULL 不区分大小写。一般情况下当一个变量直接赋值为 NULL 或者没有赋值，或者使用 unset()函数释放了，PHP 认为该变量的值为 NULL。

7．数据类型的转换

PHP 中数据类型的转换可以分为隐式转换（自动转换）和显式转换（强制转换）两种。其中隐式转换是指变量的类型转换由 PHP 自动完成，PHP 能够自动转换的数据类型有四种：整型、浮点型、字符串型与布尔型。隐式转换虽由 PHP 自动完成，但需遵循占内存字节少的向占内存字节长的转换的原则，防止数据溢出。隐式转换的规则如下。

（1）采用“+”“-”“*”“/”符号参与运算时自动转换为占内存字节较长的类型。

```
<?php
      $num1=10;
      $num2=3.14;
      $sum=$num1+$num2;
?>
```

说明：本例中$sum 最终的数据类型为浮点型，因为在参与“+”运算时，整型和浮点型一起运算最终得到的是浮点型，发生了隐式转换。

（2）变量采用“=”赋值时，变量的数据类型由存入的数据类型决定。

```
<?php
$num=10.000;
$num=2;
$num="hello";
?>
```

说明：$num 最终的数据类型为字符串型。

（3）布尔型与整型运算时，true 转换为 1，false 转换为 0。布尔型与字符串型运算时，true 转换为"1"，false 转换为空串。

（4）整型或者浮点型转换为字符串型时，直接在该类型的数据两边直接加上单引号或双引号即可，也就是字面数据。

除了隐式转换 PHP 还提供了显式转换，也就是强制转换，在程序设计中经常会用到数据类型的强制转换。PHP 数据有以下三种强制类型转换方式。

☑ 使用类型名转换，即在要转换的变量之前加上用括号括起来的目标类型，如(int)$a。

☑ 使用类型转换函数：intval()、floatval()、strval()。

☑ 使用 settype()函数，如 settype(mixed var,string type)。

【实例 2.10】 强制类型转换。

程序代码：

```
<?php
$num1=2.71828;
$num2=(int)$num1;
var_dump($num1);            //输出 float(2.71828)
var_dump($num2);            //输出 int(2)
echo "<br>";

$str="3.14abc";
$int=intval($str);          //转换后数值：3
$float=floatval($str);      //转换后数值：3.14
$str=strval($float);        //转换后字符串："3.14"
var_dump($int);             //输出 bool(true)
var_dump($float);           //输出 int(33)
var_dump($str);             //输出 int(33)
echo "<br>";

$num4=33.44;
$flg=settype($num4,"int");
var_dump($flg);             //输出 bool(true)
```

```
var_dump($num4);              //输出 int(33)
?>
```

实例 2.10 在浏览器中访问的结果如图 2.13 所示。

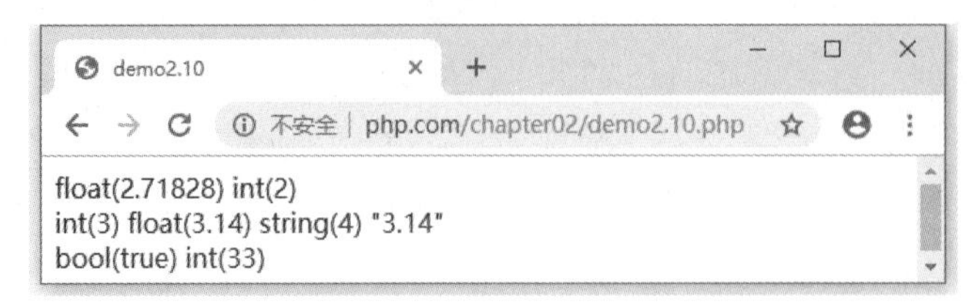

图 2.13　实例 2.10 的运行结果

说明：本例中采用了三种强制类型转换的方法，进行了数据类型的强制转换，并通过 var_dump()函数进行了数据类型的检测。在实际开发中常用前面两种方法进行数据类型的转换。

2.4.3　任务实现

经过前面的讲解，我们学习了 PHP 中的八种数据类型，并了解了数据类型之间的转换。在本节的任务中，学号、姓名、性别可以使用字符串型表示；年龄可以使用整型表示；期末成绩可以使用 float 类型表示；是否三好学生只有两个值，可以使用布尔型表示。

程序代码：

```
<html xmlns="http://www.w3.org/1999/xhtml">
    <head>
    <meta http-equiv="Content-Type" content="text/html; charset=utf-8" />
    <title>输出学生信息</title>
    </head>
    <body>
    <table width="500" border="1" align="right">
     <?php
     echo "<tr><td>"."学号"."</td><td>"."姓名"."</td><td>"."年龄"."</td><td>"."
     性别"."</td><td>"."期末成绩"."</td><td>"."是否三好学生"."</td></tr>";
     $xuehao="1001"; $xingming="梅长苏"; $nianling=35;
     $xingbie="M"; $chengji=99.5;   $sanhao="是";
    echo"<tr><td>".$xuehao."</td><td>".$xingming."</td><td>".$nianling."</td><td>"
    .$xingbie."</td><td>".$chengji."</td><td>".$sanhao."</td></tr>";
     $xuehao="1002";   $xingming="蔺晨";   $nianling=36;
     $xingbie="M";   $chengji=98.5;   $sanhao="否";
    echo "<tr><td>".$xuehao."</td><td>".$xingming."</td><td>".$nianling."</td><td>"
    .$xingbie."</td><td>".$chengji."</td><td>".$sanhao."</td></tr>";
     $xuehao="1003";   $xingming="萧平旌";   $nianling=18;
     $xingbie="M";   $chengji=99.5;   $sanhao="是";
    echo "<tr><td>".$xuehao."</td><td>".$xingming."</td><td>".$nianling."</td><td>"
    .$xingbie."</td><td>".$chengji."</td><td>".$sanhao."</td></tr>";
     $xuehao="1004";   $xingming="林夕";   $nianling=18;
     $xingbie="F";   $chengji=96.5;   $sanhao="否";
     echo "<tr><td>".$xuehao."</td><td>".$xingming."</td><td>".$nianling."</td><td>"
    .$xingbie."</td><td>".$chengji."</td><td>".$sanhao."</td></tr>";
    ?>
```

```
        </table>
    </body>
</html>
```

本节任务在浏览器中访问的结果如图 2.14 所示。

输出学生信息

php.com/chapter02/renwu2.4.php

学号	姓名	年龄	性别	期末成绩	是否三好学生
1001	梅长苏	35	M	99.5	是
1002	蔺晨	36	M	98.5	否
1003	萧平旌	18	M	99.5	是
1004	林夕	18	F	96.5	否

图 2.14　任务实现结果

说明 1：从代码的复杂性来看，本程序显然不是最佳的解决方案，可以使用循环语句去优化程序，但本例重点强调变量的使用，以及变量对应的数据类型。

说明 2：变量$sanhao 可以用布尔型表示，显示的结果为 1 或者 0，如果在这里加入分支结构的判断，则能够更加清楚地显示真假两值的含义。

2.5　从四则运算中学习运算符

为了更好地学习运算符与表达式，本节引入一个新的任务：编写简单的计算器，从文本框中输入两个数，计算两个数的和、差、积、商。

2.5.1　任务分析

本节任务从文本框中获取两个数的方法在 2.3 节已经用过，可以使用 post 方法获取到 HTML 下的文本框的值。计算和、差、积、商就要用到运算，让参与运算的两个变量获取相应的值就要用到赋值运算。求和、差、积、商都属于数学运算，在程序设计中称作算术运算；在求商的过程中需要判断除数是否为 0，就要用到逻辑运算与关系运算。除此之外 PHP 还提供了位运算、条件运算等。

2.5.2　相关知识

运算符的功能就是完成某种运算。按照操作数的个数，可将运算符分为单目运算符、双目运算符和三目运算符。使用运算符连接的式子称为表达式。

1. 算术运算符

PHP 中的算术运算符及其介绍如表 2.4 所示，其中假设了三个变量$a=200、$b=100、$c=3。

表 2.4　PHP 算术运算符

运 算 符	功　能	案　例	运 算 结 果
-	负号	-$a	-200
+	加	$a+$b	300
-	减	$a-$b	100
*	乘	$a*$b	20000
/	除	$a/$b	2
%	求余	$b%$c	1
++	自加	$a++，++$b	$a++先使用后加 1（200），　++$b 先加 1 后使用（101）
--	自减	$a--，--$b	$a--先使用后减 1（200），　--$b 先减 1 后使用（99）

算术运算在所有的运算中相对比较容易，也是最常用的运算。算术运算应该符合以下的规律。

（1）负号“-”用来求反，若原来为正数则变成负数，原来为负数则变成正数。例如：

```
<?php
    $num=10;
    echo -$num;
?>
```

（2）算术运算符中四则运算“+”“-”“*”“/”和数学中的算术运算是一样的，并且符合数学中的运算规律，先算乘除后算加减，有括号的先算括号，在做除法时除数不能为 0。

（3）“%”在程序设计中用来完成求余运算，求余运算的两侧必须都为整数，浮点数不能参与求余运算。

（4）参与算术运算的两侧只要有一个是浮点数，运算结果的数据类型就为浮点数。

（5）“++”和“--”用来进行自加或者自减运算，都属于单目运算符，操作数处于的位置不同，运算符的含义也不同。以“++”为例，如果操作数在“++”符号的左侧，则表示先使用操作数的值，后加 1；如果操作数在“++”符号的右侧，则表示先把操作数的值加 1，然后再使用。例如：

```
<?php
    $a=10;
    $b=10;
    echo ++$a;            //先+1 后使用，值为 11
    echo "<br>";
    echo $b++             //先使用后加 1，值为 10
?>
```

2. 关系运算符

在程序中比较两个值的大小的运算称为关系运算。常用的关系运算符包括大于“>”、小于“<”、大于等于“>=”、小于等于“<=”、等于“= =”、不等于“!=、<>”。关系运算符都是双目运算符。关系运算一般用作分支结构的条件，或循环结构的结束条件，读者不妨先记一下，讲到流程结构自然会明白。

除了常用的六种比较运算符，还有恒等于“===”和不恒等于“!==”两种。其中，“===”

表示当左侧操作数等于右侧操作数，并且它们的类型也相同时返回 true，否则返回 false；“!==”表示当左侧操作数不等于右侧操作数，或者两者类型不相同时返回 true，否则返回 false。

【实例 2.11】 比较两个数的大小。

网页代码：

```
<html xmlns="http://www.w3.org/1999/xhtml">
<head>
<meta http-equiv="Content-Type" content="text/html; charset=utf-8" />
<title>关系运算</title>
</head>
<body>
<form action="" method="post">
第一个参数：<input name="txt_canshu1" type="text" /><br>
第二个参数：<input name="txt_canshu2" type="text" /><br>
<input name="btn_jisuan" type="submit" value="计算" />
</form>
</body>
</html>
```

说明：需要注意的是，按钮的类型为“submit”，而非“button”。

程序代码：

```
<?php
//定义两个全局变量 分别存储最大值与最小值
$max=0;
$min=0;
if(isset($_POST["btn_jisuan"]))                    //判断是否单击了按钮
{
      $canshu1=$_POST["txt_canshu1"];               //获取参数 1
      $canshu2=$_POST["txt_canshu2"];               //获取参数 2
      if($canshu1>=$canshu2)                        //如果 canshu1 大于等于 canshu2
      {
            $max=$canshu1;                          //获取最大值
            $min=$canshu2;                          //获取最小值
      }
      if($canshu1<$canshu2)                         //如果 canshu1 小于 canshu2
      {
            $max=$canshu2;
            $min=$canshu1;
      }
      echo "两个数中最大的数是".$max."<br>最小数是".$min;
}
?>
```

实例 2.11 在浏览器中访问的结果如图 2.15 所示。

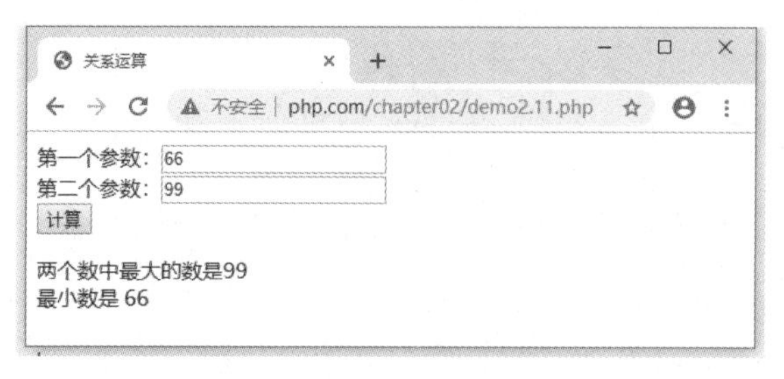

图 2.15 实例 2.11 的运行结果

说明 1：关系表达式得到的结果是一个布尔型数值，只有“真”和“假”两种情况，因此常作为分支结构的判断条件或循环结构的结束条件。

说明 2：本例中 if 是单分支语句，后面的章节会详细介绍，用于根据条件真假选择性执行程序代码。在分支结构中使用了两个关系表达式“canshu1>=canshu2”与“canshu1< canshu2”。

3. 逻辑运算符

逻辑运算用来判断一个条件或者一件事情是否成立，得到的结果是一个布尔型数值，只有“真”和“假”两种情况。PHP 的逻辑运算符如表 2.5 所示。

表 2.5 PHP 逻辑运算符

<table>
<tr><th>运 算 符</th><th>功 能</th><th>案 例</th><th>运 算 结 果</th></tr>
<tr><td>&& 或 and</td><td>逻辑与</td><td>$a && $b，$a and $b</td><td>$a 和$b 都为 true，则返回 true</td></tr>
<tr><td>|| 或 or</td><td>逻辑或</td><td>$a || $b，$a or $b</td><td>$a 和$b 至少有一个为 true，则返回 true</td></tr>
<tr><td>!</td><td>逻辑非</td><td>!$a</td><td>如果$a 为 true 则返回 false，否则返回 true</td></tr>
<tr><td>xor</td><td>异或</td><td>$a xor $b</td><td>$a 和$b 有且仅有一个为 true，则返回 true</td></tr>
</table>

说明：逻辑与和逻辑或分别提供了两种运算符，但具有相同的意义，读者可以根据喜好选用。

【实例 2.12】 输入三个数，如果 a>b>c，则输出 a 是最大值，c 是最小值。

网页代码：

```
<html xmlns="http://www.w3.org/1999/xhtml">
<head>
<meta http-equiv="Content-Type" content="text/html; charset=utf-8" />
<title>关系和逻辑运算</title>
</head>
<body>
<form action="" method="post">
输入 a 的值：<input name="txt_canshua" type="text" /><br>
输入 b 的值：<input name="txt_canshub" type="text" /><br>
输入 c 的值：<input name="txt_canshuc" type="text" /><br>
<input name="btn_jisuan" type="submit" value="计算" />
</form>
</body>
</html>
```

程序代码：

```
<?php
if(isset($_POST["btn_jisuan"]))                    //判断是否单击了按钮
{
    $a=$_POST["txt_canshua"];                      //获取参数 a
    $b=$_POST["txt_canshub"];                      //获取参数 b
    $c=$_POST["txt_canshuc"];                      //获取参数 c
    if($a>$b&&$b>$c)                               //如果 a 大于 b 并且 b 大于 c
    {
        echo "三个数中最大的数是".$a."<br>最小数是".$c;
    }
}
?>
```

实例 2.12 在浏览器中访问的结果如图 2.16 所示。

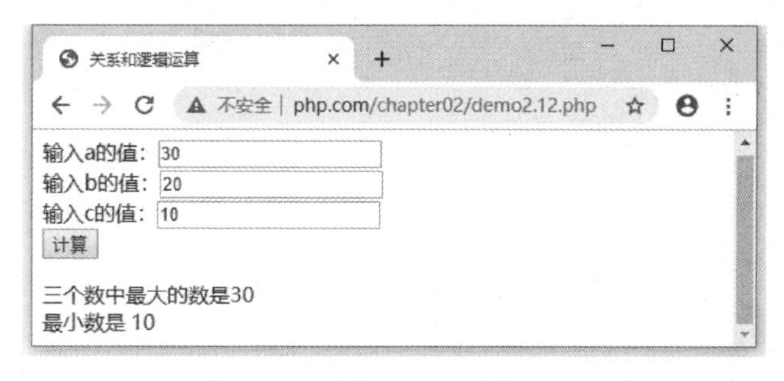

图 2.16　实例 2.12 的运行结果

说明：PHP 中无法直接使用数学的方式表示 a>b>c，需要使用关系运算和逻辑运算相结合来完成，于是 a>b>c 可表示为“$a>$b&&$b>$c”。

4．位运算符

前面介绍的各种运算都是以字节作为基本单位进行的，位运算符是对二进制数的每位进行运算的符号。位运算符包括：按位与“&”、按位或“|”、按位非（取反）“~”、按位异或“^”、左移“<<”、右移“>>”，共六种。

说明：取反运算符是单目运算符，其余位运算符是双目运算符，要求符号左、右两侧各有一个运算量；位运算的运算对象只能是整型或字符串型数据，不能是浮点型数据；位运算的优先级从高到低依次是按位取反、移位、按位与、按位异或、按位或。

（1）按位与运算。

按位与运算符“&”是双目运算符，其功能是将参与运算的两个数各自对应的二进位相与，只有对应的两个二进位均为 1 时，结果位才为 1，否则为 0。参与运算的两个数以补码形式出现。

例如，25&21 可写算式如下：

```
          00011001        （25 的二进制补码）
        & 00010101        （21 的二进制补码）
------------------------------------------
25&21= 00010001           （17 的二进制补码）
```

因此，25&21=17。

说明：这里有必要简单介绍一下补码。原码就是把一个数转化为二进制数（1 个字节）：

对于正数，补码与原码相同；对于负数，需将数值位的绝对值取反后在最低位加 1，通俗地讲，就是将这个负数转换的二进制数，各位取反，末位加 1。

（2）按位或运算。

按位或运算符“|”是双目运算符，其功能是将参与运算的两个数各自对应的二进位相或，只要对应的两个二进位有一个为 1，结果位就为 1，只有两个都为 0 的时候才为 0。参与运算的两个数均以补码形式出现。

例如，25|21 可写算式如下：

```
  00011001
| 00010101
---------------------------------
  00011101        （十进制数为 29）
```

因此，25|21=29。

（3）按位异或运算。

按位异或运算符“^”是双目运算符，其功能是将参与运算的两个数各自对应的二进位相异或，当两个对应的二进位相异时，结果为 1，相同则为 0。参与运算数仍以补码形式出现。

例如，25^21 可写成算式如下：

```
 00011001
^00010101
---------------------------------
 00001100        （十进制数为 12）
```

因此，25^21=12

（4）左移运算。

左移运算符“<<”是双目运算符，其功能是把“<<”左侧的运算数的各自对应的二进位全部左移若干位，由“<<”右侧的数指定移动的位数，高位丢弃，低位补 0。

例如，“a=3; a<<4;”表示把 a 的各二进位向左移动 4 位，即 a=00000011，左移 4 位后为 00110000（十进制数 48）。

说明：需要指出的是，高位左移后溢出，舍弃不起作用。左移 1 位相当于该数乘以 2，左移 2 位相当于该数乘以 4，但此结论只适合该数左移时被溢出舍弃的高位中不包含 1 的情况。例如，一个字节中存储一个整数，若 a 为无符号整数，a=64，左移 1 位时溢出的是 0；左移 2 位时，溢出的高位中包含 1。移位结果比较如表 2.6 所示。

表 2.6　移位结果比较

a 的值	a 的二进制形式	a<<1		a<<2	
64	01000000	0	10000000	01	00000000
127	01111111	0	11111110	01	11111100

由表 2.6 可以看出，若 a=64，则左移 1 位后为 128，左移 2 位后为 0。

（5）右移运算。

右移运算符“>>”是双目运算符，其功能是把“>>”左侧的运算数的各自对应的二进位全部右移若干位，“>>”右侧的数指定移动的位数。

例如，“a=15; a>>2;”表示把 000001111 右移为 00000011（十进制数为 3）。

说明：对于有符号数，在右移时，符号位将随同移动，当为正数时，最高位补 0；而为负数时，符号位为 1，最高位是补 0 还是补 1 取决于编译系统的规定。

（6）按位取反运算。

按位取反运算符“~”为单目运算符，具有右结合性，其功能是对参与运算的数的各自对应的二进位按位取反。

例如，“~9”表示~(0000000000001001)，结果为 1111111111110110。

5. 字符串运算符

PHP 常用的字符串连接运算符是“.”，其作用是将其前后的字符串连接到一起。例如：

```
<?php
$str1 = "Hello";
$str2 = $str1 . " world!";
echo $str2; // 输出 Hello world!

$str3="Hello";
$str3 .= " world!";
echo $str3; // 输出 Hello world!
?>
```

6. 赋值运算符

PHP 中最基本的赋值运算符是“=”，其作用是将“=”右侧的值存储到左侧变量对应的地址空间中。例如，“$num=100;”表示将 100 存储到变量$num 对应的地址空间中。除了基本赋值运算符“=”，还可以将算术运算符、位运算符及字符串运算符相结合，构成复合赋值运算符，如表 2.7 所示。

表 2.7 PHP 复合赋值运算符

运 算 符	功 能	案 例	等 价 式 子	运 算 结 果
+=	相加并赋值	$a=3,$b=2,$a+=$b	$a=$a+$b	5
-=	相减并赋值	$a=3,$b=2,$a-=$b	$a=$a-$b	1
*=	相乘并赋值	$a=3,$b=2,$a*=$b	$a=$a*$b	6
/=	相除并赋值	$a=3,$b=2,$a/=$b	$a=$a/$b	1.5
%=	求余并赋值	$a=3,$b=2,$a%=$b	$a=$a%$b	1
.=	连接并赋值	$a= "he" ,$b= "llo" ,$a.=$b	$a=$a.$b	" hello "

说明：除了常用的复合赋值运算符，还有位运算符与基本赋值运算符“=”相结合构成的运算符，包括“&=”“|=”“^=”“<<=”“>>=”。

7. 条件运算符

“? :”在 PHP 中称为条件运算符，由“?”“:”两个符号组成，是唯一的三目运算符，条件表达式的一般形式为：表达式 1 ? 表达式 2 : 表达式 3。

条件表达式求值过程如图 2.17 所示。

说明：三个表达式值的类型可以不同，表达式 1 要能得到逻辑值，整个表达式值的类型取表达式 2 和表达式 3 中较高的类型。

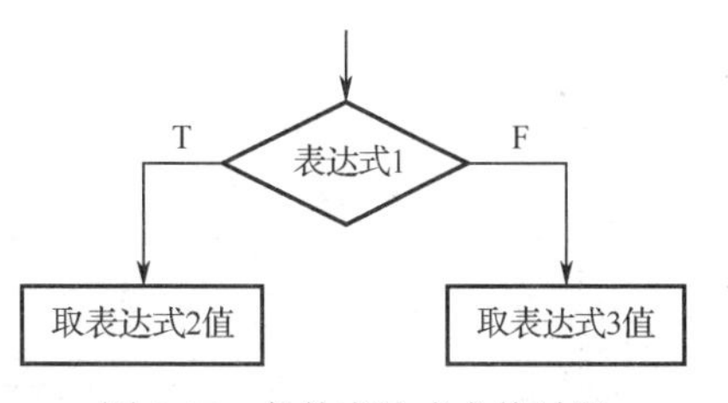

图 2.17 条件表达式求值过程

8. 错误控制运算符

PHP 中可以使用“@”屏蔽掉其后表达式中的错

误。例如：

```
<?php
$num1=10;
$num2=0;
$div=$num1/$num2;          //除数不能为 0
echo @$div;                //屏蔽相应错误
?>
```

说明：本例子在正常情况下会报错，因为除数不能为 0，在使用错误控制运算符之后将会屏蔽掉错误。

9．运算符的优先级

学习运算符是为了完成现实中的某些运算任务，在一些复杂的表达式运算中往往会涉及很多种运算符，这就要搞清运算符参与运算的先后顺序，也就是运算符的优先级。除此之外还要搞清楚运算符的结合性。PHP 运算符的优先级和结合性如表 2.8 所示。

表 2.8　PHP 运算符优先级和结合性

级　别	结合方向	运　算　符	附加信息
1	非结合	()	圆括号优先级最高
2	非结合	new	new
3	从左到右	[	array()
4	非结合	++ --	自增自减
5	非结合	~ (int) (float) (string) (aray) (object) @	取反、类型、错误控制
6	自右向左	!	逻辑非运算符
7	自左向右	* / %	算术运算符
8	自左向右	+ – .	算术和字符串运算符
9	自左向右	<< >>	位运算符
10	非结合	== != === !== <>	关系运算符
11	自左向右	&	位运算符和地址引用
12	自左向右	^	位运算符
13	自左向右	|	位运算符
14	自左向右	&&	逻辑运算符
15	自左向右	||	逻辑运算符
16	自左向右	? :	三目运算符
17	自右向左	= += -= *= /= .= %=	赋值运算符
18	自左向右	and	逻辑运算符
19	自左向右	xor	逻辑运算符
20	自左向右	or	逻辑运算符
21	自左向右	,	多处用到

说明 1：圆括号的优先级最高，重复利用圆括号可以优化表达式运算。

说明 2：从程序员的角度来看，没有必要完全背诵运算符的优先级，只需要掌握基本的规律，比如，先算算术运算，再算位运算的移位运算，再算关系运算，再算逻辑运算，最后算赋值运算即可。另外要充分利用括号，即可合理、高效地运用好各种运算。

2.5.3 任务实现

经过前面的讲解，我们学习了 PHP 中的运算符，并且知道了运算符的优先级。本节的任务中涉及了算术运算、关系运算和赋值运算，接下来使用学习的知识完成本节的任务。

网页代码：

```
<html xmlns="http://www.w3.org/1999/xhtml">
    <head>
    <meta http-equiv="Content-Type" content="text/html; charset=utf-8" />
    <title>四则运算任务</title>
    </head>
    <body>
    <form action="" method="post">
    请输入参数 1：<input name="txt_canshu1" type="text" /><br>
    请输入参数 2：<input name="txt_canshu2" type="text" /><br>
    请输入运算符：<input name="txt_canshuyunsuanfu" type="text" /><br>
    <input name="btn_jisuan" type="submit" value="计算" />
    </form>
    </body>
</html>
```

程序代码：

```
<?php
    if(isset($_POST["btn_jisuan"]))                  //判断是否单击了按钮
    {
    $jieguo=0;
    $canshu1=$_POST["txt_canshu1"];                  //获取参数 1
    $canshu2=$_POST["txt_canshu2"];                  //获取参数 2
    $yunsuanfu=$_POST["txt_canshuyunsuanfu"];        //获取运算符
    if($yunsuanfu=="+")                              //如果输入的运算符为"+"
    {
        $jieguo=$canshu1+$canshu2;
    }
    if($yunsuanfu=="-")                              //如果输入的运算符为"-"
    {
        $jieguo=$canshu1+$canshu2;
    }
    if($yunsuanfu=="*")                              //如果输入的运算符为"*"
    {
        $jieguo=$canshu1+$canshu2;
    }
    if($yunsuanfu=="/")                              //如果输入的运算符为"/"
    {
        if($canshu2!=0)
        {
            $jieguo=$canshu1+$canshu2;
        }
```

```
            else
            {
                $jieguo="除数不能为 0！";
            }
        }//使用字符串运算符构建输出结果
        echo $canshu1.$yunsuanfu.$canshu2."=".$jieguo;
        }
?>
```

本节任务在浏览器中访问的结果如图 2.18 所示。

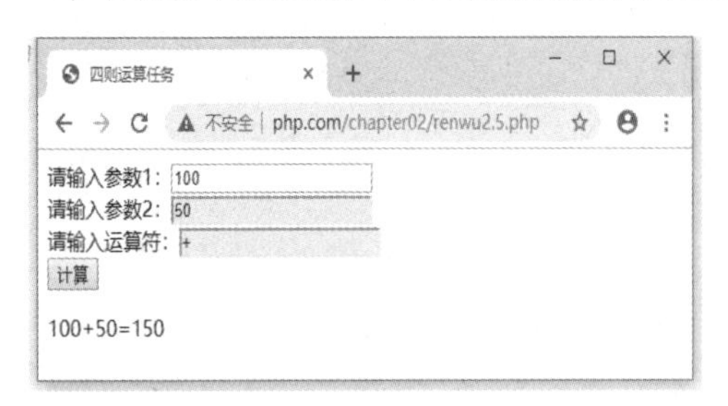

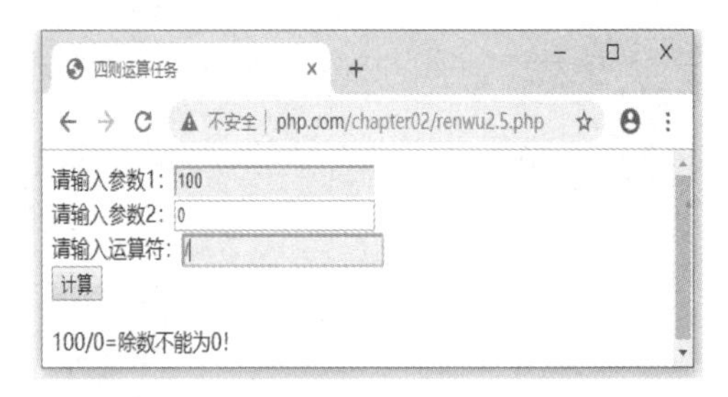

图 2.18　任务运行结果

说明 1：本例中为了判断输入的运算符，提前引入了流程结构的分支结构，if 是如果的意思，如果其后条件成立则执行相应语句。对应运算符号的判断可以使用多分支结构简化运算逻辑，但本例中仅使用单分支结构的做法也是可以的。

说明 2：学习 PHP 编程越深入，解决问题的方法应该越灵活，本例可以根据输入的运算符的不同进行不同的运算，当然运算符也可以采用选择的方式，读者可自行实验。

实训任务 2　PHP 程序基本认知

1. 实训目的

☑ 熟悉程序的基本结构与编写规范；
☑ 熟悉 PHP 的语法常识；
☑ 掌握 PHP 中的变量、常量；
☑ 掌握 PHP 的数据类型；
☑ 掌握 PHP 中的运算符。

2. 项目背景

在对 PHP 有了整体了解，并搭建了 PHP 的开发环境之后，小菜开始正式学习 PHP 编程了。大鸟老师告诉小菜，在真正编写程序之前还要学习 PHP 的基本组成，就像自然语言的字、词、句子一样。于是在大鸟老师的指导下，小菜开始学习数据类型、变量、常量及运算符表达式了。在听完老师的讲解后，小菜有点懵懂，大鸟老师讲得挺清楚，但是由于知识点比较碎、比较杂，小菜掌握起来有些吃力。于是在大鸟老师的指导下，小菜认真练习了下面的内容，终于感觉心里有底了。

3．实训内容

基础任务：

（1）PHP 都支持哪些标记？常用的标记是什么？不常用的标记若想起作用则需要如何设置？

（2）PHP 中变量的命名规则有哪些？如何使用变量？

（3）PHP 中常量存储的是一个固定不变的数，既然如此，为何还要使用 define 去定义常量，而不是直接使用常数？

（4）PHP 常见的数据类型有哪些？

（5）PHP 中常见的运算符有哪些？运算符的优先级和结合性如何？请举例说明。

实践任务：

任务 1：编写程序，实现求正（长）方形的面积和周长。

任务 2：编写程序，完成从键盘得到两个数，并交换两个变量里面的值。

任务 3：编写程序，实现简单版的计算器，输入两个数，计算这两个值的和、差、积、商。

任务 4：编写程序，实现比较三个数的大小，得到最大的值与最小的值。

任务 5：编写程序，输入一个三位数，分别求这个三位数的个位、十位、百位。

任务 6：编写程序，输入三位数，比如 123，实现输出结果为 321。

任务 7：编写程序，输入一个五位数，判断它是不是回文数，比如，12321 就是回文数，个位与万位相同，十位与千位相同。

任务 8：编写程序，完成从键盘得到两个数，采用位运算交换两个变量里面的值。

任务 9：编写程序，体验数据类型，定义不同类型的变量，输出相应结果。需要测试的数据类型：整型、浮点型、字符串型、布尔类型。

第3章 PHP 流程结构

变量、常量、数据类型、运算符与表达式构成了 PHP 的基本语法，是 PHP 的重要组成部分。自然语言中的字、词与简单句子，可以对一些事情进行简单描述，要想更好地表达某件事情，还需要充分考虑句子之间的逻辑关系。这种逻辑关系称作 PHP 中的流程结构。

在第 2 章中我们将程序归纳为三个部分：①采集信息；②算法逻辑；③产生并输出有用信息。这三部分的核心当属算法逻辑，算法逻辑的描述称为程序的流程结构，用来控制程序的操作步骤。PHP 支持三大流程结构：顺序结构、分支结构和循环结构。

章节学习目标

☑ 熟悉程序的基本流程结构和 PHP 的顺序结构；
☑ 掌握单分支和双分支结构；
☑ 掌握分支的嵌套和多分支结构的使用；
☑ 掌握单重循环和多重循环结构的应用。

3.1 顺序结构

顺序结构是程序逻辑处理中最简单、最常用的程序结构，其执行顺序是按照语句出现的先后顺序依次执行的，直到最后，且所有语句都会被执行。顺序结构流程如图 3.1 所示。就像小学生每天早上所做的事情一样：起床→穿衣→洗漱→吃饭→去学校，按照顺序，按照过程依次执行。

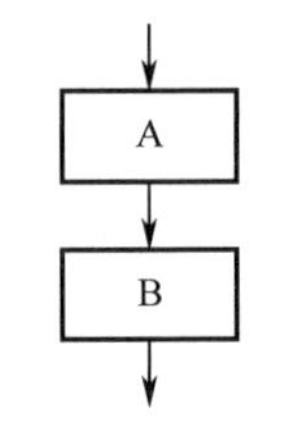

图 3.1 顺序结构流程图

3.2 从 BMI 计算器中学习分支结构

BMI 健康指数检测系统是根据 BMI 值处于不同的范围，判断人体的肥胖程度及是否健康的。判断的过程为用计算出的 BMI 的值与国际标准进行对比，并判断 BMI 所处的范围。判断的过程可以采用本节要学习的分支结构。

本节任务是编写程序，实现 BMI 计算器。

3.2.1 任务分析

BMI 健康指数检测已经被纳入中小学生的体检体系，是检测中小学生身体健康情况的重要指标。BMI 健康指数是用体重千克数除以身高米数的平方得出的数字，它是目前国际上常用来判断人体胖瘦程度及是否健康的一个标准。

BMI 计算公式：健康指数（BMI）=体重（kg）÷身高^2（m）。

BMI 健康指数对照表如表 3.1 所示。

表 3.1 BMI 健康指数对照表

取 值 范 围	健 康 情 况
<18.5	偏瘦
>=18.5 并且<24.0	正常
>=24.0 并且<27.0	微胖
>=27.0	肥胖

本任务的框架可以分成四个部分：①采集信息；②核心算法；③流程结构；④信息输出。其中，采集信息可以使用 post 方法获取表单中控件的值；核心算法是 BMI 计算公式；输出信息可以使用 echo 关键字将有用的信息输出到网页。这中间最关键的是程序设计采用什么样的流程。

3.2.2 相关知识

编写程序是为了解决现实中的某些问题，在处理具体问题的过程中经常遇到一些判断与选择。比如，早晨起床后先刷牙还是先洗脸，走到十字路口根据红绿灯选择走还是停，晚饭选择去食堂吃还是点外卖等。

分支结构（也称选择结构）的执行是依据一定的条件，选择执行的具体语句，而不是严格按照语句出现的物理顺序。PHP 中提供了单分支、双分支与多分支结构，其中，单分支与双分支均用到了 if 关键字，都称为 if 语句。

1．单分支结构

在现实生活中，我们经常遇到当满足某些条件的时候去做某些事情的情况。比如，刚刚参加完期末考试的小朋友对爸爸说：“如果期末考试语文数学双百，你就给我买一只小米手环和一只奥迪双钻流焰悠悠球。”这种情况使用顺序结构无法表达。用自然语言表示如下：

```
如果(期末考试语文数学双百)
{
  则买一只小米手环
  买一只奥迪双钻流焰悠悠球
}
```

说明：PHP 中“如果”用 if 表示，“期末考试语文数学双百”可以使用关系和逻辑表达式表示，得到的结果只有两种可能，真或者假；如果条件为“真”时要做的事情不止一件，要用大括号“{ }”把要做的事情括起来。在 PHP 中，多个语句用“{ }”括到一起构成了语句块。

在对自然语言描述进行分析之后，使用伪代码描述上面的例子，则可修改为：

```
if(语文成绩==100&&数学成绩==100)
{
  则买一只小米手环;
  买一只奥迪双钻流焰悠悠球;
}
```

说明：要使程序能够执行还需要定义变量用来存储两科成绩，并且将语句块中的描述改变成 PHP 语句。

PHP 中使用 if 语句实现单分支结构，其基本语法结构形式为：

```
if(表达式)
{
 语句块
}
```

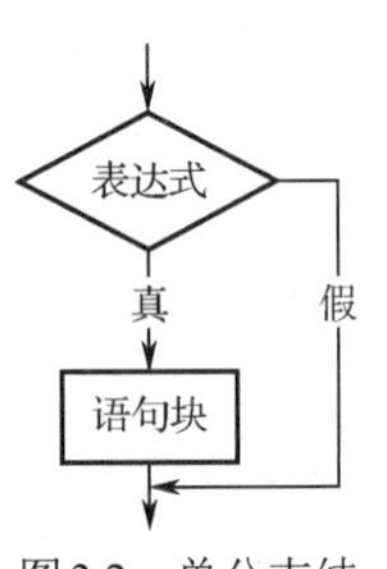

图3.2　单分支结构流程图

说明 1：如果语句块中只有 1 条语句，则大括号可以省略，但是建议不管语句块中有几条语句，都加上大括号，这样程序的流程更加清晰，可读性更强。

说明 2：上面的程序代码和伪代码是对应关系，表示如果表达式的值为真，则执行语句块，其过程如图 3.2 所示。

【实例 3.1】 编写动态网页，获取两个数值，比较其大小并输出最大值。

网页代码：

```
<html xmlns="http://www.w3.org/1999/xhtml">
<head>
<meta http-equiv="Content-Type" content="text/html; charset=utf-8" />
<title> demo3.1</title>
</head>
<body>
<form action="" method="post">
<input name="txt_1" type="text" /><br>
<input name="txt_2" type="text" /><br>
<input name="btn_tijiao" type="submit" value="计算" />
</form>
</body>
</html>
```

说明：注意按钮的类型为“submit”，并且控件必须在“<form>”“</form>”标记对之间。

程序代码：

```
<?php
if(isset($_POST["btn_tijiao"]))
{
        $a=$_POST["txt_1"];
        $b=$_POST["txt_2"];
        $max=$a;
```

```
        if($max<$b)
        {
            $max=$b;
        }
        echo "两个数中的最大数是：".$max;
    }
?>
```

程序流程图如图 3.3 所示。程序运行结果如图 3.4 所示。

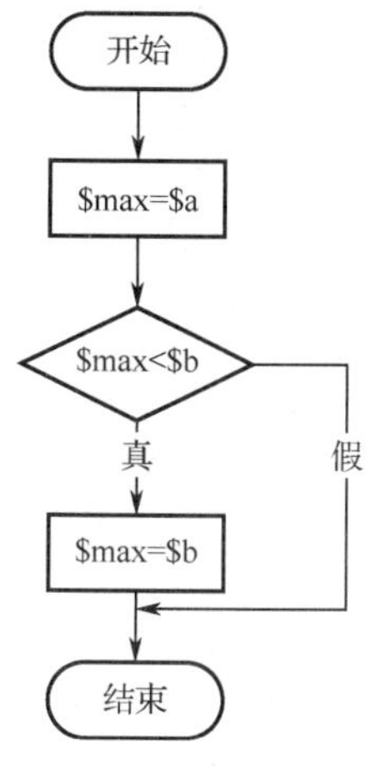

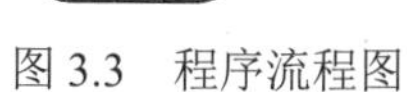
图 3.3　程序流程图

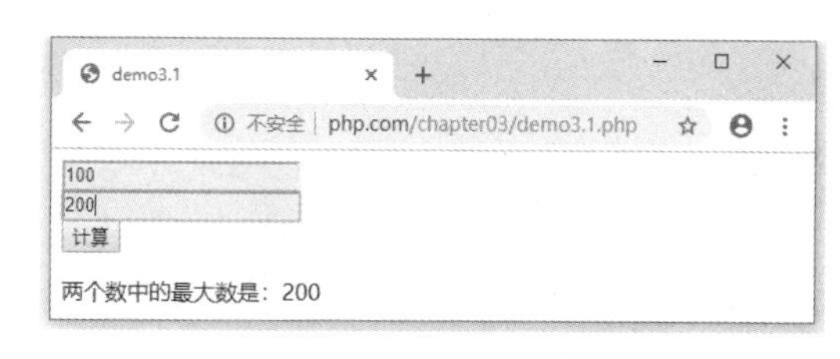

图 3.4　实例 3.1 的运行结果

说明：实例 1 中通过分支结构判断最大值与 b 的大小，如果 b 比最大值大则将 b 存入最大值。

2. 双分支结构

单分支结构可以解决程序设计中需要一种判断的情况，但有时程序的执行需要根据条件的返回值有两种不同的选择，如果为“真”执行一组语句，如果为“假”执行另外一组语句。

例如：单分支的例子中，小朋友的要求是如果期末考试语文数学双百，让爸爸给他买一只小米手环和一只奥迪双钻流焰悠悠球，但是小朋友又想了想，这样可能什么也得不到，于是转换思路并对爸爸说：“如果语文数学考双百，你就给我买一只小米手环和一只奥迪双钻流焰悠悠球，如果不是双百就只买一只奥迪双钻流焰悠悠球。”用自然语言表示如下：

```
如果(期末考试语文数学双百)
{
  买一只小米手环
  买一只奥迪双钻流焰悠悠球
}
否则
{
  只买一只奥迪双钻流焰悠悠球
}
```

说明：在 PHP 中“如果”用 if 表示，“否则”用 else 表示。在对自然语言描述进行分析之后，使用伪代码描述上面的例子，则可修改为：

```
if(语文成绩==100&&数学成绩==100)
{
  买一只小米手环;
  买一只奥迪双钻流焰悠悠球;
}
else
{
  只买一只奥迪双钻流焰悠悠球;
}
```

PHP 中使用 if…else…语句实现双分支结构，其基本语法结构形式为：

```
if(表达式)
{
  语句块 1;
}
else
{
  语句块 2;
}
```

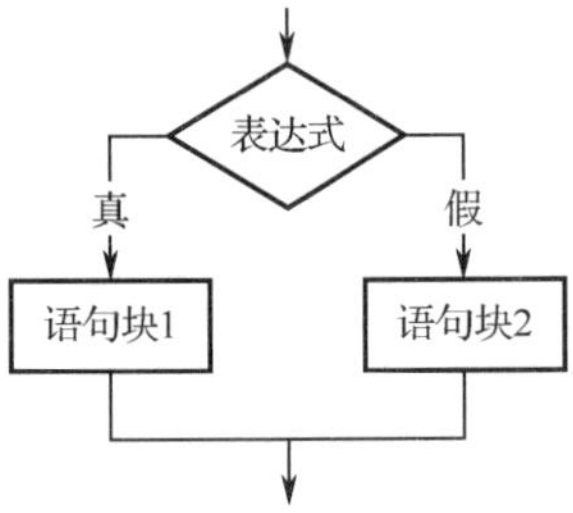

图 3.5　双分支结构流程图

说明 1：如果表达式的值为真，则执行语句块 1；如果表达式的值为假，则执行语句块 2，其过程如图 3.5 所示。

说明 2：语句块 1 和语句块 2 都可以是一条语句，也可以是多条语句。如果语句块只有 1 条语句，则可省略大括号，否则必须加上大括号。

【实例 3.2】 编写动态网页，输入一个人的身份证号码并根据身份证号码判断性别。

网页代码：

```
<html xmlns="http://www.w3.org/1999/xhtml">
<head>
<meta http-equiv="Content-Type" content="text/html; charset=utf-8" />
<title>demo3.2</title>
</head>
<body>
<form action="" method="post">
请输入身份证号码：<input name="txt_1" type="text" /><br>
<input name="btn_tijiao" type="submit" value="计算" />
</form>
</body>
</html>
```

程序代码：

```
<?php
if(isset($_POST["btn_tijiao"]))
{
      $id_num=$_POST["txt_1"];
      $check_num=substr($id_num,16,1);
```

```
            if($check_num%2==1)
            {
                echo $id_num."的人性别为男";
            }
            else
            {
                echo $id_num."的人性别为女";
            }
    }
    ?>
```

说明 1：根据常识，身份证号码的倒数第 2 位决定了该号码对应人员的性别，如果该数为奇数则为“男”，否则为“女”。

说明 2：引入 substr()函数截取字符串。该函数有 3 个参数，第 1 个参数是需要截取的源串，第 2 个参数是从第几位开始截取（注意字符位置从 0 开始），第 3 个参数表示截取多少位。

说明 3：当获取$check_num 后，使用该数除以 2 求余，如果为 1 则表示为奇数，同时证明$check_num 的源字符串对应人员的性别为“男”，否则为“女”。

程序流程图如图 3.6 所示。程序运行结果如图 3.7 所示。

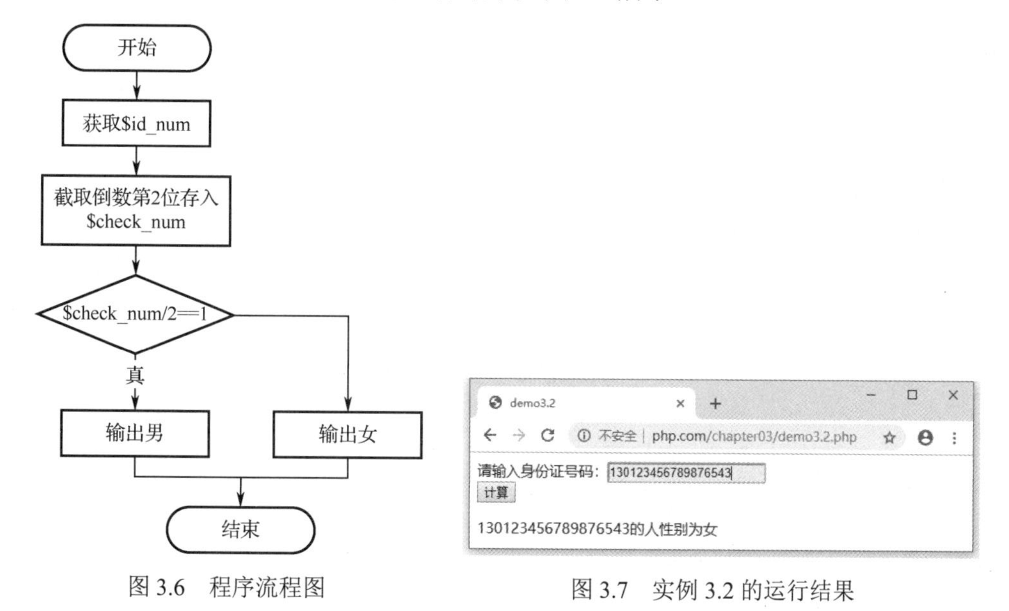

图 3.6　程序流程图　　　　图 3.7　实例 3.2 的运行结果

3．多分支结构

在编写程序解决现实中问题的过程中，使用单分支和双分支结构可以解决大部分的问题，但对于复杂问题的处理需要有多种条件的判断，这将用到多分支结构。例如，前面的例子中，小朋友的要求改为：“当语文考 100 分，买手环；数学考 100 分，买悠悠球；如果都考 100 分，二者都买；如果都考不了 100 分，买冰棍一根。”这样的情况，使用单分支和双分支结构都很难解决。由于例子整体思想和单分支、双分支结构一样，因此这里不再使用伪代码描述。

对于多分支结构的实现，PHP 语言提供了以下三种方式：

☑ 使用分支结构的嵌套；

☑ 使用多分支语句 if…else if…else；

☑ 使用 switch 语句。

说明：多分支语句 if…else if…else，其实也是分支嵌套的一种特殊形式，不过使用起来更加直观，将所有的内嵌分支全部嵌套在 else 之中。

1）分支结构的嵌套

在分支结构中又包含其他的一个或者多个分支结构，称为分支的嵌套。双分支的嵌套可以出现在 if 条件的语句块之中，也可以出现在 else 的语句块之中。分支的嵌套常见格式如下：

```
if(表达式)
{
    if(表达式)
    {
      语句 1;
    }
    else
    {
      语句 2;
    }
}
else
{
    if(表达式)
    {
      语句 3;
    }
    else
    {
      语句 4;
    }
}
```

说明：在没有充分使用大括号进行界定时，一定要注意 else 与哪一个 if 进行配对。if 与 else 的配对遵循就近原则，意思是在没有大括号界定的情况下，else 永远与在其上最近的 if 配对。例如：

```
if(表达式 1)
    if(表达式 2)
        语句 1;
    else 语句 2;
```

说明：上面代码中，与 else 配对的 if 是“if(表达式 2)”，而不是“if(表达式 1)”。为了避免出现这种二义性，PHP 规定，else 总是与它前面最近的 if 配对。需要说明的是，我们没必要纠结配对情况，充分使用大括号，完全可以避免二义性的出现。

【实例 3.3】 定义变量$a 和$b，通过变量获取两个输入框的值，再通过 if…else 语句比较两个变量的大小。

程序代码：

```
<?php
$a=100;
$b=200;
if($a!=$b)
if($a>$b) echo $a.">".$b;
else echo $a."<".$b;
else echo $a."=".$b;
?>
```

程序运行结果如图 3.8 所示。

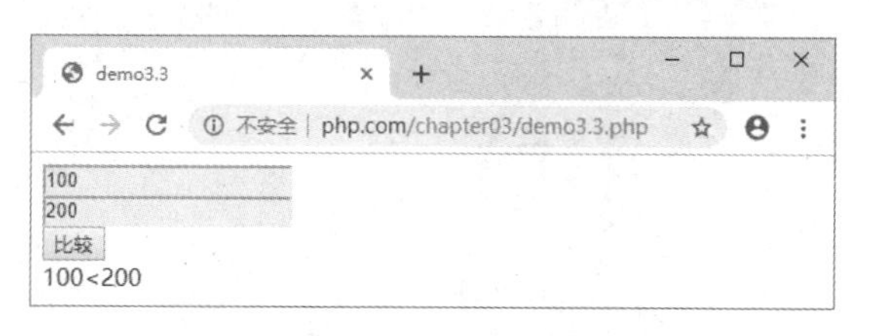

图 3.8　实例 3.3 的运行结果

说明：本例中使用 if 语句的嵌套结构实现多分支。需要说明的是，这里没有给出明显的界定符，“else echo $a."<".$b;” 语句遵循与最近的 if 配对，也就是“if($a>$b) echo $a.">".$b;” 和 “else echo $a."<".$b;” 是一对，“if($a!=$b)” 与 “else echo $a."=".$b;” 是一对。当清楚了 if 与 else 的配对逻辑之后，自然清楚了程序应该输出的结果。

【实例 3.4】 使用分支嵌套完成多分支任务中的根据成绩划分等级。

任务描述：对学生的期末成绩根据不同的分数段划分等级，如果成绩小于 60 分，则输出不及格；如果成绩大于等于 60 分并小于 80 分，则输出一般；如果成绩大于等于 80 分并小于 90 分，则输出良好；如果成绩大于等于 90 分并小于等于 100 分，则输出优秀。

网页代码：

```
<html xmlns="http://www.w3.org/1999/xhtml">
<head>
<meta http-equiv="Content-Type" content="text/html; charset=utf-8" />
<title>demo3.4</title>
</head>
<body>
<form action="" method="post">
请输入成绩<input name="txt_chengji" type="text" /><br>
<input name="btn_jisuan" type="submit" value="计算" />
</form>
</body>
</html>
</body>
</html>
```

程序代码：

```
<?php
if(isset($_POST["btn_jisuan"]))
{
        $chengji=$_POST['txt_chengji'];
```

```
        if($chengji>=0&&$chengji<=100)
        {
            if($chengji>=90)
            {
                echo "优秀";
            }
            else
            {
                if($chengji>=80)
                {
                    echo "良好";
                }
                else
                {
                    if($chengji>=60)
                    {
                        echo "一般";
                    }
                    else
                    {
                        echo "不及格";
                    }
                }
            }
        }
}
?>
```

程序流程图如图 3.9 所示。程序运行结果如图 3.10 所示。

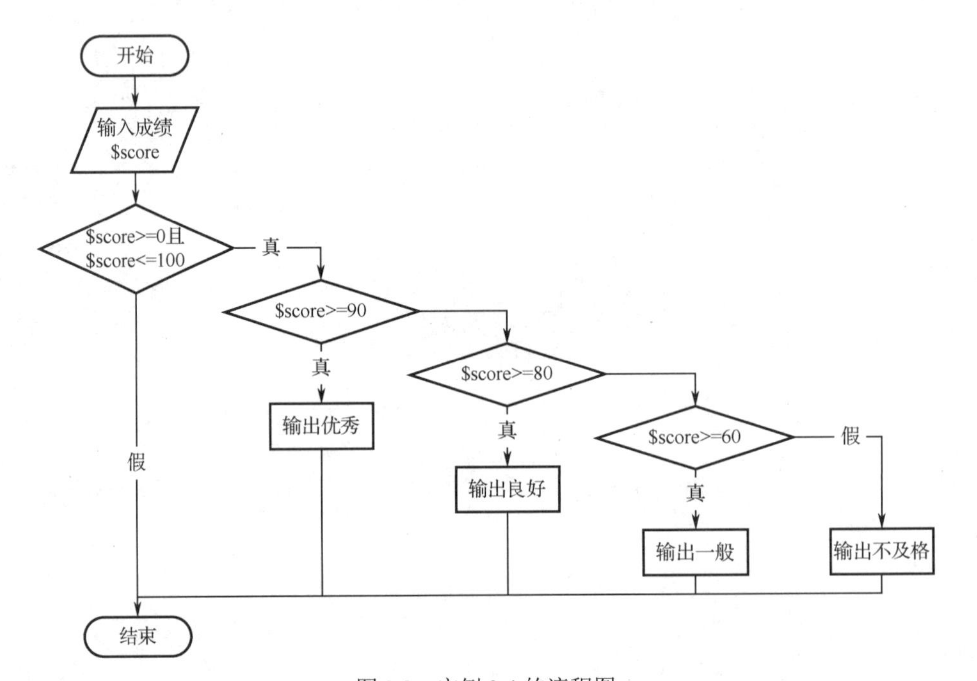

图 3.9　实例 3.4 的流程图

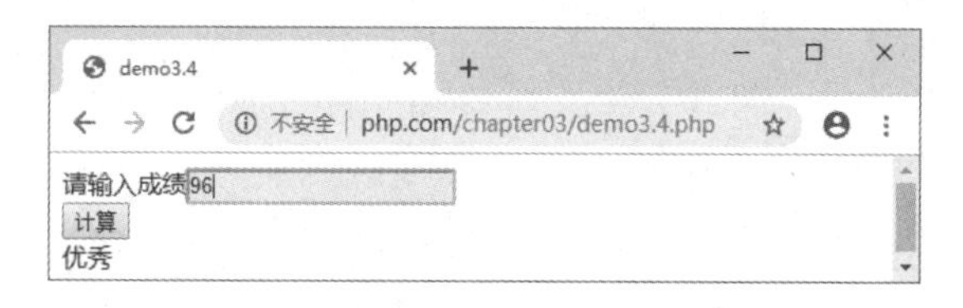

图 3.10　实例 3.4 的运行结果

说明 1：本例中充分利用了分支的嵌套，除去是否单击按钮的 if 判断，最外层的分支结构保证了数据的有效性，也就是判断成绩是否在 0 到 100 分之间。保证程序数据的有效性是一个合格程序员必须考虑的事情。程序不但要能实现，还能综合考虑各种情况。

说明 2：第 2 层判断成绩是否大于等于 90 分，如果满足输出优秀，否则继续进入第 3 层判断。第 3 层判断成绩是否大于等于 80 分，如果满足输出良好，否则继续进入第 4 层判断。第 4 层判断成绩是否大于等于 60 分，如果满足输出一般，否则输出不及格。

2）多分支语句 if …else if …else

if …else if …else 语句本身就是分支嵌套的一种，为了更好地体现它的好处，本书将其单列出来。实例 3.4 的分支嵌套可以完成多分支任务中输入学生的成绩，并为其划分等级的任务。但是这种实现方式中的多层嵌套对初学者来说显得有些烦琐，4 层的分支嵌套一时难于理解，而 if …else if …else 可以理解为分支嵌套的改进版。在这里可以选择 if …else if …else 语句完成“多分支任务”。

【实例 3.5】 使用 if …else if …else 语句完成多分支任务中的根据成绩划分等级。

程序代码：

```
<?php
if(isset($_POST["btn_jisuan"]))
{
	$chengji=$_POST['txt_chengji'];

	if($chengji>=0&&$chengji<=100)
	{
		if($chengji>=90)
		{
			echo "优秀";
		}
		else if($chengji>=80)
		{
			echo "良好";
		}
		else if($chengji>=60)
		{
			echo "一般";
		}
		else
		{
			echo "不及格";
		}
	}
}
```

```
?>
```

程序运行结果如图 3.11 所示。

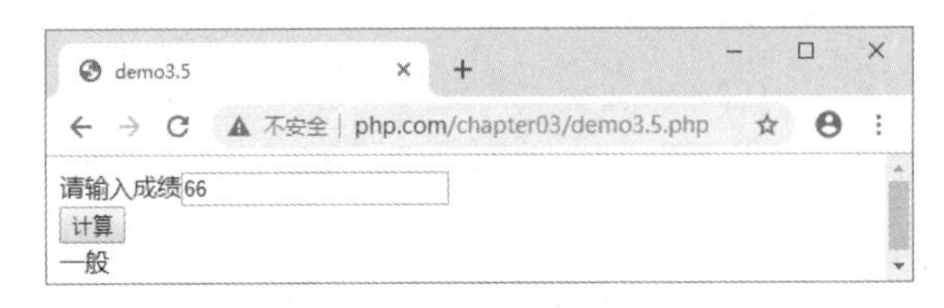

图 3.11　实例 3.5 的运行结果

说明 1：本例与实例 3.4 具有相同的流程图，可以理解为将实例 3.4 中的某些括号去掉，按照规则将某些 if、else 组合到一起去使用。

说明 2：本例可以理解为若干如果的组合：如果$score>=0&&score<=100，就继续进行具体的判断；如果 score>=90 输出优秀；如果 score>=80 输出良好；如果 score>=60 输出一般；否则输出不及格。

说明 3：采用 if …else if …else 语句，理解起来更加简单。因此，笔者建议在需要使用多分支时尽量使用 if …else if …else 语句，不推荐深层次嵌套。

3）switch 语句

除了可以使用分支的嵌套，以及由分支嵌套派生出的 if …else if …else 语句来表示多分支结构，PHP 提供了另一种多分支选择语句 switch。

switch 语句的一般表示形式为：

```
switch(表达式){
case 表达式 1:  语句 1;  break;
case 表达式 2:  语句 2;  break;
...
case 表达式 n:  语句 n; break;
default :  语句 n+1;
}
```

说明 1：通俗地讲，switch 语句的功能就是计算 switch 后面括号内的表达式的值，并逐一和 case 后面的表达式进行比较，等于哪个表达式的值就执行对应语句，不等于任何 case 后面表达式的值就执行 default 后面的语句。

说明 2：switch 后面括号内的表达式可以是任何表达式，也可以是任何数据类型，但一般为算术、关系或者逻辑表达式中的一种。各 case 语句的先后顺序可以变动，不会影响程序执行结果，case 后的各表达式的值不能完全相同。default 语句可以省略。

说明 3：case 后面的语句可以是一条语句也可以是多条语句，即使是多条语句也不需要加大括号“{ }”。switch 遇到 break 语句就结束。如果在 default 前没有遇到 break 语句，则在执行完 default 后面的语句后结束 switch 语句。

【实例 3.6】 使用 switch 语句完成多分支任务中的根据成绩划分等级。

程序代码：

```
<?php
if(isset($_POST["btn_jisuan"]))
{
```

```
        $chengji=$_POST['txt_chengji'];

        if($chengji>=0&&$chengji<=100)
        {
            switch($chengji)
            {
                case $chengji>=90:
                echo "优秀";     break;
                case $chengji>=80:
                echo "良好";     break;
                case $chengji>=60:
                echo "一般";     break;
                default:
                echo "不及格";   break;
            }
        }
    }
    ?>
```

程序运行结果如图 3.12 所示。

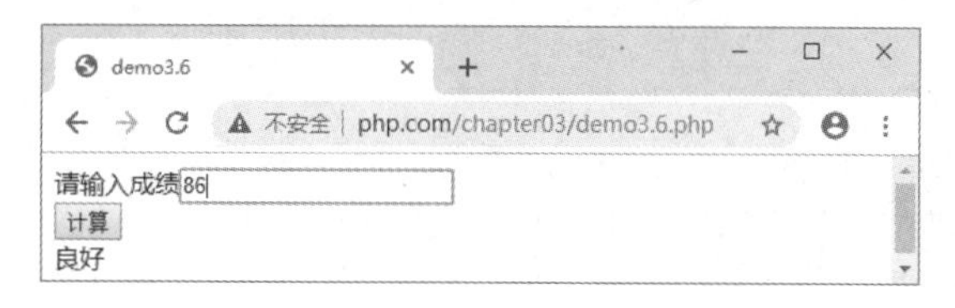

图 3.12　实例 3.6 的运行结果

说明 1：本例中首先使用 if…else 语句保证成绩在 0 到 100 之间，只要进入 else 语句就表示成绩合法。

说明 2：将 switch 语句的值分别代入各表达式进行运算，如果对应 case 后的语句成立，则执行其后的语句。

说明 3：不是每个 case 必须对应 1 个 break 语句的，多个 case 可共用 1 个 break 语句。比如，采用成绩除以 10 求商的方法处理成绩等级划分，可使用下面的代码：

```
<?php
if(isset($_POST["btn_jisuan"]))
{
    $chengji=$_POST['txt_chengji'];
    if($chengji>=0&&$chengji<=100)
    {
        switch((int)($chengji/10))
        {
            case 10:
            case 9:
            echo "优秀";     break;
            case 8:
            echo "良好";     break;
            case 7:
            case 6:
            echo "一般";     break;
```

```
default:
                echo "不及格"; break;
            }
        }
}
?>
```

说明：本例中出现了多个 case 语句共用 1 个表达式、共用 1 个 break 语句的情况，这种情况在 switch 实现多分支的过程中很常见。

3.2.3 任务实现

当学习了前面的三种分支结构之后，接下来我们就来实现本节开始提出的任务。

网页代码：

```
<html xmlns="http://www.w3.org/1999/xhtml">
<head>
<meta http-equiv="Content-Type" content="text/html; charset=utf-8" />
<title>renwu3.2</title>
</head>
<body>
<form action="" method="post">
请输入身高<input name="txt_shengao" type="text" />m<br>
请输入体重<input name="txt_tizhong" type="text" />kg<br>
<input name="btn_jisuan" type="submit" value="计算" />
</form>
</body>
</html>
</body>
</html>
```

程序代码：

```
<?php
if(isset($_POST["btn_jisuan"]))
{
    $shengao=$_POST['txt_shengao'];
    $tizhong=$_POST['txt_tizhong'];
    $bmi=$tizhong/($shengao*$shengao);
    switch($bmi)
        {
            case $bmi<18.5:
            echo "偏瘦";    break;
            case $bmi>=18.5&&$bmi<24.0:
            echo "正常";    break;
            case $bmi>=24.0&&$bmi<27.0:
            echo "微胖";    break;
            case $bmi>=27.0:
            echo "肥胖";    break;
        }
```

```
}
?>
```

程序运行结果如图 3.13 所示。

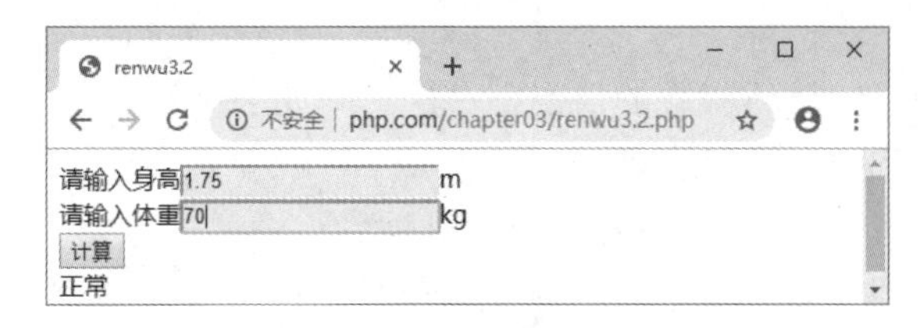

图 3.13　任务 BMI 计算器的运行结果

3.3　从多名学生的 BMI 判定中学习循环结构

在编写程序解决现实问题的过程中，经常遇到“重复且有一定规律变化”的问题。例如：求 1～100 的和，在不利用任何公式进行计算的情况下，最直接的方法是从 1 开始做加法，到 100 结束，依次将 100 个数加到一起进行求和。这就是一个重复求和的过程，但是重复过程又存在加数的变化，在程序设计中将这种“满足一定条件的重复”称为循环。上述求和问题用自然语言表示如下：

```
循环(从 1 开始，到 100 结束，加数每次变化加 1)
{
    求和
}
```

说明 1：对自然语言描述的求和过程进行总结，循环必须包含四个要素：起始条件、终止条件、条件变化、循环体（也就是要做的事情）。

说明 2：循环的含义是从起始条件开始到终止条件结束，按照条件变化去执行循环体的内容。在对自然语言描述进行分析之后，求 1～100 的和的例子可以归纳为：从 1 开始，到 100 结束，加数每次加 1，重复着去做加法。

PHP 中提供了三种方法表示循环：for 语句、while 语句和 do-while 语句。

3.3.1　任务分析

在 3.2 节我们完成了 BMI 健康指数检测判定的任务，根据 BMI 公式计算得出的 BMI 值处于的不同的数值范围来判定身体健康情况。但是在这个任务中，程序的一次运行只能判断一个学生的 BMI。本节的任务是使用循环结构为全班 45 名学生进行 BMI 健康指数的判定。

3.3.2　相关知识

1．for 语句

PHP 提供了三种表示循环的语句形式，都由四个部分构成：起始条件、终止条件、条件变化和循环体。三种循环语句可以相互转换，其中使用最为广泛的是 for 语句。在实际的程序开发中，只要熟练掌握 for 语句的使用，就可以解决所有关乎循环的问题，因此笔者在教学过程中要求学生对 for 语句的使用必须烂熟于心，while 与 do-while 语句可以读懂别人的代码即可。

for 语句特别适合已知循环次数的情况，一般形式如下：

```
for(表达式 1;表达式 2;表达式 3)
语句块
```

说明 1：for 为关键字，后面的一对小括号中使用两个“;”两个“;”必不可少、缺一不可，三个表达式均可在满足某种条件的情况下省略。

说明 2：for 语句各部分含义如下。

☑ 表达式 1：赋值表达式，用于为循环变量赋初值。
☑ 表达式 2：关系表达式或逻辑表达式，用于循环控制条件。
☑ 表达式 3：算术表达式或赋值表达式，用于循环变量的变化。
☑ 语句块：循环体。当有多条语句时，必须使用复合语句，使用“{}”把循环体括起来。建议初学者不管循环体语句块有几条语句，都用“{}”将其括起来，这样可以增加程序的可读性。

说明 3：for 语句执行流程如下：求解表达式 1，给循环变量赋初值；判断表达式 2，若其值为真，则执行循环体，否则退出循环；每次在执行循环体后，都计算表达式 3，然后重新判断表达式 2，依次循环，直至表达式 2 的值为假，退出循环。

按照执行流程的描述，对 for 语句中的组成部分进行编号后，其基本形式如下：

```
for(①表达式 1；②表达式 2；③表达式 3)
{
    ④语句块
}
```

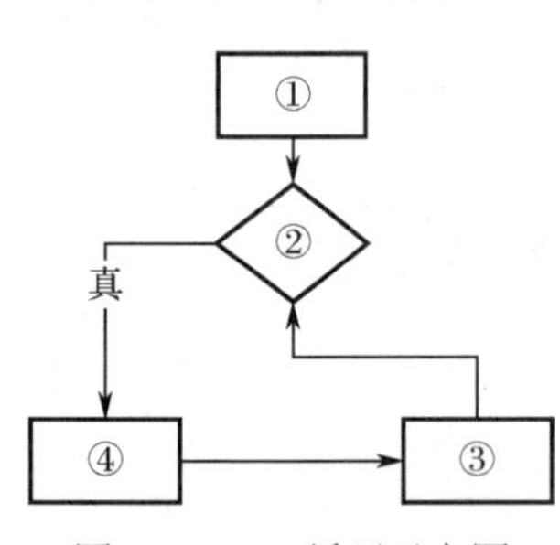

图 3.14　for 循环示意图

说明：for 语句的执行顺序为执行①，判断②，执行④，计算③，判断②，执行④，计算③，依次计算下去直到判断②的结果为假，则退出循环。去掉前面的文字只保留编号，则为①②④③②④③②④③②……这个过程的示意图如图 3.14 所示。当条件②的判断结果为真，则②④③组成了密闭的重复过程。这种满足一定条件的重复，就是循环。

for 语句的流程图如图 3.15 所示，流程图更好地描述了 PHP 语句的执行过程，其中方框部分正好是图 3.14 形成的密闭重复过程，也就是构成循环的部分。

【实例 3.7】 使用 for 循环求 1+2+3+…+100 的和。

程序代码：

```
<?php
$sum=0;                    //定义变量$sum 初始值为 0，存储求得的和
for($i=1;$i<=100;$i++)
{
    $sum+=$i;
```

```
}
echo "1～100 的和是".$sum;
?>
```

程序流程图如图 3.16 所示，运行结果如图 3.17 所示。

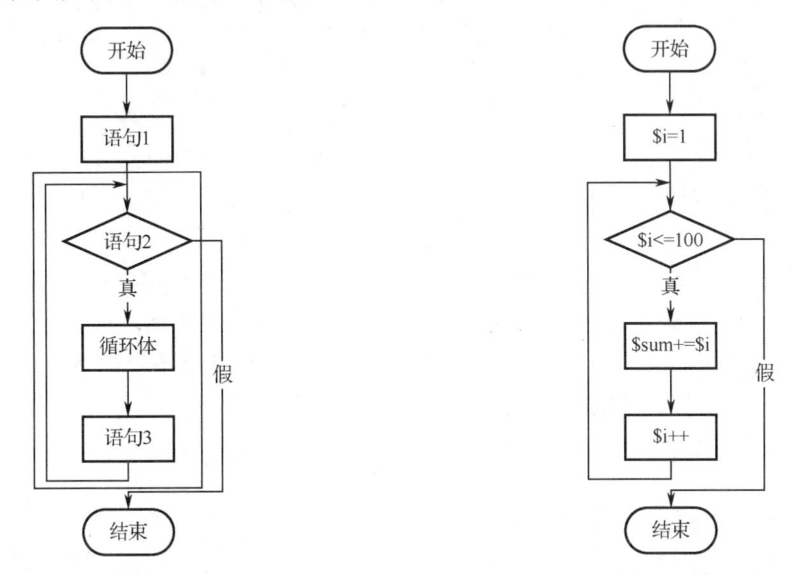

图 3.15　for 语句流程图　　　　图 3.16　实例 3.7 的流程图

图 3.17　实例 3.7 执行结果

说明 1：使用标准的 for 语句实现了求 1～100 的和，需要注意的是，$sum 最好在 for 循环前进行定义并赋初值，否则在最终输出的时候会提示$sum 没有定义。

说明 2：求 1～100 的和是累加问题，累加问题的通用表达式为“$sum+=$i;”，其中，$sum 是一个变量，用来存储累加到最后的结果，称为累加器；$i 是一个表达式，代表每次需要加入累加器中的值。累加一般是通过循环结构来实现的，循环之前要设置累加器$sum 的初始值为 0，累加项$i 每执行一次加 1。

for 语句标准形式中的三个表达式都是可以省略的，但分号“;”绝对不能省略。如果三个表达式中的某一个表达式省略，则程序开发人员应该在程序的其他位置做相应处理。比如，若省略了表达式 1，则应该在 for 语句之前为循环变量赋初值；若省略了表达式 2，则应该在循环体内使用分支结构使循环具有结束条件；若省略了表达式 3，则应该在循环内部使循环变量发生变化，否则会出现死循环。

下面使用 for 语句的几种转换，完成求 1～100 的和。

（1）for 语句的一般形式中，表达式 1 可以省略，此时应在 for 语句之前为循环变量赋初值。需要提醒读者的是，省略表达式 1 时，其后的分号不能省略。

```
$i=1;
$sum=0;
for(;$i<=100;i++){
```

```
    $sum+=$i;
}
```

（2）如果表达式 2 省略，则不判断循环条件，应使用分支结构使循环具备结束条件。

```
$sum=0;
for($i=1;;$i++)
{      if($i<=100){
          $sum+=$i;
       }
       else
       {break;}
}
```

说明：引入双分支结构来保证循环能够具有结束条件，当$i<=100 时则累加，当条件不成立则 break。这里提前使用了 break 语句，其含义是跳出整个循环。如此虽然 for 语句中省略了循环结束条件，但通过分支结构给予了保证。但是笔者不建议新手轻易省略第二个循环条件，因为稍有不慎就有可能造成死循环。

（3）表达式 3 也可以省略，但应在其他地方有循环变量变化的语句，否则可能出现死循环。

```
$sum=0;
for($i=1;$i<=100;){
   $sum+=$i++;
}
```

说明：将循环变量的变化融入了循环体中，充分利用了$i++先使用后加 1 的特点。

（4）省略表达式 1 和表达式 3，只有循环条件表达式 2。

```
$i=1;$sum=0;
for(;$i<=100;) {
   $sum+=$i++;
}
```

说明：将表达式 1 放到了循环之外进行赋初值，将表达式 3 中循环变量的变化放到了循环体内。

（5）三个表达式都可以省略。

```
$sum=0;
for(;;)
{
if($i<=100)
{
     $sum+=$i++;
}
else
     break;
}
```

说明：省略了 for 语句的所有条件，但是仔细分析程序代码，一个条件也没有少，只是将其放到了不同的位置。表达式 1 放到了循环之外，通过分支结构替换了表达式 2，将表达式 3 融入了循环体中变为$sum+=$i++。

（6）表达式 1 采用逗号表达式，为其他变量赋值。

```
for($i=1,$sum=0;$i<=100;$i++)
{
    $sum+=$i;
}
```

说明：除了循环基本的条件，在表达式 1 中使用了逗号表达式，既为循环变量$i 赋值，也为存储和的变量$sum 进行了赋初值。

2. while 语句

当熟悉了 for 语句的语法规则与应用之后，while 语句将变得非常简单。上一节中 for 循环的几种转换形式中的第 4 种转换形式是省略了 for 语句的表达式 1 和表达式 3，只保留循环条件表达式 2。将该 for 语句的转换中的关键字 for 改为 while，去掉小括号中的两个“;”就变成了 while 语句的基本结构，即：

```
$i=1;
$sum=0;
while($i<=100) {
  $sum+=$i++;
}
```

while 语句的流程图如图 3.18 所示。while 语句的格式如下：

```
while（表达式）
语句块;
```

说明 1：表达式为循环条件，语句块为循环体，如果循环体的语句超过一句要使用一对大括号“{}”将多条语句括起来。循环体可以为空语句“;”。

说明 2：while 语句的执行过程为先计算表达式的值，如果为真（非 0）则执行循环体，否则退出循环。由于先执行判断后执行循环体，所以循环体可能一次都不执行。

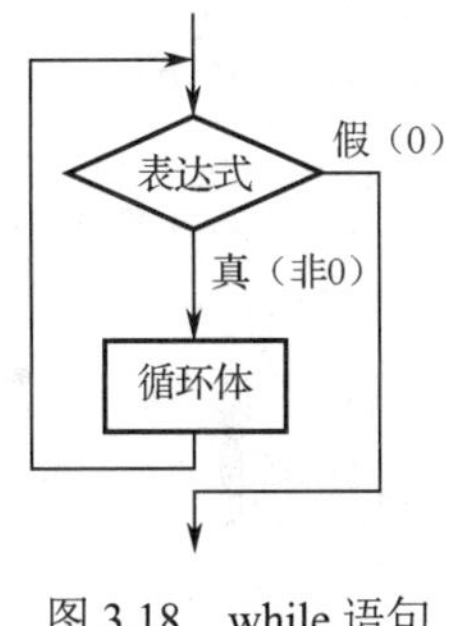

图 3.18 while 语句流程图

【实例 3.8】 使用 while 语句求 1+2+3+…+100 的和。

程序代码：

```
<?php
    $i=1;
    $sum=0;
    while($i<=100)
    {
        $sum+=$i++;
    }
    echo "1～100 的和是".$sum;
?>
```

流程图如图 3.19 所示，程序运行结果如图 3.20 所示。

说明：本例是累加求和，从 1 加到 100，即当$i<=100 时，就重复累加，所以循环条件为“$i<=100”，循环体为“$sum=$sum+$i”和“$i++”。从程序的求解过程中可以分析出 while 循环同样具有四个部分：起始条件、终止条件、条件变化和循环体。

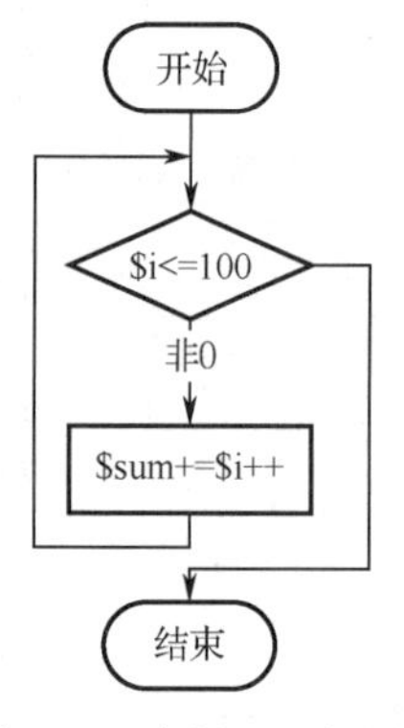

图 3.19　实例 3.8 流程图

图 3.20　实例 3.8 执行结果

3. do-while 语句

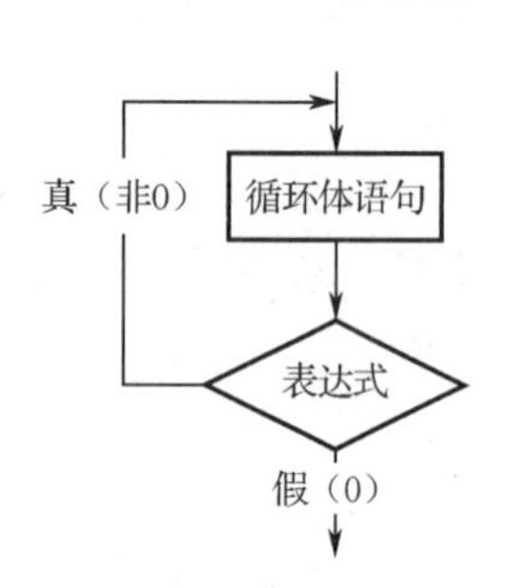

图 3.21　do-while 流程图

while 循环语句先判断表达式的值，再执行循环体，这样当表达式的值为假时，循环体一次都不执行。在编写程序解决现实中问题的时候，有时会遇到不管条件成立与否都要先执行一次循环体的情况，这将用到 do-while 循环语句。

do-while 语句的流程图如图 3.21 所示。do-while 语句的格式如下：

```
do
语句块
while(表达式);
```

说明 1：do-while 语句的执行过程为先执行循环体，再判断表达式的值，如果为真则继续执行循环体，否则退出循环。循环体至少执行一次。

说明 2：do-while 语句最后的分号“;”不能省略，否则提示出错。

【实例 3.9】 使用 do-while 语句求 1+2+3+…+100 的和。

程序代码：

```
<?php
        $i=1;
        $sum=0;
        do
        {
            $sum+=$i++;
        }while($i<=100);
        echo "1～100 的和是".$sum;
?>
```

程序运行结果如图 3.22 所示。

图 3.22　实例 3.9 执行结果

说明：do-while 先执行累加操作再判断表达式。

4. 三种循环语句的比较

前面介绍了三种循环的语法规则与实现过程。三种循环都包含四个部分：起始条件、终止条件、条件变化、循环体。从语法角度来区别，主要是执行流程和循环的四个部分的顺序有所区别。

在编写程序解决现实中问题的过程中，for 语句使用频率最高，一般情况下可以用 while 语句、do-while 语句解决的问题也都可以转换为 for 语句来解决，希望读者熟练掌握 for 语句的应用，并能够根据具体情况来选用 while 与 do-while 循环语句。for、while 和 do-while 三种循环语句可以互相嵌套自由组合，但要注意的是，各循环自身必须完整，相互之间绝不允许交叉。循环语句选用原则如下。

☑ 若循环次数确定，则选用 for 语句；若循环次数依赖于循环体的执行情况，则选用 while 语句或 do-while 语句。

☑ 若要求循环体至少执行一次，则选用 do-while 语句；如果循环体可能一次也不执行，则选用 for 语句或 while 语句。

☑ for 语句使用方便快捷，使用率最高；while 语句在循环条件不确定时也会用到；do-while 语句则较少使用。

5. break、continue 和 goto 语句

1）break 语句

break 语句在本章的实例中已经使用到了，分别用于多分支结构 switch 语句和 for 语句的转换中构造循环结束条件。当 break 用于分支结构 switch 中时，表示结束 switch 语句，继续向后执行。如果 switch 语句中没有 break 语句，则将逐条语句执行下去。其实 break 的应用只有这两种形式，在这两种情况之外不能使用 break 语句。

当 break 语句用于 for、while、do-while 循环语句中时，通常与 if 语句配合使用，当满足某些条件时结束循环。在多重循环中，break 表示结束当前层的循环。

【实例 3.10】 计算 1+2+3+⋯+n 的和小于 100 的最大的 n 值。

程序代码：

```
<?php
    $sum=0;                        //变量$sum 要有初始值，否则会出现错误
        for($i=1;;$i++)            //外循环控制行数
        {
        $sum+=$i;                  //实现累加
        if($sum>=100) break;  //如果累加后和超过 100 则结束
        }
        echo "和不超过 100 的最大 n 值是".$i;
?>
```

程序流程图如图 3.23 所示，运行结果如图 3.24 所示。

说明：本例是在前面求和的累加器基础上增加了当和超过 100 时，使用 break 语句结束循环。因为不确定结束条件，因此省略了表达式 2，也就是循环的结束条件，而是使用 if 语句和 break 语句相结合的方式构造结束条件。

2）continue 语句

continue 语句的作用是跳出本次循环直接进入下次循环。continue 语句应用在循环体内，

常与 if 语句配合使用。与 break 语句的区别是，continue 语句只结束本次循环，而不是终止整个循环的执行。

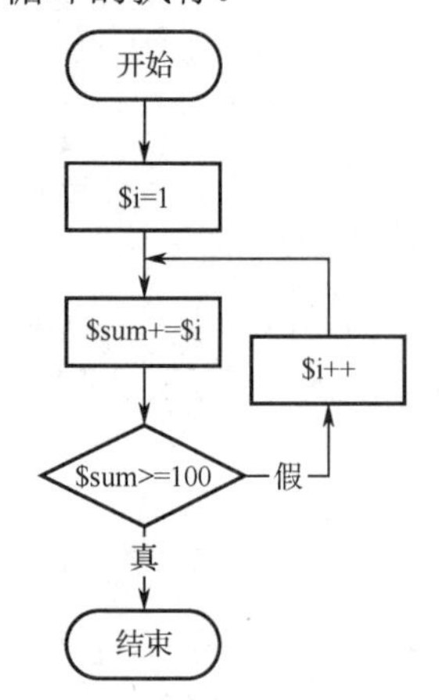

图 3.23　实例 3.10 流程图

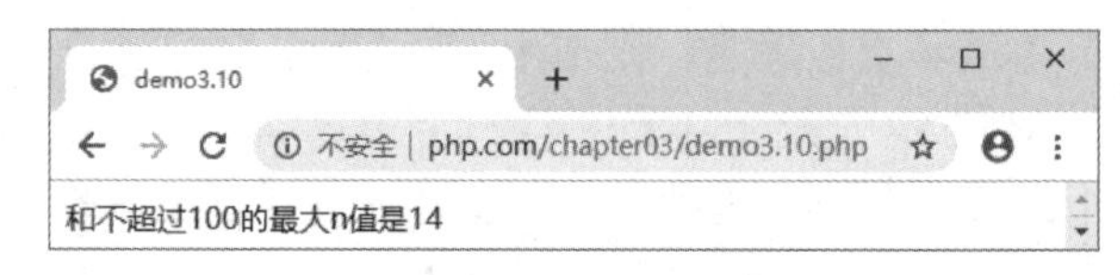

图 3.24　实例 3.10 执行结果

【实例 3.11】 计算 1 到 100 之间除 3 的倍数外，其他数的和。

程序代码：

```
<?php
        $sum=0;                             //变量$sum 要有初始值，否则会出现错误
        for($i=1;$i<=100;$i++)              //外循环控制行数
        {
            if($i%3==0) continue;           //3 的倍数不累加
            $sum+=$i;                       //实现累加
        }
        echo "1 到 100 之间除 3 的倍数外的和是".$sum;
?>
```

程序流程图如图 3.25 所示，运行结果如图 3.26 所示。

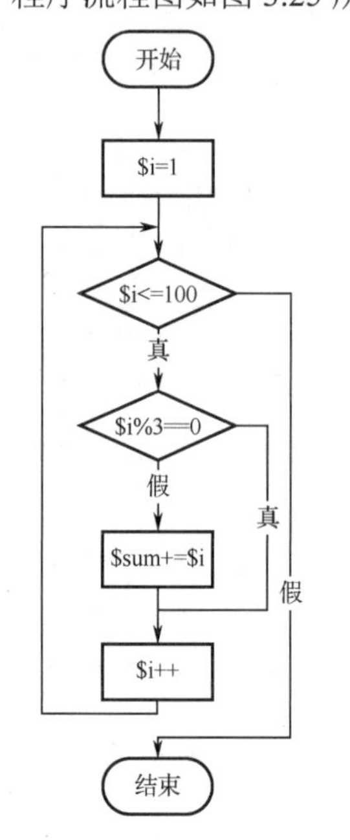

图 3.25　实例 3.11 流程图

图 3.26　实例 3.11 执行结果

说明：本例的累加中使用“if($i%3==0) continue;”语句实现当 i 为 3 的倍数时，跳出本次循环，直接进入下次循环。

3）goto 语句

使用 break 语句可以结束当前的循环体，但如果是多重循环的嵌套，想直接跳出最外层的循环，则可以在设置标记的情况下，使用 goto 语句。

goto 语句也称为无条件转移语句，其一般格式如下：

goto 语句标号;

说明 1：PHP 只能在同一个文件和作用域中跳转，无法跳出一个函数或者类方法，也无法跳入另一个函数，更无法跳入任何其他循环或者 switch 结构中。

说明 2：语句标号要满足用户标识符的规定，放在某一语句行的前面，标号后加冒号“:”。语句标号起标识语句的作用，与 goto 语句配合使用。

说明 3：PHP 语言不限制程序中使用标号的次数，但各标号不得重名。goto 语句的语义是改变程序流向，转去执行语句标号所标识的语句。

说明 4：goto 语句通常与条件语句配合使用，可用来实现条件转移、构成循环、跳出循环体等功能。

说明 5：在 PHP 语言中进行程序设计时不建议使用 goto 语句，因为 goto 的跳转比较随意，可能会造成程序逻辑的混乱，使理解和调试程序都产生困难。因此，只要能够看懂其他程序中的 goto 语句就足够了。

【实例 3.12】 goto 语句的使用。

程序代码：

```
<?php
    $a=20;$b=25;
    if($a<=$b)                          //如果 a 小于等于 b
    {
        goto end;                       //跳转到标记 end
    }
    echo "goto 语句测试<br/>";
    end:                                //end 为 goto 跳转的标记
    echo "goto 语句已经跳转<br/>";
?>
```

程序运行结果如图 3.27 所示。

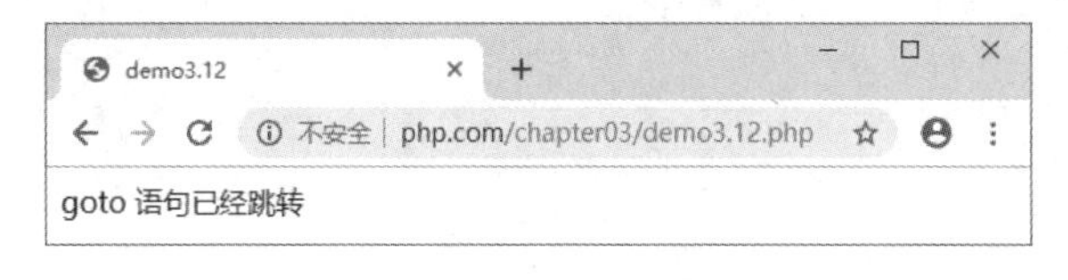

图 3.27 实例 3.12 执行结果

6. 循环的嵌套

在程序开发过程中如果逻辑比较复杂，单一的一个循环不能解决问题，需要在一个循环内部再定义一个循环，这在 PHP 语言中叫作循环的嵌套。循环的嵌套是在一个完整的循环体内部又包含另一个或若干个完整的循环结构。

在 PHP 程序设计中，循环嵌套的层次和结构形式没有特殊的要求，但是一般情况下循环的嵌套不得超过三层，双重循环已经基本可以解决现实中大多数问题。for 语句、while 语句、do-while 语句三种循环语句，不但可以相同形式嵌套，还可以相互嵌套，但每层循环都要遵循该种循环最基本的语法。对于双重循环，将外部的循环称为外循环，内部的循环称为内循环。使用循环嵌套应遵守以下原则。

☑ 内层循环和外层循环的循环控制变量不能相同。
☑ 循环嵌套结构的书写最好采用“左缩进”格式，以体现循环层次的关系。
☑ 尽量避免太多和太深的循环嵌套结构。
☑ 对于多重循环，最关键或者说最难的点是构造内循环的结束条件。

PHP 程序设计中常见的合法的嵌套格式如表 3.2 所示。

表 3.2　PHP 程序设计中循环嵌套的一般格式

for (; ;)
{…
  for (; ;)
  {…}
}
	while ( )
	 {…
	  while ( )
	  {…}
	 }
		do
		{…
		  do{…}
		  while ( );
		} while ( );

for (; ;)
{ …
  while ( )
  {…}
  …
}
	while ( )
	{ …
	 do {…}
	 while ( );
	 …
	}
		do
		{ …
		  for(; ;)
		  {…}
		  …
		} while ( );

【实例 3.13】 计算 1～10 的阶乘的和。

程序代码：

```
<?php
    $sum=0;                    //sum 存储阶乘和
    for($i=1;$i<=10;$i++)      //外循环分别表示 1～10 的 10 个数
    {
        $mul=1;                //mul 存储每个数的阶乘，初始值为 1
        for($j=1;$j<=$i;$j++)  //内循环求每个数的阶乘
        {
            $mul*=$j;
        }
        $sum+=$mul;            //实现累加
    }
    echo "1～10 阶乘的和是".$sum;
?>
```

程序运行结果如图 3.28 所示。

图 3.28　实例 3.13 执行结果

说明 1：$mul=1;语句必须放到内循环外部，因为每次求完一个数的阶乘之后，下次求阶乘之前应该将$mul 的值置为 1。

说明 2：内循环的结束条件为$j<=$i;。因为$i 代表外循环是求哪个数的阶乘，当$i 为 1 时 1*1 就是 1 的阶乘，当$i 为 2 时则变为 1*2 就是 2 的阶乘，当$i 为 *n* 时则变为 1*2*…*n* 就是 *n* 的阶乘。

说明 3：$sum+=$mul;为外循环的循环体，即计算完阶乘后累加求和。

3.3.3 任务实现

【实例 3.14】 使用循环结构为全班 45 名学生的成绩判断等级。

网页代码：

```
<html xmlns="http://www.w3.org/1999/xhtml">
<head>
<meta http-equiv="Content-Type" content="text/html; charset=utf-8" />
<title>demo3.8</title>
</head>
<body>
<form action="" method="post">
<h4>请输入全班 45 名学生的成绩（以顿号隔开）:</h4>
<input name="txt_1" type="text" /><br>
<input name="btn_tijiao" type="submit" value="提交" />
</form>
</body>
</html>
```

程序代码：

```
<?php
if(isset($_POST["btn_tijiao"]))
{
	$a=$_POST["txt_1"];
	$score=explode("、",$a);
	for($i=0;$i<45;$i++)
	{
		if($score[$i]<0||$score[$i]>100)
		{
			echo "第".($i+1)."名学生的成绩不合法<br />";
		}
		else if($score[$i]>=90)
		{
			echo "第".($i+1)."名学生的成绩优秀<br />";
		}
		else if($score[$i]>=80)
		{
			echo "第".($i+1)."名学生的成绩良好<br />";
		}
		else if($score[$i]>=60)
		{
			echo "第".($i+1)."名学生的成绩一般<br />";
		}
```

```
            else
            {
                echo "第".($i+1)."名学生的成绩不及格<br />";
            }
        }
    }
    ?>
```

程序运行结果如图 3.29 所示。

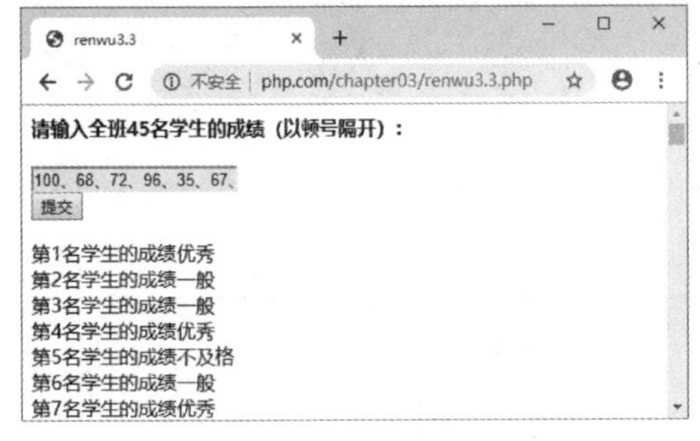

图 3.29　实例 3.14 执行结果

说明 1：在多分支结构中使用三种方法解决了如何输入一个学生的成绩，并根据分数段为其划分等级的问题。对三种不同的实现方法中的程序代码进行总结，可归纳为三个步骤：输入成绩、判断成绩、输出结果。

说明 2：本例中将多分支结构中的判断成绩等级的程序代码融入循环中，通过循环为多个学生的成绩划分等级。

实训任务 3　程序逻辑处理

1．实训目的

☑ 熟练掌握 PHP 程序设计中三大流程结构的使用。

☑ 掌握分支的嵌套和多分支结构的应用。

☑ 掌握单重循环和双重循环结构的使用。

2．项目背景

小菜已经熟练掌握了 PHP 语言的基本元素及构成，可以编写一些简单的 PHP 程序了。但是小菜发现自己掌握的知识只能解决一些简单的问题，当程序编写中遇到选择或需要在满足一定条件下重复去做某件事的时候，小菜显得有些无能为力，虽然通过大量代码的复制重写也可以完成，但这种低效率重复显然不可取。在大鸟老师的指导下，小菜开始研究程序的三大流程结构，当深入学习了分支结构和循环结构后小菜茅塞顿开，并迫不及待地开始完成下面的任务。

3．实训内容

任务 1：编写程序，输入一个数字并判断它是奇数还是偶数，是正数还是负数。

任务 2：编写程序，实现输入三个边长，判断这三条边能不能组成三角形。

任务 3：编写程序，输入一个字符，输出该字符前面和后面各一个字符，并输出其 ASCII 码。

任务 4：编写程序，交换两个变量的值。

任务 5：编写程序，输入一个五位数，分别求各位上的数字，并实现数字的反转，比如原来是 12345，变成 54321。

任务 6：编写程序，输入任意三个实数，将这三个数按照从大到小的顺序输出。

任务 7：编写程序，输入某年某月某日，判断该天是一年中的第几天。

任务 8：编写程序，输入两个整数 m 和 n，求其最大公约数和最小公倍数。

任务 9：编写程序，输入一行字符，分别统计出其中的英文字母、空格、数字和其他字符的个数。

任务 10：编写程序，输入一个数字，输出是星期几，比如输入 1 就输出星期一，如果不在 1～7 则输出数字非法。

任务 11：编写程序，求解 100 到 300 之间所有能被 5 整除的数。

任务 12：编写程序，完成百钱买百鸡的问题：公鸡一只值五钱，母鸡一只值三钱，小鸡一只值一钱，百钱买百鸡，问公鸡、母鸡、小鸡各多少只？

第4章 PHP 表单交互与会话

在 Web 项目开发中，表单用来实现用户输入与功能实现之间的交互。用户在 HTML 表单上输入数据，然后提交表单，将用户输入的数据传输到后台的 PHP 程序中进行处理，得到结果数据后，在相应的 HTML 页面上进行展示。本章将具体介绍 PHP 表单交互与会话的相关知识。

章节学习目标

☑ 掌握提交及接收表单数据的方法；
☑ 掌握 URL 处理及 PHP 实现页面跳转的方法；
☑ 理解什么是会话控制；
☑ 掌握 Session 及 Cookie 的相关知识。

4.1 HTML 表单常用标签

HTML 表单用于接收不同类型的用户输入，用户提交表单时向服务器传输数据，从而实现用户与 Web 服务器的交互。

4.1.1 表单的定义

HTML 表单是一个包含表单元素的区域，表单使用<form>标签创建。表单中可以包含多个 HTML input 元素，如文本框、复选框、单选框、提交按钮等。表单标签有两个重要的属性：method 和 action。

1．method 属性

表单数据有两种提交方式：post 提交和 get 提交，因此 method 属性有 post 和 get 两个值。post 提交方式是在 HTTP 请求中嵌入表单提交数据，而 get 提交方式是将表单提交数据附加到 URL 地址后。表单默认的提交方式为 get 提交。

2．action 属性

action 属性的值是一个 URL 地址，是表单提交后跳转的页面地址，用户提交的数据也将被提交到该 URL 地址。

3. form 标签案例

```
<form method="post" action="demo.php" >
</form>
```

说明：该表单使用 post 方式提交数据后，跳转到 demo.php 页面，PHP 程序可以在 demo.php 页面中获取表单提交的数据。

4.1.2 表单元素

用户通过表单元素在表单中输入内容，如文本域（textarea）、下拉列表（select）、单选按钮（radio）、复选框（checkbox）等。表单元素必须包含在表单标签<form> </form>中。

1. 单行文本框

```
<input type = "text" name="名称"/>
```

单行文本框的主要属性如下。

- ☑ size：指定文本框的宽度，以字符个数为单位。在大多数浏览器中，文本框的默认宽度为 20 个字符。
- ☑ value：指定文本框的默认值，是在浏览器第一次显示该表单或者用户单击<input type="reset"/>按钮后在文本框中显示的值。
- ☑ maxlength：指定用户输入的最大字符长度。
- ☑ readonly：只读属性，当设置了 readonly 属性后，文本框可以获得焦点，但用户不能改变文本框的值。
- ☑ disabled：禁用，当文本框被禁用时，不能获得焦点，当然，用户也不能改变文本框的值，并且在提交表单时，浏览器不会将该文本框的值发送给服务器。

2. 密码框

```
<input type="password" name="名称"/>
```

3. 单选按钮

```
<input type="radio" name="名称"/>
```

使用 name 值相同的一组单选按钮，每个单选按钮标签的 value 值设置不同，表单提交后，PHP 程序可以通过 name 值获取被选中项的 value 值，例如：

```
<input type="radio" name="sex" value="男"/>
<input type="radio" name="sex" value="女"/>
```

说明：上面两个单选按钮的 name 属性都设置为 sex，如果用户选中的是第一个单选按钮，则 PHP 通过 name 属性值 sex 获取的值为“男”；如果用户选中的是第二个单选按钮，则 PHP 通过 name 属性值 sex 获取的值为“女”。

4. 复选框

```
<input type="checkbox" name="名称"/>
```

复选框的使用方法与单选按钮基本相同，只是复选框是可以多选的，因此发送给后台的数据有多个，需要使用数组类型的数据进行传输，所以在设置 name 属性值时需要添加中括号作为后缀，例如：

```
<input type ="checkbox" name="like[]" value="运动"/>
<input type ="checkbox" name="like[]" value="旅行"/>
<input type ="checkbox" name="like[]" value="美食"/>
```

说明：对于这组复选框，用户可以多选，提交表单后，PHP 程序可以通过 name 属性值 like 获取用户选择的多项 value 值。

5. 文件上传

```
<input type="file" name="名称"/>
```

说明：使用 file 表单元素时，<form>标签需要设置 enctype 属性，将其值设置为“multipart/form-data”，而且 method 属性应设置为“post”。例如：

```
<form method="post" action="demo.php" enctype="multipart/form-data">
  <input name="uploadedFile" type="file" />
</form>
```

6. 隐藏域

```
<input type="hidden" name="名称"/>
```

说明：隐藏域通常用于向服务器提交不需要显示给用户的信息。

7. 下拉列表框

<select>标签创建一个列表框，<option>标签创建一个列表项，<select>与嵌套的<option>一起使用，共同提供在一组选项中进行选择的方式。<select>标签有 size 和 multiple 两个重要的属性。

（1）size 属性：该属性值为整型，表示下拉列表中可见选项的数目，如果<select>标签没有设置该属性，则该标签的外观为下拉列表框，程序代码如下，运行结果如图 4.1 所示。

```
<select name="selZY">
        <option value="计算机应用">计算机应用</option>
        <option value="软件开发">软件开发</option>
        <option value="电子商务">电子商务</option>
        <option value="移动互联网">移动互联网</option>
</select>
```

如果<select>标签设置了 size 属性，则该标签的外观为列表框，程序代码如下，运行结果如图 4.2 所示。

```
<select name="listKc[]" size="8" multiple="multiple" >
        <option selected >PHP 应用与开发</option>
        <option>MySQL 应用与开发</option>
        <option >ASP.NET 应用与开发</option>
        <option>C#程序设计</option>
        <option>计算机英语</option>
        <option>计算机网络</option>
</select>
```

说明：可有一项默认为选中状态。

图 4.1　下拉列表框

图 4.2　列表框

（2）multiple 属性：如果<select>标签设置了该属性，则列表框可以多选。运行结果为图 4.2 的代码中，<select>标签设置了 multiple="multiple"属性，表示用户可以使用[Ctrl]键或者[Shift]键多选列表项，所以 name 属性的值带上了中括号后缀，表明使用数组类型的数据传递给服务器。

8．多行文本框

多行文本<textarea>创建一个可输入多行文本的文本框，<textarea>没有 value 属性，rows 和 cols 属性表示行数和列数，若不指定则浏览器采取默认显示。

```
<textarea name="textareaContent" rows="20" cols="50" >
多行文本框的初始显示内容
</textarea>
```

9．<fieldset>标签

<fieldset>标签将控件划分为一个区域，使其看起来更规整。例如程序代码如下，运行结果如图 4.3 所示。

```
<fieldset>
    <legend>爱好</legend>
     <input name="chkLike[]" type="checkbox"   value="读书" />读书
     <input name="chkLike[]" type="checkbox"   value="上网"/>上网
     <input name="chkLike[]" type="checkbox"   value="旅游"/>旅游
     <input name="chkLike[]" type="checkbox"   value="购物" /> 购物
     <input name="chkLike[]" type="checkbox"   value="运动" />运动
</fieldset>
```

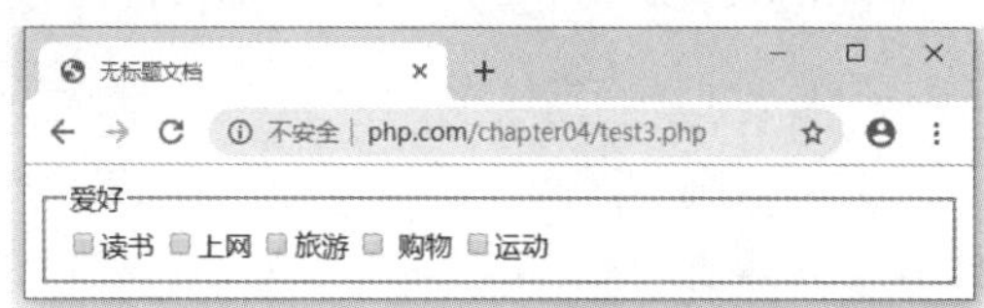

图 4.3　<fieldset>标签运行结果

10．提交按钮

当用户单击<input type="submit"/>的提交按钮时，表单数据会被提交给<form>标签的 action 属性所指定的服务器处理程序。中文 IE 浏览器下默认按钮文本为“提交查询”，可以设置 value 属性的值修改按钮的显示文本。例如：

```
<input type="submit" value="提交"/>
```

11．重置按钮

当用户单击<input type="reset"/>按钮时，表单中的值被重置为初始值。在用户提交表单时，重置按钮的 name 和 value 属性的值不会被提交给服务器。例如：

```
<input type="reset" value="重置"/>
```

12．普通按钮

通常通过单击普通按钮执行一段脚本代码。例如：

```
<input type="button" value="普通按钮"/>
```

13．图像按钮

图像按钮的 src 属性用于指定图像的源文件，它没有 value 属性。图像按钮可代替<input type="submit"/>，而现在也可以通过 CSS 直接将<input type="submit"/>按钮的外观设置为一幅图片。例如：

```
<input type="image" src="bg.jpg" />
```

4.1.3　表单案例：学生信息登记表单

【实例 4.1】 制作学生信息登记表单页面 demo4.1.html，表单提交方式为 post，提交表单后转入 demo4.2.php 程序进行处理。

程序代码：

```
<fieldset>
<legend>学生信息登记表</legend>
<form   method="post" action="demo4.2.php">
    <p> 学号：<input name="txtSno" type="text" /></p>
    <p> 姓名：<input type="text" name="txtSname"   /></p>
    <p> 性别：<input name="rSex" type="radio" value="男" checked="checked" />男
              <input name="rSex" type="radio" value="女" />女  </p>
    <p> 专业：<select name="ddlZy">
                    <option>软件开发</option>
                    <option>计算机应用</option>
                    <option>电子商务</option>
                    <option>计算机网络</option>
                    <option>移动互联网</option>
                </select>
    </p>
    <p>
        课程：  <select name="listKc[]" size="5" multiple="multiple">
                    <option selected >PHP 应用与开发</option>
                    <option>MySQL 应用与开发</option>
                    <option >ASP.NET 应用与开发</option>
                    <option>C#程序设计</option>
                    <option>计算机英语</option>
                    <option>计算机网络</option>
                </select>
</p>
<p>
        备注：<textarea name="txtRemark" rows="5" ></textarea>
    </p>
    <p> 爱好：<input name="chkLike[]" type="checkbox"   value="读书" />读书
```

```
                <input name="chkLike[]" type="checkbox"   value="上网"/>上网
                <input name="chkLike[]" type="checkbox"   value="旅游"/>旅游
                <input name="chkLike[]" type="checkbox"   value="购物" />购物
                <input name="chkLike[]" type="checkbox"   value="运动" />运动
        </p>
        <input type="submit" name="btnTj" value="提交" />
        <input type="reset" name="btnReset" value="重置" />
    </form>
    </fieldset>
```

程序运行结果如图 4.4 所示。

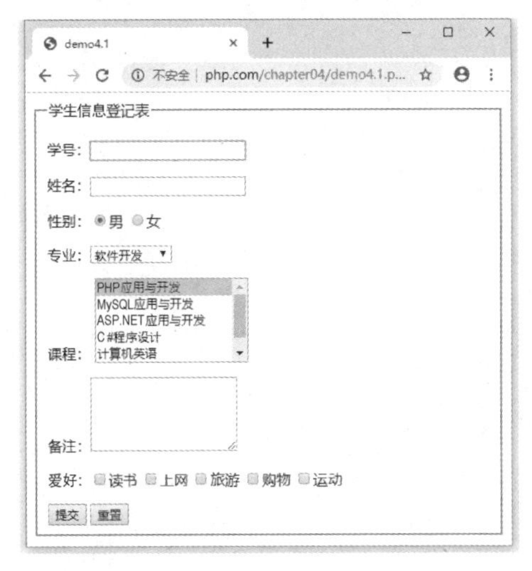

图 4.4　学生信息登记表单页面

4.2　获取表单数据

在 4.1 小节中，用户在学生信息登记表单中输入了相应的学生信息，单击“提交”按钮后，用户输入的数据会被提交到网站后台，在 demo4.2.php 程序中进行处理。数据处理之前，需要获取表单发送的数据，在 PHP 中，可以使用$_POST 和$_GET 两个超全局数组来完成，根据表单的 method 属性来确定用哪一个，如果是 post 提交，就使用$_POST 来接收数据；如果是 get 提交，就使用$_GET 来接收数据。

注意：method 的默认值为 get，如果表单没有设置 method 属性，则默认为 get 提交，需要使用$_GET 来接收数据。

4.2.1　使用 post 方法接收学生信息登记表单的数据

【实例 4.2】 在 demo4.2.php 页面中获取学生信息登记表单发送的数据，并显示用户在表单中输入的信息。

程序代码：

```
<?php
    header("content-type:text/html;charset=utf-8");
```

```
	if(isset($_POST["btnTj"])){
			$sno=$_POST["txtSno"];
			$sname=$_POST["txtSname"];
			$sex=$_POST["rSex"];
			$zy=$_POST["ddlZy"];
			$remark=$_POST["txtRemark"];
			$like=$_POST["chkLike"];
			$likestr="";
			for($i=0;$i<count($like);$i++){
			    $likestr.=$like[$i]." ";
			}
			$kcstr="";
			$kc=$_POST["listKc"];
			for($j=0;$j<count($kc);$j++){
					$kcstr.=$kc[$j]." ";
			}
			echo "学号：".$sno."<br/>" ;
			echo "姓名：".$sname."<br/>";
			echo "性别:".$sex."<br/>";
			echo "专业:".$zy."<br/>";
			echo "爱好：".$likestr."<br/>";
			echo "备注：".$remark."<br/>";
			echo "课程：".$kcstr."<br/>";
	} else{
		header("location:demo4.1.html");
	}
?>
```

打开浏览器，访问 demo4.1.html 表单，用户输入学生信息，如图 4.5 所示，单击“提交”按钮后，跳转到 demo4.2.php 页面，显示用户提交的学生信息，如图 4.6 所示。

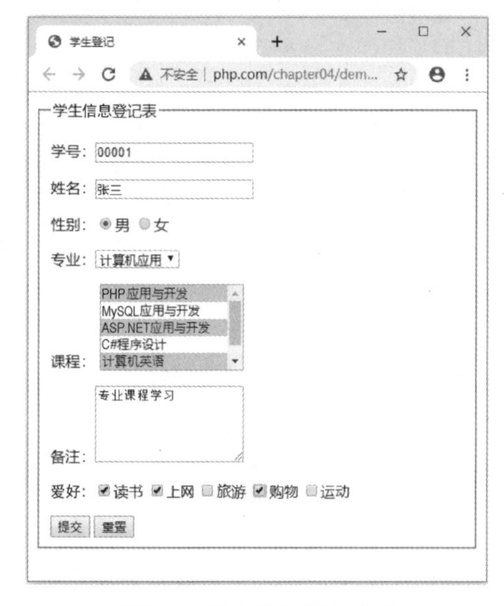

图 4.5 用户输入学生信息

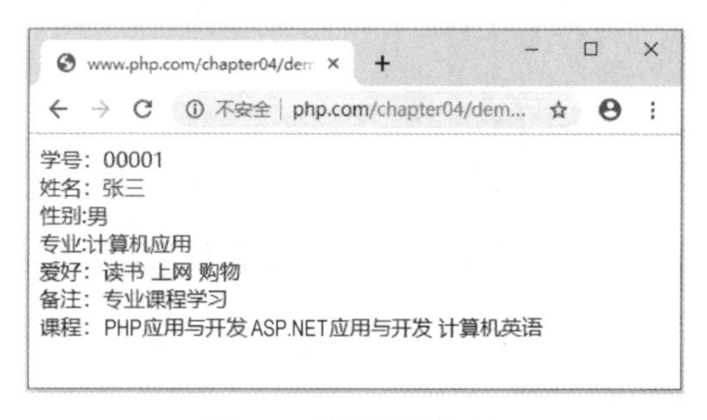

图 4.6 显示学生信息

说明 1：回顾 4.1.3 小节中的代码，表单的 method 属性为 post，因此使用$_POST 超全局数组来获取表单提交的数据。要获取某个表单标签传递的数据，使用$_POST[]来获取，中括号中的值为表单标签的 name 属性值，例如：

```
$sno=$_POST["txtSno"];
```

"txtSno"为学号文本框标签的 name 值，要获取该标签提交的数据需使用代码$_POST ["txtSno"]，并将该值保存到变量$sno 中。

说明 2：允许多选项的标签或标签组提交的数据需要用数组来传递，比如课程项和爱好项，代码如下：

```
$like=$_POST["chkLike"];
$kc=$_POST["listKc"];
```

因此，变量$like 和$kc 中保存的数据为数组类型，后面的程序代码使用 for 循环将两个数组中的数组元素读取出来，连接成一个字符串，分别保存到变量$likestr 和$kcstr 中，代码如下：

```
$likestr="";
    for($i=0;$i<count($like);$i++){
        $likestr.=$like[$i]." ";
    }
$kcstr="";
    for($j=0;$j<count($kc);$j++){
        $kcstr.=$kc[$j]." ";
    }
```

说明 3：header("content-type:text/html;charset=utf-8");这句代码一般放在程序的开头，其作用是将客户端浏览器的编码方式设置为 utf-8，因为 PHP 程序的编码为 utf-8，所以浏览器的编码也应该保持一致，否则 PHP 程序的处理结果在浏览器中可能出现乱码。

header()函数除了以上功能，还能实现页面跳转，只需在 header()函数的参数 Location: xxx 中，用要跳转到的页面的 URL 替代 xxx。例如，下面这句代码将使页面跳转到 Sina 网站首页：

```
header("Location:http://www.sina.com");
```

除了立即跳转页面，header()函数还能实现延时跳转，主要通过 refresh 参数来实现，例如：

```
header("refresh:3;url=index.php");
```

执行该代码后，页面将延时 3 秒后跳转到网站中的 index.php 页面。

4.2.2 使用 get 方法计算长方形面积

在 4.2.1 小节的案例中，学生信息登记表单是以 post 方式提交的，post 方法不依赖于 URL，不会将传递的参数值显示在地址栏中。另外，post 方法可以无限制地传递数据到服务器，所有提交的信息在后台传输，用户在浏览器端是看不到这一过程的，其安全性高。所以，post 方法适合于发送一个保密的（如信用卡卡号）或者比较大量的数据到服务器。

get 提交方式是<form>表单中 method 属性的默认方法。使用 get 方法提交的表单数据被附加到 URL 上，作为 URL 的一部分被发送到服务器端，因此，在 URL 的地址栏中将会显示“URL+用户传递的参数信息”。

【实例 4.3】 制作表单 demo4.3.html，如图 4.7 所示，用户在该表单中输入长方形的长和宽，使用 get 方法提交表单，计算长方形的面积。

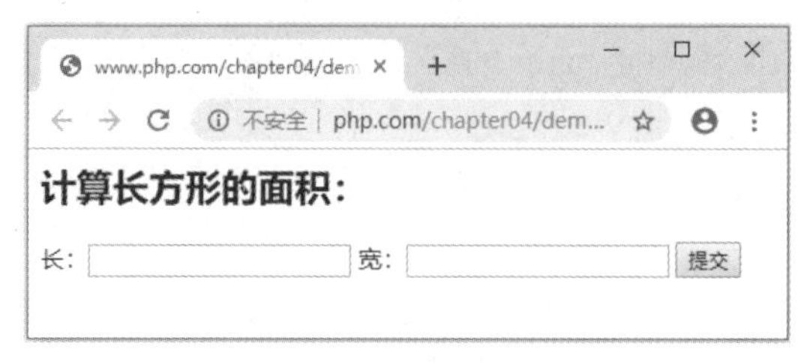

图 4.7 计算长方形面积表单

网页代码：

```
<html>
  <head>
    <meta http-equiv="Content-Type" content="text/html; charset=UTF-8">
          <title></title>
      </head>
      <body>
          <h2>计算长方形的面积：</h2>
        <form method="get" action="demo4.3.php" >
           长：<input type="text" name="length" />
           宽：<input type="text" name="width" />
           <input type="submit" value="提交" name="btn" />
        </form>
      </body>
</html>
```

说明 1：method="get"表示表单以 get 方式提交，也可省略，因为表单默认的提交方式为 get。

说明 2：action="demo4.3.php"表示用户单击“提交”按钮后，跳转到 demo4.3.php 页面处理提交数据。

程序代码：

```
header("content-type:text/html;charset=utf-8");
     //接收用户输入的长和宽，表单是 GET 提交
     $length=$_GET['length'];
     $width=$_GET['width'];
     $area=$length*$width;
echo "长方形的长为：{$length}，宽为：{$width}，面积是：{$area}";
```

说明 3：表单的提交方式为 get，所以使用$_GET 来接收表单数据，get 提交的数据会附加到 URL 后以明文显示，如图 4.8 所示，得到 URL 如下：

http://www.php.com/demo4.3.php?length=12&width=13&btn=提交

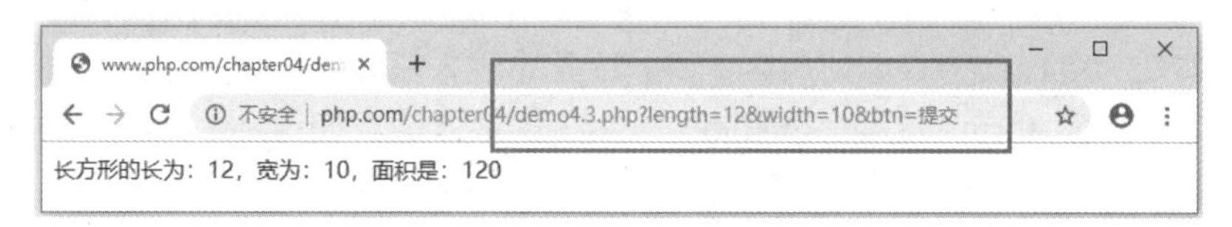

图 4.8 计算长方形面积的运行结果

在 URL 中，“?”后面的内容为参数信息，参数信息由参数名和参数值组成，参数名和参数值之间用“=”连接，例如，“length=12”代表参数 length 传递的值是 12；多个参数之间用“&”连接。该 URL 中包含 3 个参数，分别是 length、width 和 btn，它们是表单提交的 3 个表单元素。

4.2.3 isset()和 empty()函数

1. isset()函数

isset()函数用来判断一个变量是否存在。

格式：`bool isset ( mixed var [, mixed var [, ...]] )`

如果变量存在（即非 NULL），该函数则返回 true，否则返回 false（包括未定义的变量）。比如 4.2.1 小节中的代码：

```
if(isset($_POST["btnTj"])){
    -----
  } else{
   header("location:demo1.html");
  }
```

如果用户在 demo4.1.html 表单页面中没有单击“提交”按钮，直接执行 demo4.2.php 程序，“$_POST["btnTj"]”的值是不存在的，因此“isset($_POST["btnTj"])”的值为 false，程序会执行 else 代码块的语句，页面跳转到 demo4.1.html。

2. empty()函数

empty()函数用来判断一个变量是否为空或是否为 0。

格式：`bool empty ( mixed var )`

如果变量是非空或非零的值，则 empty()函数返回 false。换句话说，""、0、"0"、NULL、false、array()、var $var、未定义或没有任何属性的对象都将被认为是空的，如果 var 为这些值即为空，则返回 true。比如 demo4.4php 代码如下：

```
<?php
    header("content-type:text/html;charset=utf-8");
    $v = 0;
    // 结果为 true，因为 $var 为空
    if (empty($v)) {
    echo "变量 v 值为{$v}，被认为是空！<br />";
    }
    // 结果为 true，因为 $var 已设置
    if (isset($v)) {
    echo "变量 v 值为{$v}，已存在！";
    }
?>
```

程序运行结果如图 4.9 所示。

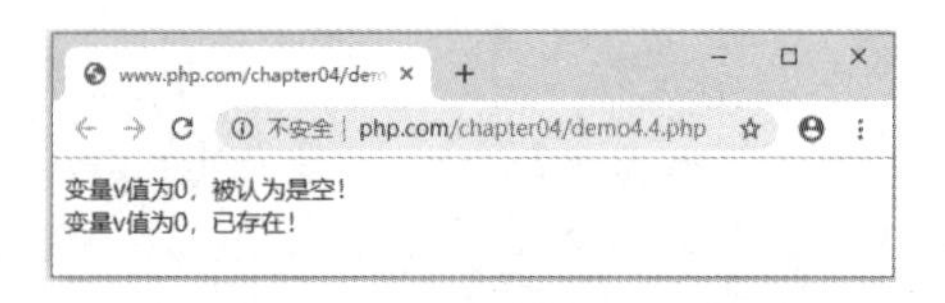

图 4.9　isset 和 empty 运行结果

4.3　从用户登录中学习 Session 的使用

通常情况下，用户登录某个网站时，会随之产生一些用户信息，多个页面之间需要共享这些数据信息。在 Web 开发中，把服务器跟踪用户信息的技术称作会话技术。什么是会话呢？从用户登录到退出，或者没有退出而直接关闭浏览器，这整个过程叫作一次会话。从理论上讲，如果用户没有退出，在短时间内再次打开同一网站，而上次的会话没有过期的话，也应该算同一次会话。

在 PHP 中，Session 和 Cookie 是目前常用的两种会话技术。Session 是将用户的会话数据存储在服务器端，Cookie 则是将会话数据存储在客户端浏览器中。下面将通过案例详细讲解这两项技术。

4.3.1　任务分析

在 Web 项目开发中，最常见的功能之一就是用户登录。用户输入了正确的用户名和密码，通过验证，进入到网站主页面，一般主页面会显示该用户的用户名；如果用户没有登录，直接进入主页面，则会自动跳转到用户登录页面，要求用户进行身份验证。登录成功后，使用 Session 保存用户的登录状态。本任务的重点是学习使用 Session 保存用户的状态，从而判断用户是否登录成功过。

4.3.2　相关知识

1. Session 介绍

Session 译为“会话”，其本义是指有始有终的一系列动作，比如打电话时从拿起电话拨号到挂断电话这一系列过程可以称为一个 Session。

当启动一个 Session 会话时，会生成一个随机且唯一的 session_id，也就是 Session 的文件名，此时 session_id 存储在服务器的内存中，当关闭页面时此 session_id 会被自动注销。重新登录此页面时，会再次生成一个随机且唯一的 session_id。

Session 在 Web 技术中非常重要。由于网页是一种无状态的连接程序，无法得知用户的浏览状态。通过 Session 则可以记录用户的相关信息，以供用户再次以此身份对 Web 服务器提交要求时作确认。例如，在电子商务网站中，通过 Session 记录用户登录的信息，以及用户所购买的商品，如果没有 Session，那么用户每进入一个页面都需要输入一次用户名和密码进行登录。

另外，Session 适用于用户需要存储的信息量相对较少，并且存储内容不需要长期保存的情况，使用 Session 把信息存储到服务器端就比较合适。

2．Session 的使用方法

创建一个 Session 需要以下几个步骤：启动会话→注册会话→使用会话→删除会话。

（1）启动会话。在使用 Session 之前，必须先通过 session_start()函数启动 Session。该函数的返回值为布尔型，如果为 true 则启动成功，否则失败。

（2）注册会话。会话变量被创建后，全部保存在数组$_SESSION 中。通过数组$_SESSION 创建一个会话变量很容易，只要直接给该数组添加一个元素即可。例如：

```
<?php
    header("content-type:text/html;charset=utf-8");
    session_start();
    $_SESSION['username'] = '张三丰';
?>
```

上述程序中第 3 行代码是用于启动 Session 的，第 4 行代码声明了一个名为 username 的 Session 变量，并赋值为“张三丰”。

（3）使用会话。使用会话时，需要判断会话变量是否有一个 session-id 存在，如果不存在，就需要创建一个，并且使其能够通过全局数组$_SESSION 进行访问；如果已经存在，则将这个已经创建的会话变量载入以供用户使用。例如：

```
<?php
    if(!empty($_SESSION['username'])){
        $myvalue=$_SESSION['username'];
    }
?>
```

上述程序，先判断用于存储用户名的 Session 会话变量是否为空，不为空时，将会话变量赋给一个变量$myvalue。

（4）删除会话。删除会话的方法主要有删除单个会话、删除多个会话和结束当前会话三种，具体的使用方法将在下一小节中讲解。

4.3.3 任务实现

通过对 Session 技术的讲解，我们已经了解了 Session 的基本使用方法，下面详细介绍本小节任务的实现。

（1）创建页面 demo4.5.html，设计用户登录表单，如图 4.10 所示。

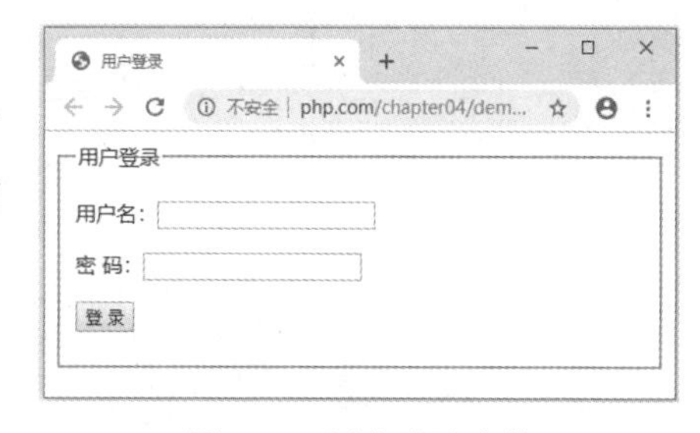

图 4.10　用户登录表单

网页代码：

```
<html xmlns="http://www.w3.org/1999/xhtml" xml:lang="en">
    <head>
        <meta http-equiv="Content-Type" content="text/html;charset=UTF-8" />
        <title>用户登录</title>
    </head>
    <body>
        <form action="demo4.5.php" method="post">
```

```
                <fieldset>
                    <legend>用户登录</legend>
                    <p>
                        用户名：<input type="text" name="username" />
                    </p>
                    <p>
                        密  码：<input type="password" name="pwd" />
                    </p>
                    <p>
                        <input type="submit" value="登  录" name="btn" />
                    </p>
                </fieldset>
            </form>
        </body>
</html>
```

（2）在 demo4.5.php 页面中接收表单提交的数据，并判断输入的用户名和密码是否正确，如果正确，就将用户名保存到 Session 中；如果错误，就跳转到 demo4.5.html，要求重新输入用户名和密码。

程序代码：

```
<?php
    header("Content-Type:text/html; charset=utf-8");
    session_start();
    if (isset($_POST['btn'])){
        //获取用户提交的数据
        $username = trim($_POST['username']);
        $pwd = trim($_POST['pwd']);
        if (($username == '') || ($pwd== '')){
        //用户名和密码不能为空
            header('refresh: 3; url=demo4.5.html');
            exit("该用户名或者密码不能为空，3 秒后跳转到登录页面");
        }else if   (($username != 'dl') || ($pwd != '123456')){
            //用户名或密码错误
            header('refresh: 3; url=demo.4.5.html');
            echo "用户名或者密码错误，3 秒后跳转到登录页面";
        }else if (($username == 'dl') && ($pwd== '123456')){
            //登录成功，将用户信息保存到 Session 中
            $_SESSION['username'] = $username;
            //跳转到主页
            header("location:demo4.6.php");
        }
    }
?>
```

说明 1：“session_start();”表示启动 Session。要使用 Session，这句代码必须写，而且要写在使用 Session 的代码前面。

说明 2：“header('refresh: 3; url=demo4.html');”表示延时 3 秒跳转到 demo4.html 页面。

说明 3：“$_SESSION['username'] = $username;”表示将用户输入的用户名保存到名为

$username 的 Session 变量中。

说明 4：本任务中，假设正确的用户名是“dl”，正确的密码是“123456”。

（3）创建 demo4.6.php 页面为网站主页面，显示 Session 中保存的用户名信息，如果没有登录，则跳转到登录页面。

程序代码:

```
<?php
    header("Content-Type:text/html; charset=utf-8");
    session_start();
        //判断是否有$_SESSION['username']
    if (isset($_SESSION['username'])){
            //登录成功
        echo $_SESSION['username'] . "，你好，欢迎访问本网站! <br /> ";
    } else{
        //未登录，跳转到登录页面
        header("location:demo4.html");
    }
?>
```

用户输入用户名“dl”，密码“123456”，提交表单后，进入主页后的运行结果如图 4.11 所示。

图 4.11　用户登录表单及其运行结果

4.4　从用户注销中学习 Session 的删除

在上一小节中，我们通过用户登录的任务学习了 Session 的基本使用方法，了解到 Session 一般用来记录用户个人的信息，并保存在服务器端。那么，如何删除 Session 中存储的个人信息呢？下面通过用户注销的任务来进行讲解。

4.4.1　任务分析

在 Web 项目开发中，常见的功能除用户登录外，还有用户注销功能。用户注销功能是将用户登录产生的所有个人信息都删除，包含 Session 信息和 Cookie 信息。在 4.3 节中使用“$_SESSION['username']”变量存储了用户名，本节任务需要删除用户的 Session 信息，并结束本次会话。

4.4.2 相关知识

1. 删除单个会话

删除单个会话即删除单个会话变量，同数组的操作一样，直接注销$_SESSION 数组的某个元素即可。例如：

```
<?php
    unset($_SESSION['username']);
?>
```

使用 unset()函数时，要注意$_SESSION 数组中的元素不能省略，即不可以一次注销整个数组，这样会禁止整个会话的功能。例如，unset($_SESSION)函数会将全局变量$_SESSION 销毁，而且没有办法将其恢复，用户也不能再注册$_SESSION 变量。如果要删除多个或全部会话，可采用下面的两种方法。

2. 删除多个会话

删除多个会话即一次注销多个会话变量，可以通过将一个空的数组赋值给$_SESSION 来实现。代码如下：

```
<?php
    $_SESSION=array();
?>
```

3. 结束当前会话

如果整个会话已经结束，则首先应该注销所有的会话变量，然后使用 session_destroy()函数结束当前的会话，并清空会话中的所有资源，彻底销毁 Session。代码如下：

```
<?php
    session_destroy();
?>
```

4.4.3 任务实现

（1）修改 demo4.6.php 文件，添加“注销”超链接，指向 demo4.7.php 文件。

程序代码：

```
<?php
    header("Content-Type:text/html; charset=utf-8");
    echo "<title>主页</title>";
    session_start();
        //判断是否有$_SESSION['username']
    if (isset($_SESSION['username'])){
        //登录成功
        echo $_SESSION['username'] . "，你好，欢迎访问本网站! <br /> ";
        echo '<a href="demo4.7.php">注销</a>';
    } else{
        //未登录，跳转到登录页面
        header("location:demo4.5.html");
```

```
    }
?>
```

程序运行结果如图 4.12 所示：

图 4.12　任务运行结果

说明：登录成功后，添加代码“echo '<a href="demo4.7.php">注销</a>';”，如图 4.12 所示，显示“注销”超链接，跳转到 demo4.7.php 页面。

（2）创建 demo4.7.php 文件，在该文件中编写用户注销代码。

程序代码：

```
<?php
    header("Content-Type:text/html; charset=utf-8");
    session_start();
    //清除 Session
    $username = $_SESSION['username'];
    $_SESSION = array();
    session_destroy();
    echo "$username,欢迎下次光临！";
    echo "<a href='demo4.5.html'>重新登录</a>";
?>
```

说明 1：“$username = $_SESSION['username'];”表示将 Session 保存的用户名先保存到变量$username 中，以便在代码“echo "$username,欢迎下次光临！";”中使用。

说明 2：“$_SESSION = array();”表示清空所有的 Session 变量。

说明 3：“session_destroy();”表示结束本次会话。

用户单击“注销”超链接后，程序运行结果如图 4.13 所示。用户注销后，再次运行主页 demo4.6.php，被跳转到登录页面 demo4.5.html，因为上次登录的 Session 变量已被清空，上次会话也已结束，用户需要重新登录。

图 4.13　用户注销运行结果

4.5　从保存登录时间中学习 Cookie

在 Web 项目开发中，用户登录功能中通常可以添加设置保存登录时间的功能，比如，用户登录时选择保存登录状态为一个星期，那么，当用户登录成功后，该用户的个人信息将会保存在用户客户端，保存时间为一个星期。在一个星期内，用户下次登录时无须输入用户名和密码。Cookie 技术可以实现将个人信息保存在客户端，下面通过案例来学习 Cookie 技术。

4.5.1　任务分析

本任务为用户登录页面添加了一个保存登录时间的功能，如图 4.14 所示，实现该任务的重点是使用 Cookie 来保存客户端信息。

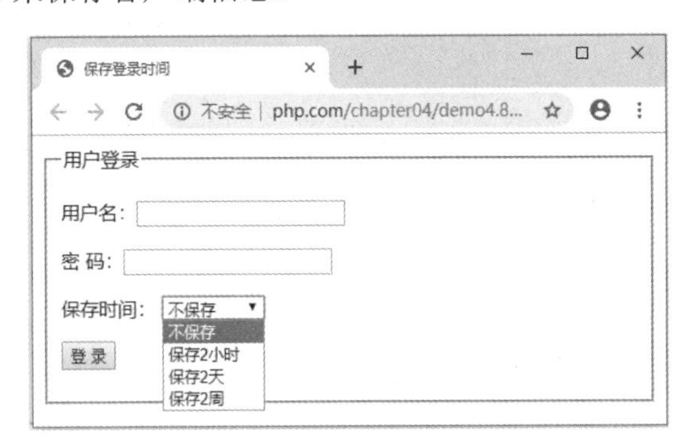

图 4.14　添加了保存登录时间的用户登录表单界面

4.5.2　相关知识

1．什么是 Cookie

Cookie 是一小段文本信息，伴随着用户的页面请求在 Web 服务器端和客户端的浏览器之间传递。用户每次访问站点时，Web 应用程序都可以读取 Cookie 包含的信息。Cookie 的基本工作原理是，如果用户再次访问站点上的页面，当该用户输入该网站的 URL 时，浏览器就会在本地硬盘上查找与该 URL 相关联的 Cookie，如果该 Cookie 存在，浏览器就将它与页面请求一起发送到要访问的站点。

Cookie 在客户端保存用户的信息，比如登录名、密码等，这些数据量并不大，保存在客户端浏览器的缓存目录下，服务器端需要时可以从客户端读取。Cookie 能够帮助 Web 站点保存有关访问者的信息。更概括地说，Cookie 是一种保持 Web 应用程序连续性（即执行“状态管理”）的方法，从而使 Web 站点记住用户。

2．创建 Cookie

在 PHP 中，使用函数 setcookie()来设置 Cookie，语法如下：

```
bool setcookie(name,value,expire,path,domain,secure);
```

其中，参数 name 和参数 value 是必须设置的，其他参数为可选项。

本函数有三个重要的参数：

☑ name：Cookie 的名字，可以通过 name 来获取 Cookie 变量的值。

☑ value：Cookie 的值，该值保存在客户端。

☑ expire：Cookie 的过期时间，该值是一个 UNIX 时间戳，单位为秒。一般设置 Cookie 的有效时间的方法是“time()+秒数”，比如，“time()+60*60*2”表示 Cookie 的有效期为 2 小时。

一般情况下，创建 Cookie，只需要设置这三个参数即可。例如：

```
<?php
//添加 Cookie
setcookie("username","张无忌",time()+60*60*10);
?>
```

上述代码表示创建了一个名字为 username 的 Cookie，其保存的值是“张无忌”，有效期为 10 小时。

下面简单讲述一下该函数的其他参数。

☑ path：Cookie 在服务器上的有效路径，默认值为设定 Cookie 的当前目录。

☑ domain：Cookie 在服务器上的有效域名。

☑ secure：Cookie 是否仅允许通过安全的 HTTPS 协议传输，值为 1 或 0。当设置为 1 时，仅允许通过安全的 HTTPS 协议传输；设置为 0 时，则可以通过普通 HTTP 协议传输。默认值为 0。

3．访问 Cookie

PHP 的$_COOKIE 变量用于取回 Cookie 的值。在下面的代码中，取回了名为“username”的 Cookie 的值，并把它显示在了页面上。

```
<?php
    header("content-type:text/html;charset=utf-8");
    // 输出 Cookie 值
    if(isset($_COOKIE["username"])){
        echo $_COOKIE["username"];
    }
    // 查看所有 Cookie
    var_dump($_COOKIE);
?>
```

程序运行结果如图 4.15 所示。

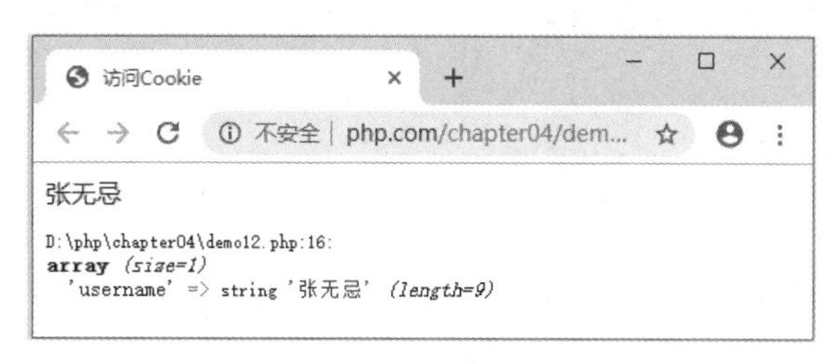

图 4.15　访问 Cookie

4．删除 Cookie

前面说到，在创建 Cookie 时可以设置它的有效时间，如果没有设置有效时间，在关闭浏览器时，相应的 Cookie 文件会被自动删除。在 Web 开发中，有时需要用户在 Cookie 有效时间之前或者关闭浏览器之前删除 Cookie 文件，比如注销用户。

删除 Cookie 同样使用 setcookie()函数，只需要将参数 value 设置为空，参数 expire 设置为小于当前时间即可。例如：

```
<?php
    // 删除名为 username 的 Cookie
    setcookie("username", "", time()-1);
?>
```

4.5.3 任务实现

（1）创建 demo4.8.html 页面文件，将 demo4.5.html 文件的代码复制到本文件中，然后在表单中添加一个下拉列表框，用来选择要保存的登录时间，如图 4.14 所示。表单提交后，跳转到 demo4.9.php 页面。网页代码如下：

```
<html>
    <head>
        <title>保存登录时间</title>
        <meta charset="UTF-8">
     <meta name="viewport" content="width=device-width, initial-scale=1.0">
    </head>
    <body>
        <form action="demo4.9.php" method="POST">
            <fieldset>
                <legend>用户登录</legend>
                <p>
                    用户名：<input type="text" name="username" />
                </p>
                <p>
                    密  码：<input type="password" name="pwd" />
                </p>
                 <p>
                  保存时间：    <select name="saveTime">
                        <option value="0">不保存</option>
                        <option value="1">保存 2 小时</option>
                        <option value="2">保存 2 天</option>
                        <option value="3">保存 2 周</option>
                    </select>
                </p>
                <p>
                    <input type="submit" value="登  录" name="btn"    />
                </p>

            </fieldset>
        </form>
    </body>
</html>
```

（2）创建 demo4.9.php 文件，编写代码，实现保存登录时间功能，使用 Cookie 变量保存用户名，有效期设置为用户选择的保存时间。程序代码如下：

```
<?php
header("Content-Type:text/html; charset=utf-8");
    if (isset($_POST['btn'])){
```

```
            //获取用户提交的数据
            $username = trim($_POST['username']);
            $pwd = trim($_POST['pwd']);
            $savetime=trim($_POST['saveTime']);
            if (($username == '') || ($pwd== '')){
                header('refresh: 3; url=demo4.8.html');
                exit("该用户名或者密码不能为空，3 秒后跳转到登录页面");
            }else if   (($username != 'dl') || ($pwd != '123456')){
                //用户名或密码错误
                header('refresh: 3; url=demo4.8.html');
                echo "用户名或者密码错误，3 秒后跳转到登录页面";
            }else if (($username == 'dl') && ($pwd== '123456')){
                //登录成功
              switch ($savetime){
                //不保存
                case 0:
                setcookie("username",$username);
                break;
                //保存 2 小时
                  case 1:
                setcookie("username",$username,   time()+60*60*2);
                break;
                //保存 2 天
                  case 2:
                setcookie("username",$username,   time()+60*60*24*2);
                break;
                //保存 2 周
                case 3:
              setcookie("username",$username,   time()+60*60*24*7*2);
             break;
                }
            //跳转到主页
           header("location:demo4.10.php");
            }
        }
?>
```

说明 1：“$savetime=trim($_POST['saveTime']);”表示获取用户选择的保存时间，并保存到变量$savetime 中，其取值为 0、1、2 或 3。

说明 2：“header("location:demo4.10.php");”表示登录成功后，将用户名记录到名字为 username 的 Cookie 变量中，然后跳转到主页面 demo4.10.php。

说明 3：使用 switch 语句判断$savetime 的值，如果为 0，则创建名为 username 的 Cookie 变量，值为用户输入的用户名，不设置有效时间；如果为 1，有效时间设置为 2 小时；如果为 2，有效时间设置为 2 天；如果为 3，有效时间设置为 2 周。

（3）创建 demo4.10.php 页面文件，编写主页面代码。程序代码如下：

```
<?php
header("Content-Type:text/html; charset=utf-8");
echo "<title>主页</title>";
if(isset($_COOKIE['username'])){
     echo $_COOKIE['username'] . "，你好，欢迎访问本网站! <br /> ";
```

```
        echo '<a href="demo4.11.php">注销</a>';
    }else{
        header("location:demo4.8.html");
    }
?>
```

说明：判断是否存在名字为 username 的 Cookie 变量，如果存在，则表示浏览器保存了用户的登录状态，可以进入主页面，否则，跳转到登录页面 demo4.8.html，重新登录。

（4）创建 demo4.11.php，编写代码，实现注销功能。程序代码如下：

```
<?php
  echo "<title>注销</title>";
  header("Content-Type:text/html; charset=utf-8");
  //删除 Cookie
  $username = $_COOKIE['username'];
  setcookie("username","",time()-1);
  echo "$username,欢迎下次光临！";
  echo "<a href='demo4.8.html'>重新登录</a>";
?>
```

说明："setcookie("username","",time()-1);" 表示删除名字为 username 的 Cookie 变量。

实训任务 4 PHP 表单交互与会话

1. 实训目的

☑ 掌握提交及接收表单数据的方法；

☑ 掌握 URL 处理及 PHP 实现页面跳转的方法；

☑ 理解什么是会话控制；

☑ 掌握 Session 及 Cookie 的相关知识。

2. 项目背景

通过本章的学习，小菜对表单在 Web 开发中的作用有了进一步的认识，知道了怎么将网页设计课程中学到的表单标签运用到 PHP 程序开发中。还了解了会话控制，重点学习了 Session 技术和 Cookie 技术，如何实现 Web 页面之间的信息共享。在听完老师的讲解后，小菜感觉能听懂，但是自己实际编程时，还是有点晕，于是，在大鸟老师的指导下，小菜认真练习了以下内容，终于感觉明白了许多。

3. 实训内容

基础任务：

（1）PHP 表单接收数据有哪些方法？举例说明。

（2）常用的页面跳转方法有哪些？举例说明。

（3）isset 函数和 empty 函数有哪些区别？

（4）简述 Session 的工作原理。

（5）简述 Session 的使用步骤。

（6）在 PHP 中，如何创建、使用和删除 Cookie？

实践任务：

任务 1：编写一个猜数程序。制作表单，如图 4.16 所示，用户在文本框中输入 1～10 的任意一个整数，猜测该数是否正确，如果正确，运行结果如图 4.17 所示；如果错误，运行结果如图 4.18 所示。

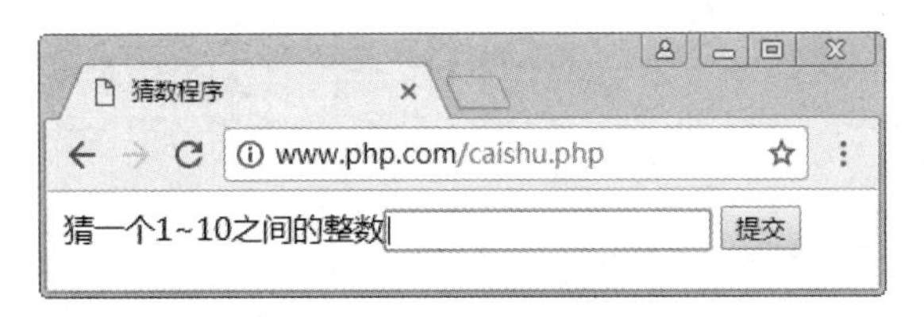

图 4.16　程序界面

图 4.17　猜数正确的运行结果

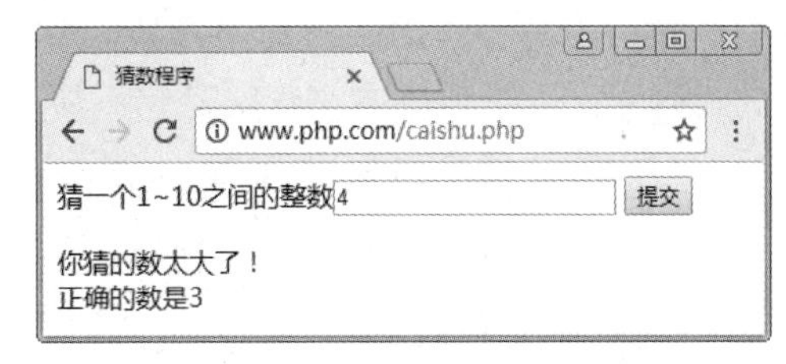

图 4.18　猜数错误的运行结果

任务 2：使用 Cookie 实现保存用户浏览历史的功能，浏览历史最多保存 5 个，若超过 5 个，则自动删除最早的浏览记录。

第5章 PHP 中的函数

PHP 脚本文件是由一系列语句组成的，这些语句可以实现某个具体的功能，而某些功能在整个应用中会经常用到，如果每处需要该功能的位置都写上同样的代码，必将会造成大量的代码冗余，导致脚本文件混乱，不便于开发和以后的维护。使用 PHP 函数即可将这些问题迎刃而解。使用函数可以简化代码结构，降低代码编写的工作量。

字符串的操作在 PHP 编程中占有重要的地位，几乎所有 PHP 脚本的输入和输出都用到字符串。尤其在 PHP 项目开发中，为了实现某项功能，经常需要对某些字符串进行特殊处理，如获取字符串的长度、截取字符串、替换字符串等。

章节学习目标

☑ 掌握自定义函数的使用方法；
☑ 掌握函数参数传递的方式；
☑ 掌握字符串的格式化输出方法；
☑ 掌握连接和分割字符串的方法；
☑ 掌握查找和替换字符串的方法；
☑ 掌握从字符串中获取子字符串的方法；
☑ 掌握字符串加密和编码的方法。

5.1 从推算属相案例中学习自定义函数

函数是一段完成特定功能的具有名称的代码，PHP 中的函数分为两类，分别是系统函数和用户自定义函数。系统函数是 PHP 自带的，又可分为字符串函数、数组函数、文件函数等；自定义函数是用户为了实现某个特定功能而自己编写的函数。

如何自定义函数呢？本小节引入一个任务：编写一个函数，实现输入某人的出生年份，推算出该人的属相。

5.1.1 任务分析

生肖一般被认为兴自东汉，十二生肖周而复始，循环使用至今。由某人的出生年份推算其生肖的方法很多，下面介绍一种简便易记的推算法。如果要推算公元后出生的人的生肖，请熟记如表 5.1 所示的公元年份代码与生肖的对照表。

表 5.1　公元年份代码与生肖对照表

代码	4	5	6	7	8	9	10	11	0	1	2	3
生肖	鼠	牛	虎	兔	龙	蛇	马	羊	猴	鸡	狗	猪

具体的推算方法是：将某人出生的年份除以 12，所得余数按表 5.1 所示代码所对应的生肖，就是该人的生肖。如果年份被整除，则以 0 为余数；如果年份小于 12（不含 12），那么可直接由表 5.1 查知该人的生肖。

5.1.2　相关知识

1．定义和调用函数

自定义函数是用户自己定义用来实现指定功能的函数。自定义函数的一般形式如下所示：

```
function 函数名(参数列表){
函数体;
return 返回值;
}
```

说明：定义函数需使用 function 关键字；函数名遵循标识符命名规则；参数列表是数据传入函数的入口；函数体是函数的功能实现部分；函数通过 return 语句返回一个值，如果省略，函数会默认返回空类型（void）。

函数名不区分大小写，不过在调用函数的时候，通常使用其在定义时相同的形式。

【实例 5.1】 定义一个函数 hello()，它的功能是在网页上输出“hello world!”。

程序代码：

```
function hello()
{
    echo "hello world!" ;
}
```

【实例 5.2】 定义一个函数，实现计算一个数的阶乘。

程序代码：

```
function fac($n)
{
    $result=1;
    for($i=1;$i<=$n;$i++)
    {
        $result*=$i;
    }
    return $result;
}
```

说明：变量$n 是函数的参数。在函数体中，参数可以像其他变量一样使用。可以在函数中定义多个参数，参数之间使用逗号分隔。

【实例 5.3】 定义一个函数，用来实现两个数相加并返回操作结果。

程序代码：

```
function add($x,$y){
    return $x+$y;
}
```

函数调用的一般语法格式如下：

函数名(参数列表)；

函数名是在函数定义时指定的名称，参数列表需要对应函数定义时的参数列表。

【实例 5.4】 调用 hello()函数，在屏幕上显示“hello world!”字符串。

程序代码：

```
<?php
    function hello()
    {
        echo "hello world!" ;
    }
    hello ();
?>
```

实例 5.4 在浏览器中访问的结果如图 5.1 所示。

图 5.1 实例 5.4 的运行结果

【实例 5.5】 调用 fac()函数，计算某个数的阶乘。

程序代码：

```
<?php
function fac($n)
{
    $result=1;
    for($i=1;$i<=$n;$i++)
    {
        $result*=$i;
    }
    return $result;
}
    echo fac(5);
?>
```

实例 5.5 在浏览器中访问的结果如图 5.2 所示。

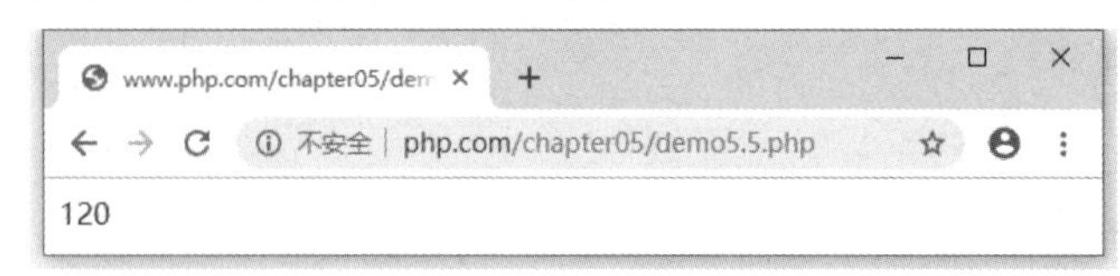

图 5.2 实例 5.5 的运行结果

【实例 5.6】 调用 add()函数，计算并打印 11 和 20 之和。

程序代码：

```
<?php
  function add($x,$y){
      return $x+$y;
  }
echo add(11, 20);
?>
```

实例 5.6 在浏览器中访问的结果如图 5.3 所示。

图 5.3　实例 5.6 的运行结果

在上面的学习中我们已经认识到 return 可以将函数的运算结果返回。return 语句也是跳转语句的一种，它会立刻终止当前函数的执行并返回结果，因此，return 语句通常放在整个函数体的最后。

2．变量的作用域

在函数中也可以定义变量，在函数中定义的变量被称为局部变量。局部变量只在定义它的函数内部有效，在函数体之外，即使使用同名的变量，也会被看作是另一个变量。相应地，在函数体之外定义的变量是全局变量。全局变量在其定义后的代码中都有效，包括它后面定义的函数体内。如果局部变量和全局变量同名，则在定义局部变量的函数中，只有局部变量是有效的。

【实例 5.7】 局部变量和全局变量作用域的例子。

程序代码：

```
<?php
    $a = 100;                  // 全局变量
    function test() {
        $a = 10;               // 局部变量
        echo($a);              // 打印局部变量$a
    }
    test();
     echo("<br/>");
    echo($a);                  // 打印全局变量$a
?>
```

实例 5.7 在浏览器中访问的结果如图 5.4 所示。

图 5.4　实例 5.7 的运行结果

说明：在函数 test()外部定义的变量$a 是全局变量，它在整个 PHP 程序中都有效。在test()函数中也定义了一个变量$a，它只在函数体内部有效。因此在 test()函数中修改变量$a的值，只是修改了局部变量的值，并不影响全局变量$a 的值。

（1）在函数中使用全局变量。如果需要在函数中使用函数外的变量，那么就需要使用 global 来声明一个全局变量，它的一般语法格式如下：

```
global 变量 1,变量 2,变量 3…
```

【实例 5.8】 对实例 5.7 进行修改，在 test()函数中设置全局变量$a 的值。

程序代码：

```
<?php
    $a = 100;          // 全局变量
    function test() {
        global $a;  // 在函数 test()中指定全局变量$a
        $a = 10;    // 设置全部变量$a 的值，而不是局部变量
    }
    test();
    echo($a);          // 打印全局变量$a
?>
```

实例 5.8 在浏览器中访问的结果如图 5.5 所示。

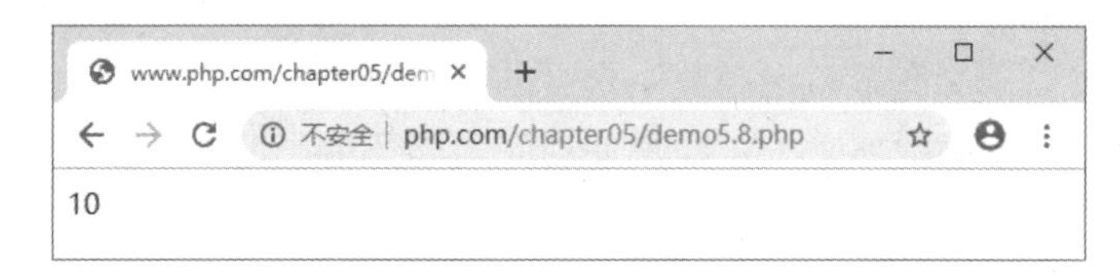

图 5.5　实例 5.8 的运行结果

说明：因为全局变量$a 在 test()函数中被设置为 10，所以本例运行结果为 10。

（2）静态变量。在函数体内可以定义静态变量，静态变量的作用域与局部变量相同，只在定义它的函数体内。与局部变量不同的是，局部变量会在函数结束时被释放，而静态变量的值会被保留下来，下次调用函数时，静态变量的值不会丢失。

可以使用 static 关键字定义静态变量，语法格式如下：

```
static $变量名 = 初始值;
```

【实例 5.9】 演示不使用静态变量的函数。

程序代码：

```
<?php
    function test()
    {
        $count = 1;
        echo("第" . $count ."次调用函数<br />");
        $count++ ;
    }
    for($i=1; $i<11; $i++) {
        test();
    }
?>
```

实例 5.9 在浏览器中访问的结果如图 5.6 所示。

图 5.6　实例 5.9 的运行结果

说明：以上输出结果证明了 10 次调用函数均输出 1，也就是说函数中的变量$count 的值在每次调用中均会被初始化。

【实例 5.10】 演示使用 static 定义静态变量的函数。

程序代码：

```
<?php
    function test()
    {
        static $count = 1;
        echo("第" . $count ."次调用函数<br />");
        $count++ ;
    }
    for($i=1; $i<11; $i++) {
        test();
    }
?>
```

实例 5.10 在浏览器中访问的结果如图 5.7 所示。

图 5.7　实例 5.10 的运行结果

说明：以上代码仅在实例 5.9 的基础上定义了静态变量，但是输出结果却是不同的，这是因为静态变量的状态会被保留，因而可以实现递增。

3．在函数中传递参数

通过参数列表可以传递信息到函数中，PHP 支持按值传递参数、通过引用传递参数、默认参数，以及可变长度参数列表。

（1）按值传递参数。默认情况下，PHP 支持按值传递参数。值传递是指在调用函数时将常量或变量的值（通常称为实参）传递给函数的参数（通常称为形参）。值传递的特点是实参与形参分别存储在内存中，是两个不相关的独立变量，因此，在函数内部改变形参的值时，实参的值是不会被改变的。前面的实例都是按值传递参数。

（2）引用传递参数。引用传递的特点是实参与形参共享一块内存，因此，当形参的值改变时，实参的值也会相应地改变。在定义引用传递参数时，需要在参数前面加上引用符号“&”。

【实例 5.11】 在函数中使用引用传递参数。

程序代码：

```
<?php
function add_some_extra(&$string)
{
    $string .= 'and something extra.';
}
$str = 'This is a string, ';
add_some_extra($str);
echo $str;
?>
```

实例 5.11 在浏览器中访问的结果如图 5.8 所示。

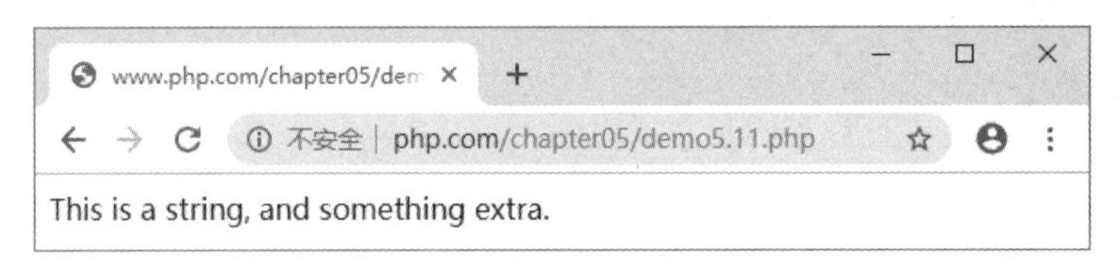

图 5.8 实例 5.11 的运行结果

（3）参数的默认值。在 PHP 中，可以为函数的参数设置默认值。在定义函数时，直接在参数后面使用“=”为其赋值。

【实例 5.12】 在函数中使用参数默认值。

程序代码：

```
<?php
function makecoffee($type = "cappuccino")
{
    return "Making a cup of $type.<br/>";
}
echo makecoffee();
echo makecoffee(null);
echo makecoffee("espresso");
?>
```

实例 5.12 在浏览器中访问的结果如图 5.9 所示。

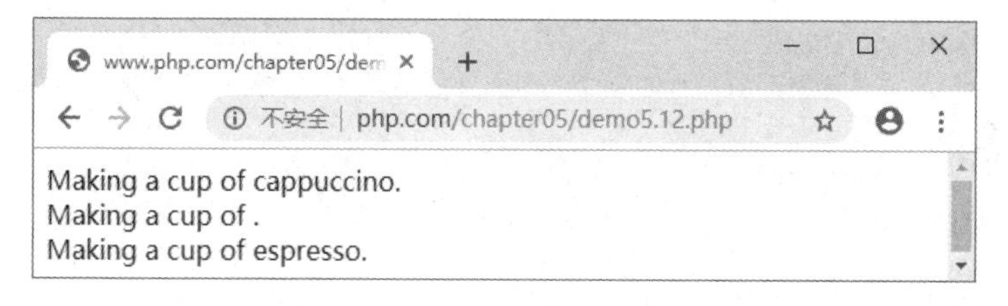

图 5.9　实例 5.12 的运行结果

参数的默认值必须是常量表达式，不能是变量、类成员或函数调用等。注意，当使用默认参数时，默认参数必须放在非默认参数的右侧，否则，函数将不会按照预期的情况工作。

（4）可变长参数。PHP 在用户自定义函数中支持可变长度的参数列表。在 PHP 5.6 及以上的版本中，由“...”语法实现；在 PHP 5.5 及更早版本中，使用函数 func_num_args()、func_get_arg()和 func_get_args()获取参数信息。各函数说明如下。

☑ func_num_args()：返回传递给函数的参数数量。

☑ func_get_arg()：返回传递给函数的参数列表。

☑ func_get_args()：返回一个数组，由函数的参数组成。

【实例 5.13】 编写函数，实现计算任意个数的和。

程序代码：

```
<?php
    function sum1() {
        $num = func_num_args();
        echo("函数包含：" . $num . "个参数<br/>");
        $sum = 0;
        $arg_list = func_get_args();
        for($i=0; $i<$num; $i++) {
            $sum = $sum + $arg_list[$i];
        }
        echo("参数累加之和为：" . $sum);
    }
    sum1(1, 2, 3, 4);
?>
```

实例 5.13 在浏览器中访问的结果如图 5.10 所示。

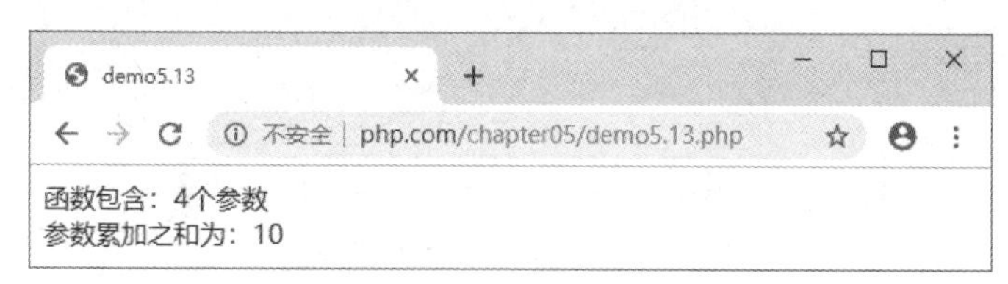

图 5.10　实例 5.13 的运行结果

【实例 5.14】 编写函数，使用“...”语法实现计算任意个数的和（PHP 5.6 及以上的版本）。

程序代码：

```
<?php
function sum2(...$numbers) {
```

```
        $num = count($numbers);
        echo("函数包含：" . $num . "个参数<br/>");
        $acc = 0;
        foreach ($numbers as $n) {
            $acc += $n;
        }
        echo("参数累加之和为：" . $acc);
    }
    echo sum2(1, 2, 3, 4);
    ?>
```

实例 5.14 在浏览器中访问的结果如图 5.11 所示。

图 5.11　实例 5.14 的运行结果

4．函数的返回值

函数的返回值通过 return 语句返回，可以返回包括数组和对象在内的任意类型。返回语句会立即终止函数的运行，并且将控制权交回调用该函数的代码行。如果省略了 return，则返回值为 NULL。

【实例 5.15】 return 的使用。编写函数，实现计算一个数的平方，并调用该函数。

程序代码：

```
<?php
function square ( $num )
{
    return $num * $num ;
}
echo square ( 4 );
?>
```

实例 5.15 在浏览器中访问的结果如图 5.12 所示。

图 5.12　实例 5.15 的运行结果

【实例 5.16】 函数不能返回多个值，但可以通过返回一个数组来得到类似的效果。编写代码，实现返回一个数组以得到多个返回值。

程序代码：

```
<?php
function small_numbers ()
{
      return array ( 0 , 1 , 2 );
}
list ( $zero , $one , $two ) = small_numbers ();
echo $zero." ".$one ." ".$two;
 ?>
```

实例 5.16 在浏览器中访问的结果如图 5.13 所示。

图 5.13　实例 5.16 的运行结果

【实例 5.17】 从函数返回一个引用，必须在函数声明和指派返回值给一个变量时都使用引用运算符“&”。编写代码，实现从函数返回一个引用。

程序代码：

```
<?php
function &returns_reference()
{
   static $someref = 0;
   $someref++;
   return $someref;
}
$newref = &returns_reference();          //返回引用，相当于$newref = &$someref;
echo $newref."<br/>";                    //1
$notref = returns_reference();           //值传递的是副本
$newref = 100;
echo $notref;                            //2
$newref = 100;
echo returns_reference();                //101
?>
```

实例 5.17 在浏览器中访问的结果如图 5.14 所示。

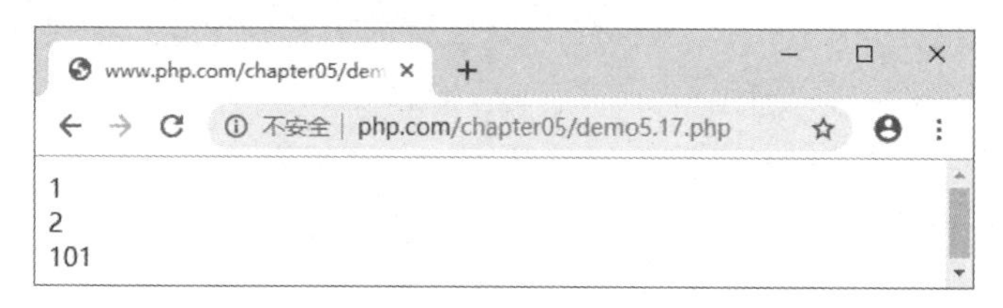

图 5.14　实例 5.17 的运行结果

【实例 5.18】 声明返回值类型（PHP 7 以上版本）。

程序代码：

```
<?php
function sum ( $a , $b ):   float {
```

```
        return $a + $b ;
    }
    var_dump ( sum ( 1 , 2 ));
    ?>
```

实例 5.18 在浏览器中访问的结果如图 5.15 所示。

图 5.15　实例 5.18 的运行结果

【实例 5.19】　开启严格类型校验模式（PHP 7 以上版本）。

程序代码：

```
<?php
declare( strict_types = 1 );
function sum ( $a , $b ):   int {
        return $a + $b ;
}
var_dump ( sum ( 1 , 2 ));
var_dump ( sum ( 1 , 2.5 ));
?>
```

实例 5.19 在浏览器中访问的结果如图 5.16 所示。

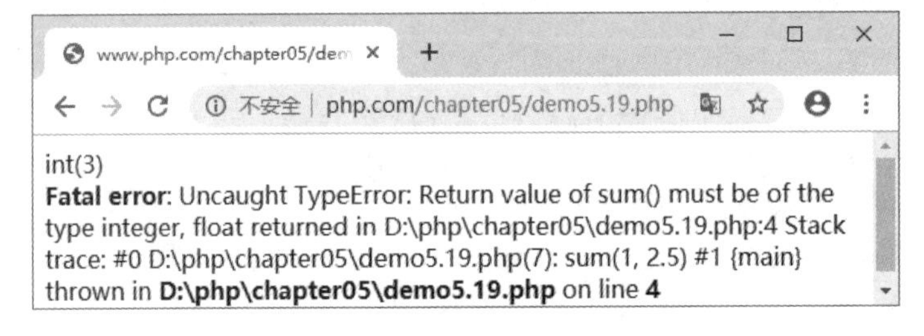

图 5.16　实例 5.19 的运行结果

说明：默认情况下，所有的 PHP 文件都处于弱类型校验模式。可以通过 declare 指定 strict_types 的值（1 或 0），1 表示严格类型校验模式，作用于函数调用和返回语句；0 表示弱类型校验模式。declare(strict_types=1)必须是文件的第一条语句，如果这个语句出现在文件的其他地方，将会产生编译错误。

5. 可变函数

可变函数是指以一个变量作为函数名来调用的函数，会随着变量值的改变而调用不同的函数，常用的语法格式如下：

```
$variable()
```

【实例 5.20】　演示可变函数的使用方法。

程序代码：

```
<?php
function foo()
```

```
{
    echo "In foo()<br/>\n";
}
function bar($arg = '')
{
    echo "In bar(); argument was '$arg'.<br/>\n";
}
// echo()函数的外壳函数
function echoit($string)
{
    echo $string;
}
$func = 'foo';
$func();                    // 调用 foo()
$func = 'bar';
$func('test');              // 调用 bar()
$func = 'echoit';
$func('test');              // 调用 echoit()
?>
```

实例 5.20 在浏览器中访问的结果如图 5.17 所示。

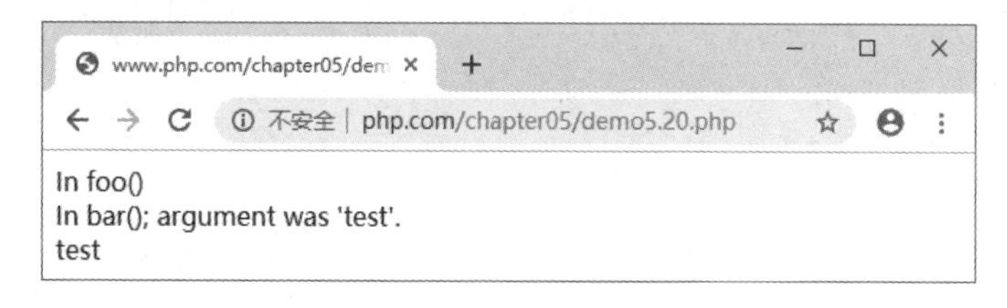

图 5.17　实例 5.20 的运行结果

变量函数不能用于语言结构，如 echo()、print()、unset()、isset()、empty()、include()、require()等。如果需要对它们调用变量函数，则可以为其定义一个外壳函数，然后调用外壳函数。

6．匿名函数

匿名函数也称闭包函数，它是一个没有函数名的函数，通常会作为回调函数的参数，它的语法格式如下：

```
function (参数列表){
语句;
}
```

匿名函数也可以与一个变量绑定，其常用语法格式如下：

```
$varable = function (参数列表){
语句;
}
```

【实例 5.21】 匿名函数作为回调函数示例。

程序代码：

```
<?php
echo preg_replace_callback ( '~-([a-z])~' , function ( $match ) {
```

```
        return strtoupper ( $match [ 1 ]);
    },  'hello-world' );
    ?>
```

实例 5.21 在浏览器中访问的结果如图 5.18 所示。

图 5.18　实例 5.21 的运行结果

【实例 5.22】 匿名函数变量赋值示例。

程序代码：

```
<?php
$greet = function( $name )
{
        printf ( "Hello %s\r\n" , $name );
};

$greet ( 'World' );
$greet ( 'PHP' );
?>
```

实例 5.22 在浏览器中访问的结果如图 5.19 所示。

图 5.19　实例 5.22 的运行结果

5.1.3　任务实现

通过对函数知识的讲解，我们已经了解了自定义函数的方法，下面将详细介绍本小节任务的实现。程序代码如下：

```
<!doctype html>
<html>
<head>
<meta charset="utf-8">
<title>推算属相</title>
</head>
<body>
<form method="post" >
出生年份:<input  type="text"  name="year"  placeholder="请输入您的出生年份"  value="<?=
$_POST["year"]??'2004'?>"/>
<input type="submit"  name="btncompute"  value="推算"/>
</form>
```

```
<?php
function getAnimal($year)
{
        $animal="";
        switch($year%12)
        {
        case 4:$animal= "鼠"; break;
        case 5:$animal= "牛"; break;
        case 6:$animal= "虎"; break;
        case 7:$animal= "兔"; break;
        case 8:$animal= "龙"; break;
        case 9:$animal= "蛇"; break;
        case 10:$animal= "马"; break;
        case 11:$animal= "羊"; break;
        case 0:$animal= "猴"; break;
        case 1:$animal= "鸡"; break;
        case 2:$animal= "狗"; break;
        case 3:$animal= "猪"; break;
        }
        return $animal;
}

if(isset($_POST["btncompute"]))
{
        $year=$_POST["year"];
        echo '您的属相是:' .getAnimal($year);
}
?>
</body>
</html>
```

在浏览器中访问的结果如图 5.20 所示。

图 5.20　任务运行结果

5.2　从防止 SQL 注入中学习字符串处理函数

SQL 注入是比较常见的网络攻击方式之一，它不是利用操作系统的 bug 来实现攻击的，而是针对程序员编程时的疏忽，通过 SQL 语句实现无账号登录，甚至篡改数据库。本小节引入一个任务：如何防止 SQL 注入？

5.2.1 任务分析

关于 Web 应用程序的安全性，必须认识到的第一件事是不应该信任外部数据。外部数据包括不是由程序员在 PHP 代码中直接输入的任何数据。在采取措施确保安全之前，任何其他来源（比如 GET 变量、表单 POST、数据库、配置文件、会话变量或 Cookie）的数据都是不可信任的。在 SQL 注入攻击中，用户通过操纵表单或 GET 查询字符串，将信息添加到数据库查询中。解决方案很简单，就是对用户输入的信息使用相应的字符串处理函数过滤掉其中的非法字符。

5.2.2 相关知识

1. 字符串的格式化

在程序运行的过程中，字符串往往并不都是以我们需要的形式出现的，此时，就需要对字符串进行格式化处理，如删除字符串中多余的空格等。

1）去除字符串首尾空格与特殊字符

（1）ltrim()函数。

函数语法：

```
string ltrim (string $str[, string $charlist])
```

函数说明：去除字符串头部的空格等特殊字符，如果指定了第 2 个参数，则去除字符串头部中由第 2 个参数指定的字符。

【实例 5.23】 使用 ltrim()函数去除左侧空格和字符。

程序代码：

```
<?php
echo ltrim("    I'm a PHP programmer.        "); //将输出“I'm a PHP programmer.        ”
echo ltrim("'    I'm a PHP programmer.'","'"); /*将去除开头的“'” */
?>
```

实例 5.23 在浏览器中访问的结果如图 5.21 所示。

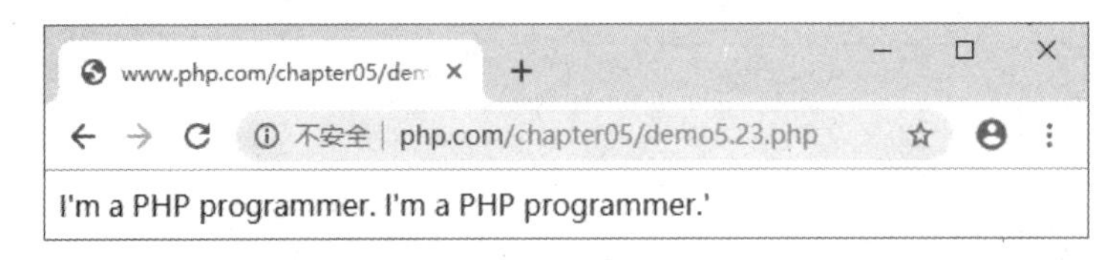

图 5.21　实例 5.23 的运行结果

（2）rtrim()函数。

函数语法：

```
string rtrim (string $str[, string $charlist])
```

函数说明：去除字符串尾部的空格等特殊字符，如果指定了第 2 个参数，则去除字符串尾部中由第 2 个参数指定的字符。

【实例 5.24】 使用 rtrim()函数去除右侧空格和字符。

程序代码：

```
<?php
echo rtrim("    I'm a PHP programmer.        ");
echo rtrim("'    I'm a PHP programmer.'","'");
?>
```

实例 5.24 在浏览器中访问的结果如图 5.22 所示。

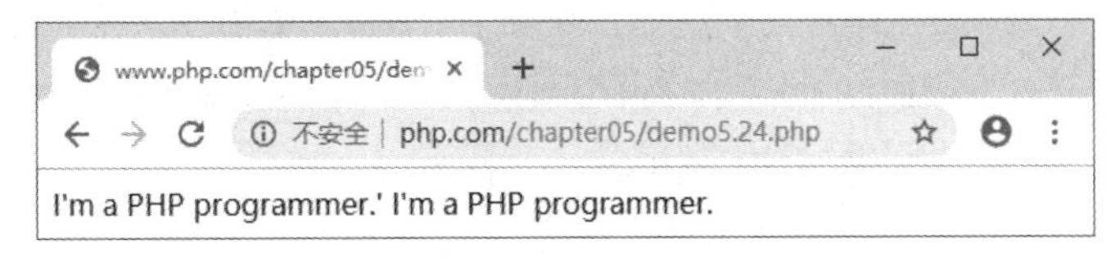

图 5.22 实例 5.24 的运行结果

（3）trim()函数。

函数语法：

```
string trim(string $str[, string $charlist])
```

函数说明：去除字符串头部和尾部的空格等特殊字符，如果指定了第 2 个参数，则去除字符串头部和尾部中由第 2 个参数指定的字符。

【实例 5.25】 使用 trim()函数去除首尾空格和字符。

程序代码：

```
<?php
echo trim("    I'm a PHP programmer.        ");
echo trim("'    I'm a PHP programmer.'","'");
?>
```

实例 5.25 在浏览器中访问的结果如图 5.23 所示。

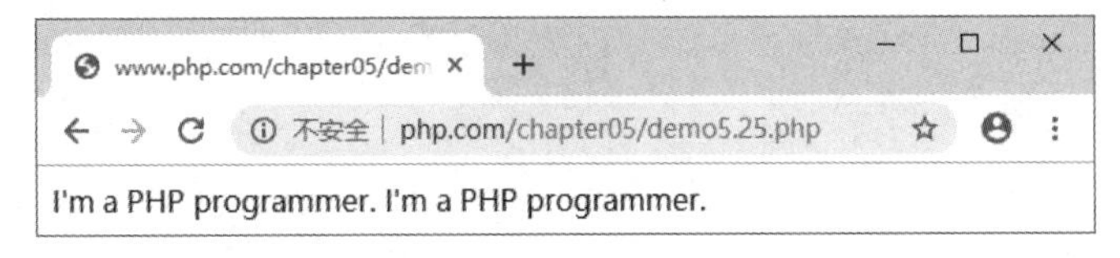

图 5.23 实例 5.25 的运行结果

2）字符串的大小写转换

（1）strtoupper()函数。

函数语法

```
string strtoupper(string $string)
```

函数说明：将字符串 string 的字母全部以大写字母的形式返回。

【实例 5.26】 演示 strtoupper()函数的使用方法。

程序代码：

```
<?php
echo strtoupper("PHPer"); //将得到 PHPER
?>
```

实例 5.26 在浏览器中访问的结果如图 5.24 所示。

图 5.24　实例 5.26 的运行结果

（2）strtolower()函数。

函数语法：

```
string strtolower(string $string)
```

函数说明：将字符串 string 的字母全部以小写字母的形式返回。

【实例 5.27】 演示 strtolower()函数的使用方法。

程序代码：

```
<?php
echo strtolower("PHPer"); //将得到 phper
?>
```

实例 5.27 在浏览器中访问的结果如图 5.25 所示。

图 5.25　实例 5.27 的运行结果

3）格式化数字的函数

函数语法：

```
string number_format ( float number [, int decimals [, string dec_point, string thousands_sep]] )
```

函数说明：number_format 通过千位分组来格式化数字。该函数支持 1 个、2 个或 4 个参数。

【实例 5.28】 演示 number_format()函数的使用方法。

程序代码：

```
<?php
echo number_format("1000000");
echo "<br/>";
echo number_format("1000000",2);
echo "<br/>";
echo number_format("1000000",2,",",".");
?>
```

实例 5.28 在浏览器中访问的结果如图 5.26 所示。

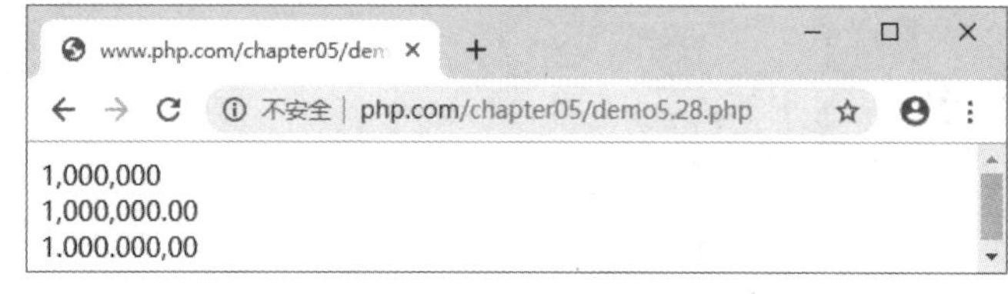

图 5.26　实例 5.28 的运行结果

4）格式化字符串的函数

格式化字符串函数用于将字符串按照指定的格式格式化并返回或者输出。PHP 提供了多个格式化字符串的函数，其语法格式如下：

```
int printf ( string $format [, mixed $args [, mixed $... ]] )
string sprintf ( string $format [, mixed $args [, mixed $... ]] )
int vprintf ( string $format , array $args )
string vsprintf ( string $format , array $args )
```

以上四个函数中的参数 format 为格式化字符串；参数 args 为参量表，参量表中的值会按照参数 format 中的格式进行格式化。printf()函数和 vprintf()函数输出格式化后的字符串，sprintf()和 vsprintf()函数返回格式化后的字符串而不做输出。在介绍这些函数的使用方法之前，我们首先需要学习格式化的字符串的形式。常用的格式化字符如下：

☑ %d：十进制有符号整数；
☑ %u：十进制无符号整数；
☑ %f：浮点数；
☑ %s：字符串；
☑ %c：单个字符（ASCII 码值）；
☑ %e：指数形式的浮点数；
☑ %x：以十六进制表示的无符号整数（小写字母形式）；
☑ %X：以十六进制表示的无符号整数（大写字母形式）；
☑ %o：以八进制表示的无符号整数。

这些格式化字符可以加入字符串中让格式化字符串函数进行相应的处理。

【实例 5.29】 使用格式化字符串函数将浮点数格式化为十进制有符号整数后输出。

程序代码：

```
<?php
    header('Content-Type:text/html;charset=gbk');          //指定网页编码为 gbk
    $num=123.456;                                          //定义一个浮点数变量
    printf('以整数形式输出：%d',$num);                      //格式化为十进制有符号整数后输出
?>
```

实例 5.29 在浏览器中访问的结果如图 5.27 所示。

图 5.27　实例 5.29 的运行结果

需要注意的是，将浮点数格式化为有符号十进制整数会直接将小数部分舍去而不会进行四舍五入；格式化字符串中的格式化字符需要有对应的参数与它匹配，否则就会出现一个参数太少的警告信息。

【实例 5.30】 演示格式化字符串函数的正确形式。

程序代码：

```
<?php
    header('Content-Type:text/html;charset=gbk');//指定网页编码为 gbk
    $num=123456.789;//定义一个浮点数
    // 以两种形式格式化输出
    printf('以整数形式输出：%d，以指数形式输出：%e',$num,$num);
?>
```

实例 5.30 在浏览器中访问的结果如图 5.28 所示。

图 5.28　实例 5.30 的运行结果

上述第 5 行代码中有两个格式化字符“%d”和“%e”，那么就需要两个参数与其对应。但是可以看到这两个格式化字符都对应于一个参数，这时可以使用占位符来省略多次传入相同的参数。占位符被插在“%”符号之后，由数字和“$”组成，使用的形式如下：

```
printf('以整数形式输出：%d，以指数形式输出：%e',$num,$num)
printf('以整数形式输出：%1$d，以指数形式输出：%1$e',$num)
```

注意：在双引号形式的字符串中需要将“$”符号转义，即“\$”形式。

【实例 5.31】 使用占位符修改实例 5.30 中的代码。

程序代码：

```
<?php
    header('Content-Type:text/html;charset=gbk');//指定网页编码为 gbk
    $num=123456.789;//定义一个浮点数
    //以两种形式格式化输出
    printf('以整数形式输出：%1$d，以指数形式输出：%1$e',$num);
?>
```

实例 5.31 在浏览器中访问的结果如图 5.29 所示。

图 5.29　实例 5.31 的运行结果

从运行结果可以看出，代码在改写后同样实现了实例 5.30 中的结果。

我们可以在格式化字符中间加入数字来规定最大的宽度，以下为几个示例及说明。

%3d：输出一个宽度为 3 的有符号整数。

%5.2f：输出一个宽度为 5 的浮点数，其中小数位为 2 位，整数位为 2 位，因为小数点会占据一个宽度的位置。

%.3f：要求格式化后的值的小数位为 3 位（浮点数可以不指定其总体的宽度而只指定其小数位的宽度）。

%3.5s：要求格式化的字符串在 3～5 位宽度，第 5 个字符以后的部分将会被舍弃。

%05s：要求格式化的字符串的宽度为 5 位，不足的位以 0 补充。

注意：如果字符串的长度或整型数位数超过说明的宽度，将按其实际长度输出；对于浮点数，若整数部分位数超过了说明的整数位宽度，将按实际整数位输出；若小数部分位数超过了说明的小数位宽度，则按说明的宽度四舍五入后输出。

【实例 5.32】 在格式化字符中间加入数字来限制格式化后的宽度。

程序代码：

```
<?php
    header('Content-Type:text/html;charset=gbk');//指定网页编码为 gbk
    $num=1234.56789;//定义一个浮点数
    $str='Hello';//定义一个字符串
    //格式化输出
    printf('输出 3 位小数变量$num 的值：%.3f，输出字符串变量$str 的 3 个字符：%0.3s',$num,$str);
?>
```

实例 5.32 在浏览器中访问的结果如图 5.30 所示。

图 5.30　实例 5.32 的运行结果

2．字符串的连接和分割

在 PHP 程序设计过程中，经常需要定义各种各样的字符串，就会碰到多个字符串合并或者将一个大字符串分割成为几个子字符串的应用需求。

（1）explode()函数。

函数语法：

```
array explode(string $separator, string $string[, int $limit])
```

函数说明：使用一个字符串来分割另一个字符串。将字符串$string 用$separator 来分割，每出现一次$separator，就多出一个由两个$separator 之间的字符组成的字符串元素，函数最后的返回值是一个数组。如果使用了第 3 个参数$limit，则函数返回的数组最多包含$limit 个元素，剩余未被分割的字符串作为最后一个元素。该函数在实际使用时，最常见的$separator 是空格或“||”“,”。

【实例 5.33】使用 explode()函数将一个字符串分割为多个单词并作为数组的元素输出。

程序代码：

```
<?php
    $str='PHP is a very good programming language';     //定义一个字符串
    $arr=explode(' ',$str);                              //使用空格分割字符串
    print_r($arr);                                       //输出生成的数组
?>
```

实例 5.33 在浏览器中访问的结果如图 5.31 所示。

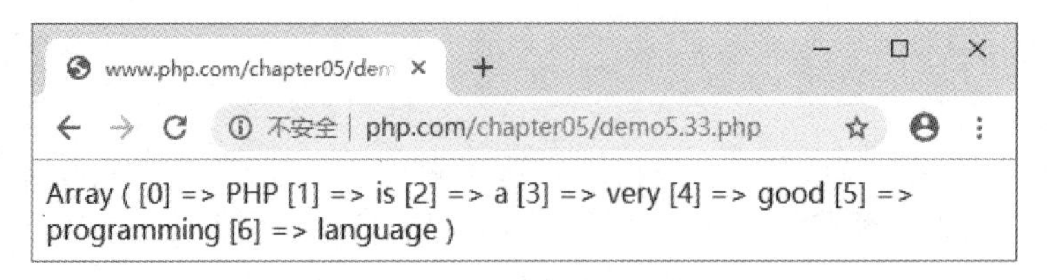

图 5.31　实例 5.33 的运行结果

从运行结果得知，每个单词都被作为了数组的元素。接下来我们使用参数$limit 来限制生成数组元素的个数。

【实例 5.34】 通过设置 explode()函数的参数$limit 来限制生成的数组元素个数。

程序代码：

```
<?php
    $str='PHP is a very good programming language';        //定义一个字符串
    $arr=explode(' ',$str,3);              //使用空格分割字符串并限制生成数组的元素个数
    print_r($arr);                         //输出生成的数组
?>
```

实例 5.34 在浏览器中访问的结果如图 5.32 所示。

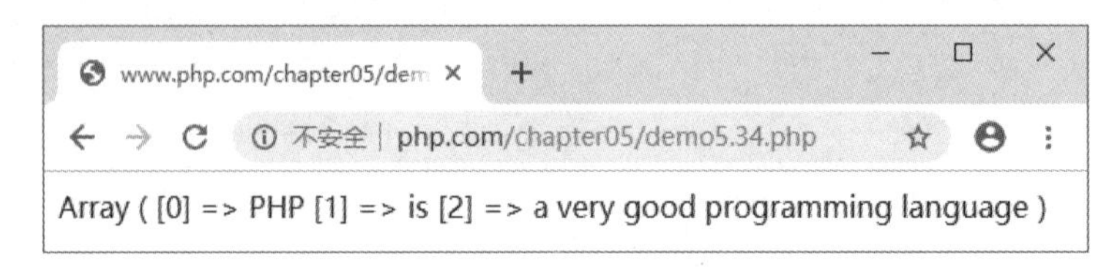

图 5.32　实例 5.34 的运行结果

需要注意的是，最后一个数组元素将接收全部剩余没有被分割的字符。

（2）implode()函数。

函数语法：

```
string implode(string $glue, array $pieces)
```

函数说明：把数组的各元素合成为一个用$glue 连接起来的字符串。

【实例 5.35】 使用 implode()函数将一个数组元素合并为一个字符串。

程序代码：

```
<?php
$area = array("Beijing", "Shanghai", "Tianjin", "Chongqing");
$c_area = implode(",", $area);
echo $c_area;
?>
```

实例 5.35 在浏览器中访问的结果如图 5.33 所示。

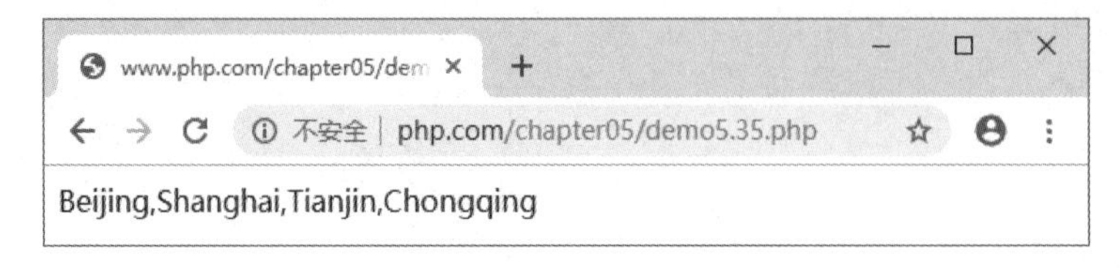

图 5.33　实例 5.35 的运行结果

（3）substr()函数。

函数语法：

```
string substr(string $string, int $start[, int $length])
```

函数说明：取得字符串$string 从$start 开始的$length 长度的子字符串，如果没有参数$length，则取到$string 的最后一个字符。

【实例 5.36】 使用 substr()函数取字符串的子字符串。

程序代码：

```
<?php
echo substr('abcdef', 1)."<br/>";    //bcdef
echo substr('abcdef', 1, 3)."<br/>"; //bcd
echo substr('abcdef', 0, 4)."<br/>"; //abcd
echo substr('abcdef', 0, 8)."<br/>"; //abcdef
echo substr('abcdef', -1, 1)."<br/>"; //f
echo substr("abcdef", -1)."<br/>";   //f
echo substr("abcdef", -2)."<br/>";   //ef
echo substr("abcdef", -3, 1)."<br/>"; //d
echo substr("abcdef", 0, -1)."<br/>"; //abcde
echo substr("abcdef", 2, -1)."<br/>"; //cde
echo substr("abcdef", 4, -4)."<br/>"; //空值
echo substr("abcdef", -3, -1)."<br/>";//de
?>
```

实例 5.36 在浏览器中访问的结果如图 5.34 所示。

图 5.34　实例 5.36 的运行结果

（4）strtok()函数。

函数语法：

```
string strtok(string $str, string $token)
```

函数说明：将字符串$str 用字符串$token 切开成小段小段的字符串，返回$token 第一次出现前的部分子字符串，如果重复执行该函数，则不再需要参数$str，将依次返回后续的下一个$token 出现前的部分子字符串。

【实例 5.37】 使用 strtok()函数分割字符串。

程序代码：

```
<?php
header('Content-Type:text/html;charset=gbk');//指定网页编码为 gbk
```

```
$string = "I like this game";
$tok = strtok($string, " ");
while($tok) {
        echo "单词=".$tok." ";
        $tok = strtok(" "); //只有第一次调用 strtok()函数时需要使用参数$string
}
?>
```

实例 5.37 在浏览器中访问的结果如图 5.35 所示。

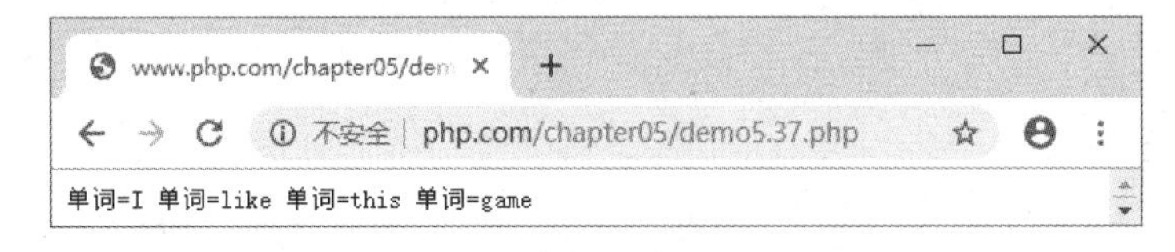

图 5.35　实例 5.37 的运行结果

3. 字符串的查找

字符串查找函数大致分三类：返回指定字符串第一次出现的位置、返回字符串最后一次出现的位置、返回字符串的子串。下面分别介绍这三类函数。

1）字符串的查找：strstr()、stristr()和 strrchr()函数

（1）strstr()函数。

函数语法：

```
string strstr(string $haystack, string $needle, bool $before_needle)
```

函数说明：在字符串$haystack 中查找子字符串$needle 第一次出现的位置，并返回字符串$haystack 中从子字符串$needle 开始到母字符串结束的部分。如果参数$before_needle 为 true，则返回字符串$haystack 中从开始到子字符串$needle 第一次出现位置之间的字符串。

【实例 5.38】 使用 strstr()函数根据条件返回字符串的子串的方法。

程序代码：

```
<?php
echo strstr("abcdefeg", "e"); //返回 efeg
?>
```

实例 5.38 在浏览器中访问的结果如图 5.36 所示。

图 5.36　实例 5.38 的运行结果

（2）stristr()函数。

函数语法：

```
string stristr(string $haystack, string $needle, bool $before_needle)
```

函数说明：与 strstr()类似，不同之处为本函数不区分大小写。

【实例 5.39】 使用 stristr()函数根据条件返回字符串的子串。

程序代码：

```
<?php
echo stristr("abcdEfeg", "e"); //返回 Efeg
echo "<br/>";
echo stristr("abcdefeg", "e"); //返回 efeg
?>
```

实例 5.39 在浏览器中访问的结果如图 5.37 所示。

图 5.37　实例 5.39 的运行结果

（3）strrchr()函数。

函数语法：

```
string strrchr(string $haystack, string $needle)
```

函数说明：本函数用来寻找字符串$haystack 中的字符$needle 最后一次出现的位置，并返回从此位置起至字符串$haystack 结束之间的字符串，若没有找到$needle 则返回 false。

【实例 5.40】 使用 strrchr()函数根据条件返回字符串的子串。

程序代码：

```
<?php
echo strrchr("abcdefeg", "e"); //返回 eg
?>
```

实例 5.40 在浏览器中访问的结果如图 5.38 所示。

图 5.38　实例 5.40 的运行结果

2）查找子字符串的位置：strpos()、strrpos()、stripos()和 strripos()函数

（1）strpos()函数。

函数语法：

```
int strpos(string $haystack, mixed $needle[, int $offset])
```

函数说明：寻找字符串$haystack 中的字符$needle 第一次出现的位置，若找不到指定的字符则返回 false。值得注意的是，$needle 只能是一个字符，中文字符等就不合适了。参数 offset 表示从 offset 位置开始找，可省略。

【实例 5.41】 使用 strpos()函数根据条件返回子字符串的位置。

程序代码：

```
<?php
echo strpos("abcdefeg", "e");
?>
```

实例 5.41 在浏览器中访问的结果如图 5.39 所示。

图 5.39　实例 5.41 的运行结果

（2）strrpos()函数。

函数语法：

```
int strrpos(string $haystack, string $needle[, int $offset])
```

函数说明：与 strpos()类似，不同之处是查找并返回$needle 最后一次出现的位置。

【实例 5.42】 使用 strpos()函数根据条件返回子字符串的位置。

程序代码：

```
<?php
echo strrpos("abcdefeg", "e");
?>
```

实例 5.42 在浏览器中访问的结果如图 5.40 所示。

图 5.40　实例 5.42 的运行结果

（3）stripos()和 strripos()函数。

函数语法：

```
int stripos(string $haystack, string $needle[, int $offset])
```

函数说明：与 strpos()类似，忽略大小写。

函数语法：

```
int strripos(string $haystack, string $needle[, int $offset])
```

函数说明：与 strrpos()类似，忽略大小写。

4．字符串的替换

PHP 提供了非常灵活的字符串替换函数，下面主要介绍 str_replace()和 substr_replace()函数。

（1）str_replace()函数。

函数语法：

```
mixed str_replace ( mixed $search , mixed $replace , mixed $subject
[, int &$count ] )
```

函数说明：str_replace()函数用于替换字符串中指定的字符串。

参数 search 为目标字符串；参数 replace 为要替换的字符串；参数 subject 为源字符串；可选参数 count 接收一个变量，用于统计替换发生的次数。可以看到 str_replace()函数的返回值和函数的必选参数的类型都为混合类型，这就使得该函数的使用非常灵活多变。首先我们来看一个该函数最简单的使用形式的示例。

【实例 5.43】 演示 str_replace()函数最简单的使用形式。

程序代码：

```
<?php
    header('Content-Type:text/html;charset=gbk'); //指定网页编码为 gbk
    $str='Hello world!';                            //定义源字符串
    $search='o';                                    //定义将被替换的字符
    $replace='O';                                   //定义替换的字符串
    $res=str_replace($search,$replace,$str);        //使用函数处理字符串
    echo "{$str}替换后的效果为：{$res}";
?>
```

实例 5.43 在浏览器中访问的结果如图 5.41 所示。

图 5.41　实例 5.43 的运行结果

这段示例代码很好理解，就是将字符串中的小写字母“o”替换为大写字母“O”。我们可以使用可选参数来获取替换发生的次数。

【实例 5.44】 使用 str_replace()函数的可选参数获取替换发生的次数。

程序代码：

```
<?php
    header('Content-Type:text/html;charset=gbk');        //指定网页编码为 gbk
    $str='Hello world!';                                 //定义源字符串
    $search='o';                                         //定义将被替换的字符
    $replace='O';                                        //定义替换的字符串
    $res=str_replace($search,$replace,$str,$count);      //使用可选参数记录替换次数
    echo "{$str}替换后的效果为：<br/>{$res}";
    echo "<br/>替换发生的次数为{$count}";
?>
```

实例 5.44 在浏览器中访问的结果如图 5.42 所示。

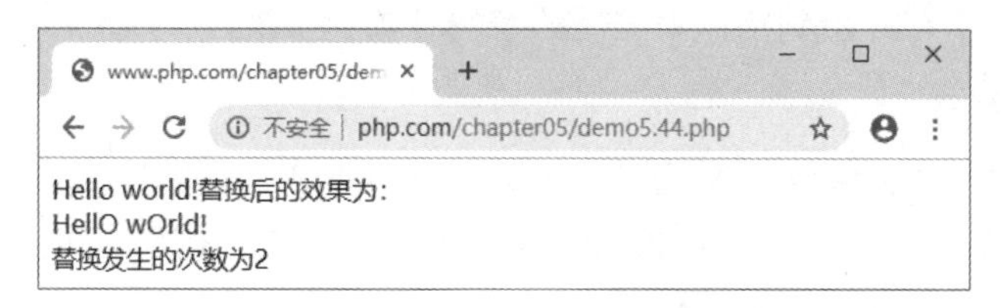

图 5.42　实例 5.44 的运行结果

从运行结果中可以看到，在代码中通过为可选参数传递一个变量从而统计了替换发生的次数。

PHP 中还有一个与 str_replace()对应的函数 str_ireplace()，该函数是 str_replace()不区分大小写的版本。

函数语法

mixed str_ireplace (mixed $search , mixed $replace , mixed $subject [, int &$count])

函数说明：与 str_replace()类似，不再详细介绍。

（2）substr_replace()函数。

函数语法

mixed substr_replace (mixed $string , string $replacement , int $start [, int $length])

函数说明：substr_replace()函数用来替换字符串中的子串。

参数 string 为源字符串；参数 replacement 为替换的字符串；参数 start 为替换开始的位置，如果为负数则从字符串末尾向前数。可选参数 length 为正数表示要替换源字符中字符的个数；为负数则表示替换从 start 位置开始到距离结尾 length 长度范围内的字符；为 0 则表示不替换任何字符，而是将 replacement 字符插入到 start 指定的位置。默认情况下为替换所有字符。

【实例 5.45】 演示 substr_replace()函数的使用形式。

程序代码：

```
<?php
header('Content-Type:text/html;charset=gbk');          //指定网页编码为 gbk
      $str='programming';                               //定义一个字符串
      $replacement='er';                                //定义替换的字符串
      $res=substr_replace($str,$replacement,8);         //处理字符串
      echo "{$str}执行替换后的效果：<br />{$res}";
?>
```

实例 5.45 在浏览器中访问的结果如图 5.43 所示。

图 5.43　实例 5.45 的运行结果

结合运行结果和代码，很容易理解 substr_replace()函数在本例中的执行过程，将$str 变量字符串从第 8 个字符开始到字符串结尾的字符替换为“er”。

5．字符串的比较

在现实生活中，我们经常需要按照姓氏笔画的多少或拼音顺序来排序，26 个英文字母和 10 个阿拉伯数字也能按照从小到大或从大到小的规则进行排序，由字母和数字组成的字符串同样可以按照指定的规则来排列顺序。

PHP 提供了 strcmp()、strcasecmp()和 strnatcmp()等函数来对字符串进行排序比较。

（1）strcmp()函数。

函数语法

int strcmp(string $str1, string $str2)

函数说明：strcmp()函数用来比较两个字符串的大小，返回负数表示 str1 小于 str2，返

回正数表示 str1 大于 str2，返回 0 表示两个字符串相同。

【实例 5.46】 演示 strcmp()函数的使用方法。

程序代码：

```
<?php
echo strcmp('a', 'A');          //返回 1
echo strcmp('Hello', 'hello'); //返回-1
echo strcmp('a', '2');          //返回 1
echo strcmp('Bca', 1);          //返回 1
?>
```

实例 5.46 在浏览器中访问的结果如图 5.44 所示。

图 5.44 实例 5.46 的运行结果

（2）strcasecmp()函数。

函数语法：

```
int strcasecmp(string $str1, string $str2, int $len)
```

函数说明：strcasecmp()用来比较参数 str1 和 str2 字符串，比较时会自动忽略大小写的差异，第 3 个参数$len 表示要比较的长度。

【实例 5.47】 演示 strcasecmp()函数的使用方法。

程序代码：

```
<?php
echo strcasecmp("Hello", "hello"); //返回 0
echo strncmp("abcdd", "aBcde", 3); //返回 1
?>
```

实例 5.47 在浏览器中访问的结果如图 5.45 所示。

图 5.45 实例 5.47 的运行结果

（3）strnatcmp()函数。

函数语法：

```
int strnatcmp(string $str1, string $str2)
```

函数说明：按照自然规则比较两个字符串的大小，返回负数表示 str1 小于 str2，返回正数表示 str1 大于 str2，返回 0 表示两个字符串相同。

【实例 5.48】 演示 strnatcmp()函数的使用方法。

程序代码：

```
<?php
```

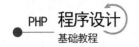

```
echo strnatcmp("10.gif", "5.gif"); // 返回 1
?>
```

实例 5.48 在浏览器中访问的结果如图 5.46 所示。

图 5.46 实例 5.48 的运行结果

（4）获取字符串长度。字符串是由一个或多个字符组成的，如何能得知某个特定的字符串是由多少个字符组成的呢？PHP 提供了 strlen()函数来获得字符串的长度。

函数语法：

```
int strlen(string $string)
```

函数说明：返回字符串 string 的长度。

【实例 5.49】 演示 strlen()函数的使用方法。

程序代码：

```
<?php
echo strlen("10.gif");
?>
```

实例 5.49 在浏览器中访问的结果如图 5.47 所示。

图 5.47 实例 5.49 的运行结果

6．字符串的加密与编码

为了保护敏感的信息，我们通常将其内容加密后存储。PHP 提供了多个加密函数，最常用的是 MD5 散列加密。

1）字符串的 MD5 加密

函数语法：

```
string md5(string $str[, bool $raw_output])
```

函数说明：返回字符串 str 的 MD5 散列值。

【实例 5.50】 演示 md5()函数的使用方法。

程序代码：

```
<?php
echo md5("a")."<br/>";
echo md5("china");
?>
```

实例 5.50 在浏览器中访问的结果如图 5.48 所示。

图 5.48　实例 5.50 的运行结果

2）字符串的编码

（1）urlencode()函数。

函数语法：

```
string urlencode(string $str)
```

函数说明：将字符串 str 按照 URL 方式编码，除“-”、“_”和“.”外的所有非字母数字字符都将被替换成百分号“%”后跟两位十六进制数，空格则编码为加号“+”。

【实例 5.51】 演示 urlencode()函数的使用方法。

程序代码：

```
<?php
echo urlencode("php 程序员");
?>
```

实例 5.51 在浏览器中访问的结果如图 5.49 所示。

图 5.49　实例 5.51 的运行结果

（2）urldecode()函数。

函数语法：

```
string urldecode(string $str)
```

函数说明：解码已编码字符串中的“%##”，返回解码后的字符串。

【实例 5.52】 演示 urldecode()函数的使用方法。

程序代码：

```
<?php
header('Content-Type:text/html;charset=gbk');//指定网页编码为 gbk
echo urldecode("php%B3%CC%D0%F2%D4%B1");
?>
```

实例 5.52 在浏览器中访问的结果如图 5.50 所示。

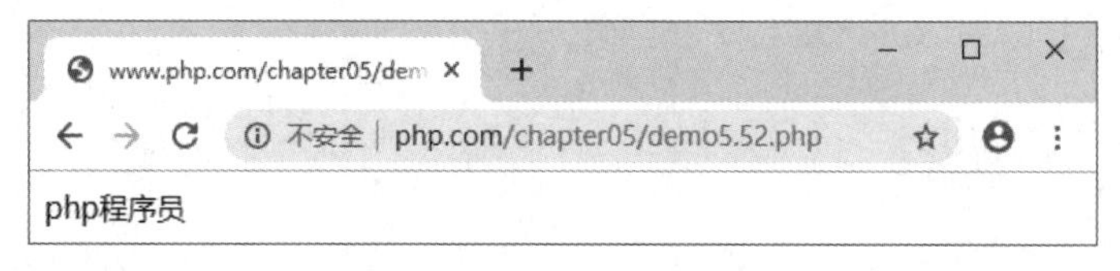

图 5.50　实例 5.52 的运行结果

（3）base64_encode()函数。

函数语法：

```
string base64_encode(string $data)
```

函数说明：返回使用 base64_encoded 对 data 字符串进行的编码。设计此种编码是为了使二进制数可以通过非纯 8-bit 的传输层进行传输，例如电子邮件的主体。base64_encoded 数据要比原始数据多占用 33%左右的空间。

【实例 5.53】 演示 base64_encode()函数的使用方法。

程序代码：

```
<?php
echo base64_encode("php 程序员");
?>
```

实例 5.53 在浏览器中访问的结果如图 5.51 所示。

图 5.51　实例 5.53 的运行结果

（4）base64_decode()函数。

函数语法：

```
string base64_decode(string $encoded_data)
```

函数说明：针对 encoded_data 进行解码，返回原始数据，若失败则返回 false。

【实例 5.54】 演示 base64_decode()函数的使用方法。

程序代码：

```
<?php
header('Content-Type:text/html;charset=gbk');//指定网页编码为 gbk
echo base64_decode("cGhws8zQ8tSx");
?>
```

实例 5.54 在浏览器中访问的结果如图 5.52 所示。

图 5.52　实例 5.54 的运行结果

5.2.3　任务实现

我们已经学习了常用的字符串函数，下面就来实现本小节的任务。

程序代码：

```
<!doctype html>
<html>
```

```
<head>
<meta charset="utf-8">
<title>防止 SQL 注入</title>
</head>
<body>
<form method="post" >
用户名:<input  type="text"  name="username"  placeholder="请输入您的用户名"  value="<?=$_POST
['username']??''?>"/><br/>
密码:<input  type="text"  name="pwd"  placeholder="请输入您的密码"  value="<?=$_POST['pwd']??
''?>"/><br/>
<input type="submit"   name="login"   value="登录"/>
</form>
<?php

function inject_check($str)
{

$str= strtolower($str);
$oldstr=$str;
$str = str_replace("_", "\_", $str);
$str = str_replace("%", "\%", $str);
$str = str_replace("and","",$str);
$str = str_replace("execute","",$str);
$str = str_replace("update","",$str);
$str = str_replace("count","",$str);
$str = str_replace("chr","",$str);
$str = str_replace("mid","",$str);
$str = str_replace("master","",$str);
$str = str_replace("truncate","",$str);
$str = str_replace("char","",$str);
$str = str_replace("declare","",$str);
$str = str_replace("select","",$str);
$str = str_replace("create","",$str);
$str = str_replace("delete","",$str);
$str = str_replace("insert","",$str);
$str = str_replace("'","",$str);
$str = str_replace("#","",$str);
$str = str_replace("\"","",$str);
$str = str_replace(" ","",$str);
$str = str_replace("or","",$str);
$str = str_replace("=","",$str);
$str = str_replace("%20","",$str);
return $str==$oldstr;
}
if(isset($_POST['login']))
{
    $username=$_POST['username'];
    $pwd=$_POST['pwd'];
    if(!inject_check($username)||!inject_check($pwd))
    {
        echo('您输入的信息包含非法字符！');
    }
```

```
        else
        {
                echo '您输入的信息合法';
        }
}
?>
</body>
</html>
```

在浏览器中访问页面并输入不包含特殊字符的用户名和密码，运行结果如图 5.52 所示。

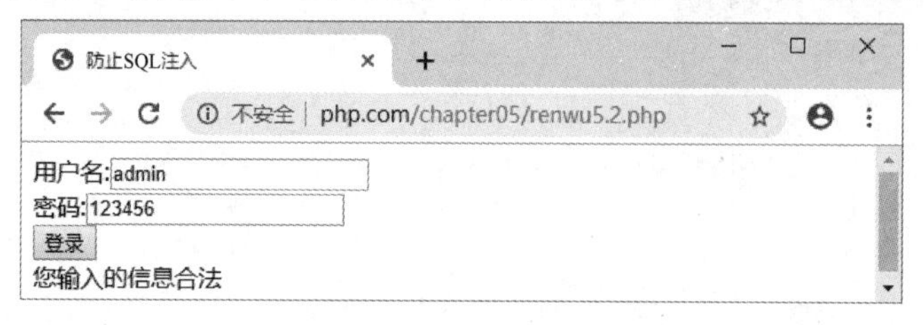

图 5.53　任务运行结果（1）

在浏览器中访问页面并输入包含特殊字符的用户名和密码，运行结果如图 5.53 所示。

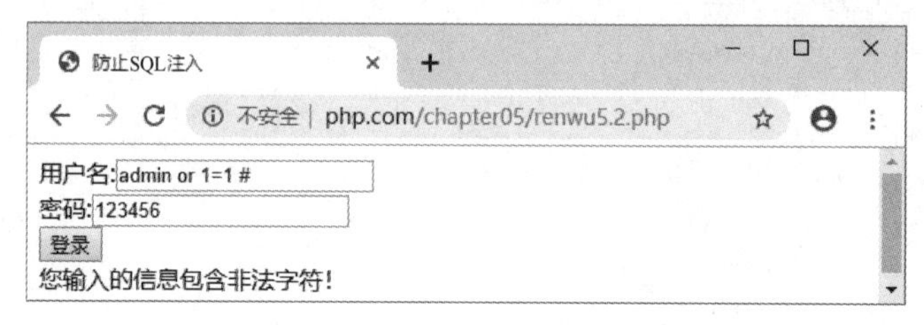

图 5.54　任务运行结果（2）

实训任务 5　PHP 函数的应用

1. 实训目的

☑ 掌握自定义函数的使用方法；
☑ 掌握函数参数传递的方式；
☑ 掌握字符串的格式化输出方法；
☑ 掌握连接和分割字符串的方法；
☑ 掌握查找和替换字符串的方法；
☑ 掌握从字符串中获取子字符串的方法；
☑ 掌握字符串的加密和编码。

2. 项目背景

小菜学习了 PHP 中函数的知识，掌握了在 PHP 中如何自定义函数及自定义函数的使用方法，了解了函数参数传递的方式。他对常用的字符串系统函数也了解了不少，比如字符串的格式化输出、连接和分割字符串、查找和替换字符串、从字符串中获取子字符串、字符串的加密和编码的函数等。大鸟老师想检验一下小菜这段时间的学习成果，于是布置了以下实训任务。

3．实训内容

任务 1：请编写函数实现计算一个数的 n 次方，并编写代码测试该函数。

任务 2：请编写函数实现计算个人所得税，并编写代码测试该函数。

任务 3：请编写函数实现统计一段英文文章中单词的数量，并编写代码测试该函数。

任务 4：请编写函数实现获取数组的最小值和最大值，并编写代码测试该函数。

任务 5：请编写函数实现对数组进行排序，并编写代码测试该函数。

第6章 PHP 中的数组

数组是一种重要的数据类型，据统计，在 PHP 项目开发中，大约有 30%的代码是对数组进行处理的，因此，本书专门用一章来讲解数组的用法。

章节学习目标

☑ 了解 PHP 中数组的特点；
☑ 掌握定义数组的常用方法；
☑ 掌握数组的遍历；
☑ 掌握数组的排序；
☑ 熟悉数组的常用函数。

6.1 数组的概念

在学习数组之前，我们首先应该清楚什么是数组，以及在 PHP 中如何定义数组。

6.1.1 什么是数组

在 Web 项目开发中，我们经常要处理批量数据，比如，统计全班同学的平均成绩，如果还用前面讲的标量变量来存储，每个学生的成绩就需要定义一个标量变量，如果全班有 50 个学生，则需要定义 50 个变量，这样做显然非常麻烦，还容易出错。一般对于这样批量数据的处理，会使用数组类型的变量去存储。数组实质上是一个可以存储一组或一系列数值的变量，操作数组的本质就是操作存储在数组中的数值。

在 PHP 中，存储在数组中的值称为数组元素。如果数组元素只是普通值，如数字、字母等，这个数组就是一维数组；如果数组元素也是数组类型，则是多维数组。由于 PHP 是弱类型语言，所以一个数组中的多个元素可以是不同的数据类型。

每个数组元素由键（key）和值（value）组成。值为数组元素所存储的值，每个数组元素有一个相关的索引，是数组元素的识别名称，相当于该数组元素在整个数组中的门牌号码。键和值是一一对应的关系，称为映射。

在 PHP 中，根据键的数据类型，可以将数组分为索引数组和关联数组。索引数组的键是整数类型，一般情况下是从 0 开始依次递增的整数，叫作数组元素的下标。关联数组的键是字符串类型，而且是人为定义的。

6.1.2 数组的定义

在 PHP 中，提供了多种函数来定义数组，下面讲解其中常用的几种方法。

1. 使用 array()函数创建数组

array()函数是 PHP 中最常用的一种定义数组的方法，它可以定义索引数组，也可以定义关联数组。

（1）创建索引数组（demo6.1.php）。

```
<?php
  //array()创建索引数组，省略键名
  $arr1=array(1,2,3,4);
  var_dump($arr1);
?>
```

程序运行结果如图 6.1 所示。

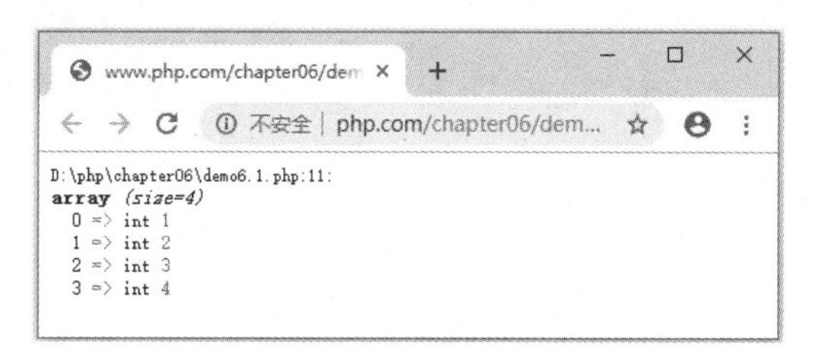

图 6.1 索引数组的运行结果

说明：使用 array()函数创建数组时，如果省略键的定义，则该数组元素的键名从 0 开始，依次递增 1，自动分配，如图 6.1 所示，0=>1，1=>2，2=>3，3=>4，“=>”左侧为键，右侧为值，形成每个数组元素的键值映射。

定义索引数组时，除省略键名自动分配外，也可以指定键名。例如（demo6.2.php）：

```
<?php
    //array()创建索引数组，指定键名
    $arr3=array(5=>2,2=>3,4,5,6);
    $arr4=array(1,2,3,1=>6);
    var_dump($arr3,$arr4);
?>
```

程序运行结果如图 6.2 所示。

说明 1：“$arr3=array(1=>2,2=>3,4,5,6);”定义了$arr3 数组，前面 2 个数组元素指定了键名，分别为 5 和 2；后面 3 个数组元素省略了键名，需要自动分配键名，分配原则是在指定的键名的最大值的基础上依次递增 1，因此，值为 4 的键名为 6，后面依次为 7 和 8。

说明 2：“$arr4=array(1,2,3,1=>6);”定义了$arr4 数组，前面 3 个数组元素省略了键名的定义，因此自动分配为 0,1,2，最后一个值为 6 的元素指定了键名为 1，与前面值为 2 的键名相同，因此，值 6 覆盖了值 2，所以$arr4 数组有 3 个数组元素，如图 6.2 所示。

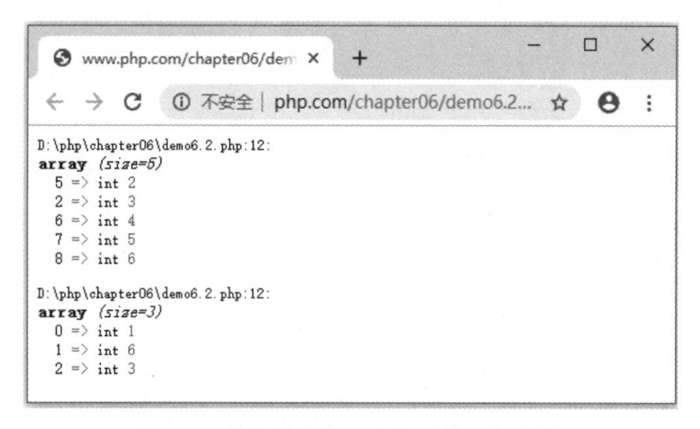

图 6.2　指定键名的索引数组的运行结果

（2）创建关联数组（demo6.3.php）。

```
<?php
    //array()创建关联数组
    $arr2=array("number"=>"01","color"=>"red","name"=>"richer");
    var_dump($arr2);
?>
```

程序运行结果如图 6.3 所示。

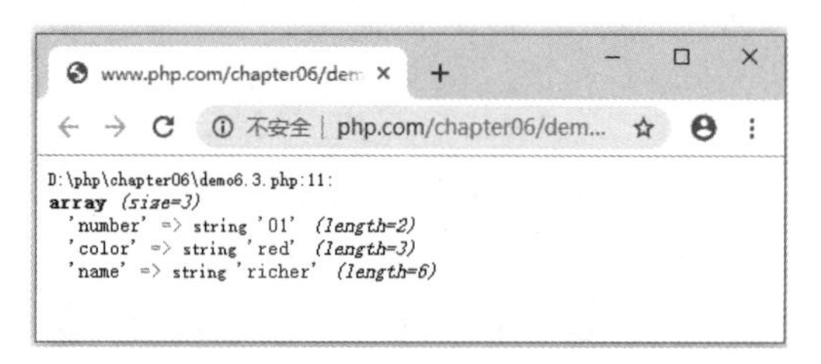

图 6.3　关联数组的运行结果

说明：使用 array()函数创建关联数组时，每个数组元素的键和值都需要定义，而且键的数据类型为字符串类型。每个数组元素的键和值之间用“=>”符号进行连接，左侧字符串为数组元素的键名，右侧为数组元素的值，多个数组元素之间用逗号隔开。注意：所有的符号都是半角。

（3）创建混合数组。使用 array()函数创建数组时，除可以定义索引数组和关联数组外，还可以定义既有索引数组表示方式又有关联数组表示方式的数组元素，称为混合数组。例如下面的代码（demo6.4.php）：

```
<?php
    //array()创建混合数组
    $arr5=array(2,3,"number"=>"01","color"=>"red");
    var_dump($arr5);
?>
```

程序运行结果如图 6.4 所示。

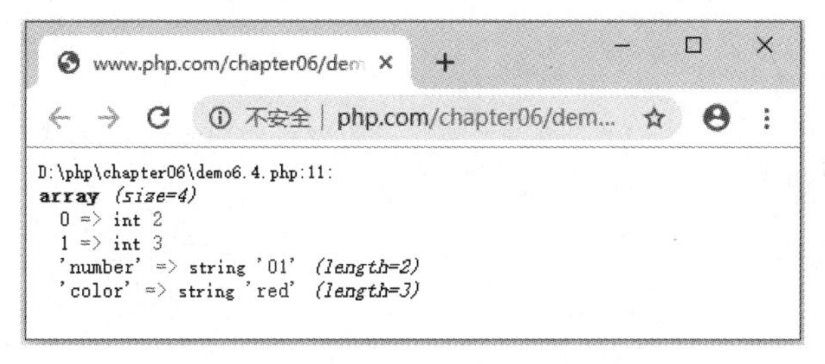

图 6.4　混合数组的运行结果

（4）创建多维数组。如果一个数组的数组元素的类型也是数组类型，那么该数组就是多维数组。多维数组的创建与一维数组方法相同，只是将其中的某些数组元素换成数组类型即可。下面的代码定义了一个二维数组（demo6.5.php）：

```
<?php
    //array()创建多维数组，省略键名
    $arr6=array(
        array("number"=>"01","color"=>"red","name"=>"杨过"),
        array("number"=>"02","color"=>"blue","name"=>"小龙女"),
        array("number"=>"03","color"=>"黑色","name"=>"天山童姥")
    );
    var_dump($arr6);
?>
```

程序运行结果如图 6.5 所示。

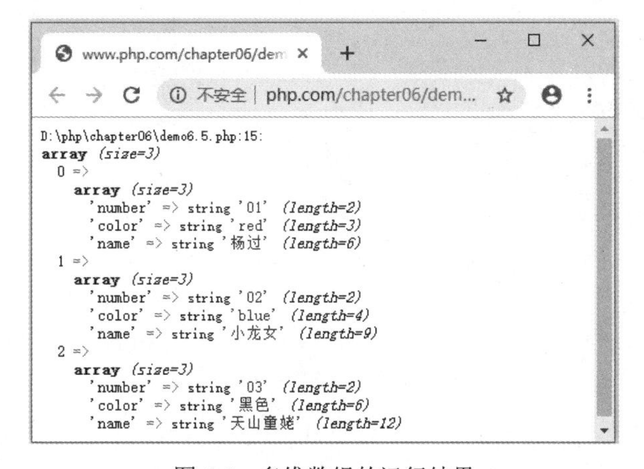

图 6.5　多维数组的运行结果

在 PHP 中，定义多维数组没有限制数组的维数，不过在实际开发中，推荐使用三级以下的数组保存数据。

2. 使用 range()函数创建指定范围的数组

使用 range()函数可以自动创建一个值在指定范围的数组，语法格式如下：

```
array range(mixed $low, mixed $high [, number $step ])
```

$low 为数组开始元素的值，$high 为数组结束元素的值，如果$low 大于$high，则序列将从$high 到$low；$step 是数组元素之间的步进值，$step 应该为正值，如果未指定则默认为 1；range()函数将返回一个数组，数组元素的值就是从$low 到$high 的值。例如

（demo6.6php）：

```
<?php
    // range()定义数组
     $arr1=range(1,5);
     $arr2=range(1,10,2);
     $arr3=range("a","f");
     var_dump($arr1);
     var_dump($arr2);
     var_dump($arr3);
?>
```

程序运行结果如图 6.6 所示。

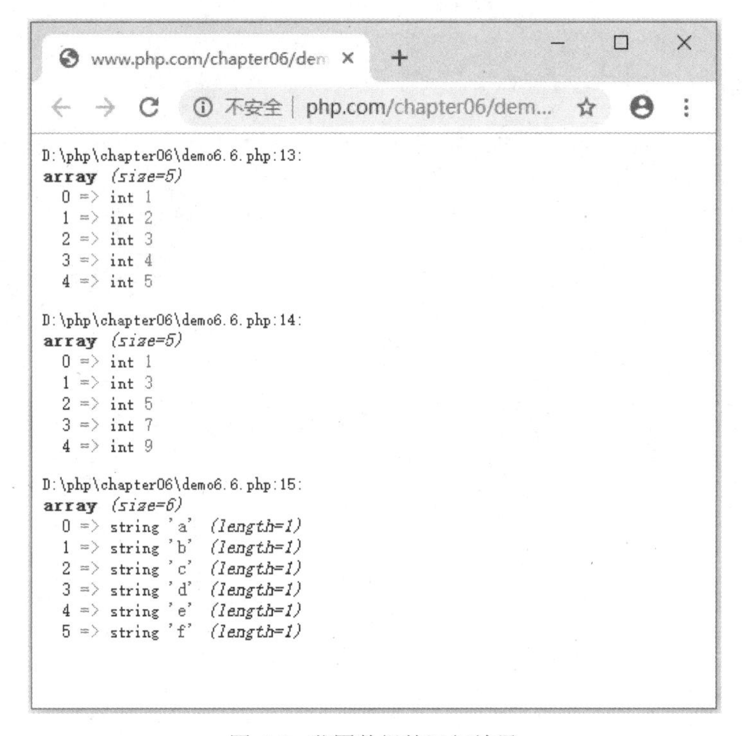

图 6.6　范围数组的运行结果

3. 自动创建数组

数组还可以不用预先初始化或创建，在第一次使用它的时候，数组就自动创建了，例如（demo6.7.php）：

```
<?php
    //自动创建数组
     $arr[0]=1;
     $arr[1]=2;
     $arr[2]=3;
     $arr[]=5;
     var_dump($arr);
?>
```

程序运行结果如图 6.7 所示。

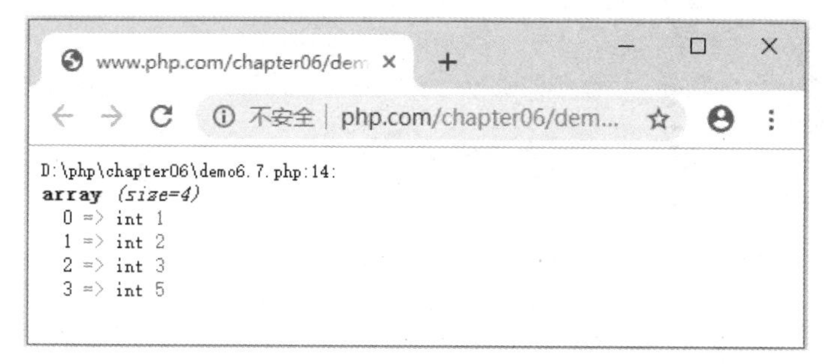

图 6.7　自动建立数组的运行结果

说明 1：“$arr[0]=1;”表示创建数组$arr，并为该数组添加键名为 0、值为 1 的数组元素，后面两行的代码含义和这一行一样。

说明 2：“$arr[]=5;”表示在数组$arr 的末尾添加一个值为 5 的数组元素，键名递增 1。

4．使用 compact()函数创建变量数组

使用 compact()函数可以把一个或多个变量，甚至数组，创建成数组，这些数组元素的键名就是变量的变量名，值是变量的值。compact()函数的语法格式如下：

```
array compact(mixed $varname [, mixed ...])
```

任何没有变量名与之对应的字符串都被略过。例如（demo6.8.php）：

```
<?php
    //创建变量数组
    $str="richer";
    $num=123;
    $arr=array(1,2,3);
    $newarray=compact("str","num","arr");
    var_dump($newarray);
?>
```

程序运行结果如图 6.8 所示。

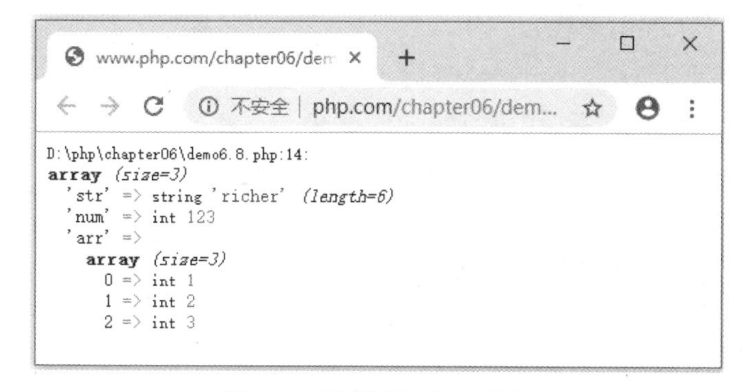

图 6.8　变量数组的运行结果

说明：“$newarray=compact("str","num","arr");”表示将$str、$num、$arr 3 个变量通过 compact()函数组合成 1 个数组，3 个变量的变量名分别为 3 个数组元素的键名，值为数组元素的值，如图 6.8 所示。

与 compact()函数相对应的是 extract()函数，其作用是将数组中的元素转化为变量，例如（demo6.9.php）：

```
<?php
    $arr2=array("number"=>"01","color"=>"red","name"=>"richer");
    extract($arr2);
    echo "$number   $color   $name";
?>
```

程序运行结果如图 6.9 所示。

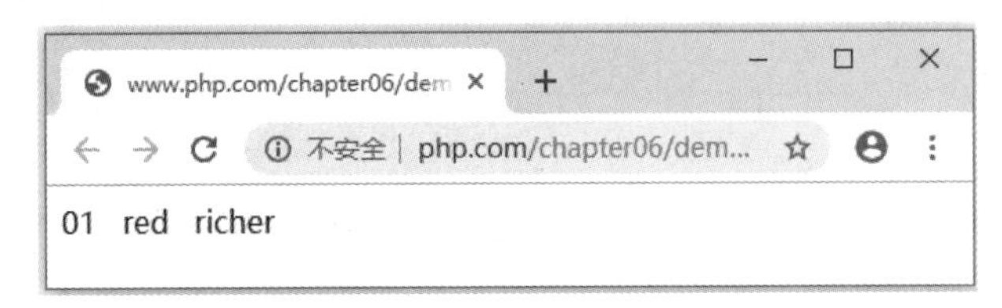

图 6.9 extract()函数的运行结果

说明："extract($arr2);"表示将数组$arr 的 3 个数组元素分离成 3 个标量变量，变量名为数组元素的键名，变量值为数组元素的值。

5. 使用 array_combine()函数将两个数组创建成一个数组

使用 array_combine()函数可以将两个数组创建成另外一个数组，其语法格式如下：

```
array array_combine(array $keys, array $values)
```

array_combine()函数用来自$keys 数组的值作为键名，用来自$values 数组的值作为相应的值，最后返回一个新的数组。例如（demo6.10.php）：

```
<?php
    //将两个数组创建成一个数组
    $keys=array("color","name","number");
    $vals=array("blue","ruby","001");
    $newaarr=array_combine($keys,$vals);
    var_dump($newaarr);
?>
```

程序运行结果如图 6.10 所示。

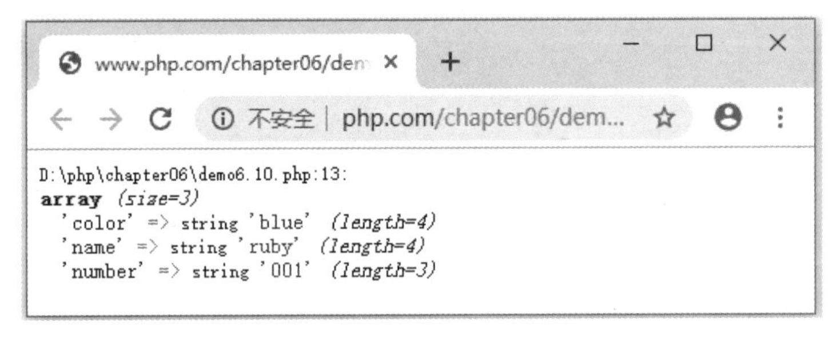

图 6.10 array_combine()函数的运行结果

6.2 从统计学生平均成绩中学习数组遍历

在 6.1 节里，我们学习了数组的基本概念及定义数组的常用方法。数组的最大作用就是处理批量数据，因此在开发程序时，一般需要对数组里的全部数组元素进行读写，这种做法叫作数组的遍历。下面通过本节任务来学习数组的遍历。

6.2.1 任务分析

1. 制作成绩输入界面

输入成绩的标签可以使用文本框，一个文本框可以输入一个学生的成绩，假设一个班级有 50 名学生，要在表单中编写 50 个<input>标签，这个工作量显然很大也不合理。因此我们使用 for 循环来生成多个<input>标签。

2. 统计平均成绩

使用数组传递用户输入的多个学生成绩，对数组进行遍历，计算数组元素值的总和，然后除以数组元素的个数，从而得出学生的平均成绩。

6.2.2 相关知识

1. 在 PHP 中嵌入 HTML 语句

在 PHP 中嵌入 HTML 语句非常简单，只需要使用 echo 语句将 HTML 语句作为字符串输出即可。例如（demo6.11.php）：

```
<?php
    header("content-type:text/html;charset=utf-8");
    echo "<h2>'PHP 语句测试 1'</h2>";
?>
```

程序运行结果如图 6.11 所示。

图 6.11 在 PHP 中嵌入 HTML 语句的运行结果

2. 遍历数组

在 PHP 中，对数组的遍历提供了三种常用的方法，分别是 for 语句、while 语句和 foreach 语句，下面对这三种常用的遍历方法举例讲解。

（1）for 语句（demo6.12.php）。

```
<?php
    //for 遍历
    $arr=array(1,2,3,4,5,6);
    for($i=0;$i<count($arr);$i++){
    echo $arr[$i]." ";
    }
?>
```

程序运行效果如图 6.12 所示。

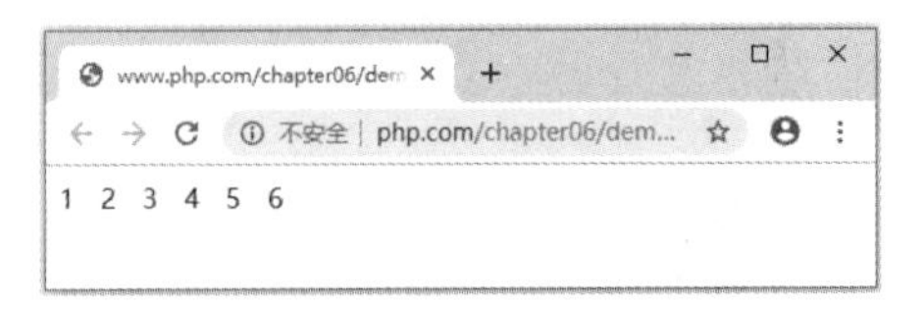

图 6.12　for 遍历的运行结果

说明 1：count()函数可以获取数组元素的个数，参数为数组名，count($arr)获取数组$arr的元素个数。除 count()函数外，sizeof()函数也可以获取数组元素的个数，其用法与 count()函数一样。

说明 2：$arr[$i]表示通过数组元素的键名获取数组元素的值。例如，$arr[0]表示键名为 0 的元素值。

（2）while 语句。while 循环、list()函数和 each()函数结合使用就可以实现对数组的遍历。list()函数的作用是将数组中的值赋给变量；each()函数的作用是返回当前的键名和值，并将数组指针向下移动一位。例如（demo6.13.php）：

```
<?php
//while 遍历
 $arr=array(5,9,12,77,99,88,55);
while(list($key,$value) = each($arr))      //直到数组指针到数组尾部时停止循环
{
     echo $value." ";
}
?>
```

程序运行结果如图 6.13 所示。

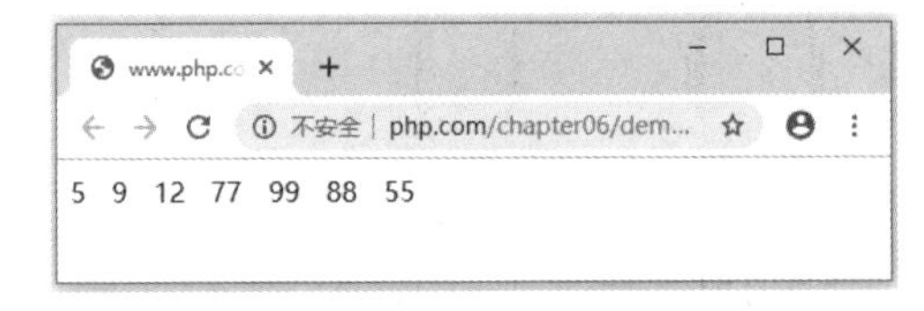

图 6.13　while 遍历的运行结果

说明：“list($key,$value) = each($arr)”语句用到了 list()函数和 each()函数。each()函数的返回值有两个，分别为当前数组元素的键名和值，需要两个变量来存储，因此 list()函数指定了两个参数$key 和$value 分别用于存储键名和值。

（3）foreach 语句。foreach 循环是专门用于遍历数组的循环，其语法格式如下：

```
foreach (array_expression as $value)
    //代码段
foreach (array_expression as $key => $value)
    //代码段
```

第一种格式的遍历 array_expression 数组是给定的，在每次循环中，当前数组元素的值被赋给变量$value 并且数组内部的指针向前移一步（因此下一次循环将会得到下一个数组元素）；第二种格式的遍历同样，只是当前数组元素的键名会在每次循环中被赋给变量$key。

例如（demo6.14.php）：

```
<?php
    $color=array("a"=>"red","blue","white");
    foreach($color as $value)
    {
        echo $value." ";        //输出数组的值
    }
?>
```

程序运行结果如图 6.14 所示。

图 6.14　foreach 遍历的运行结果 1

例如（demo6.15.php）：

```
<?php
    $color=array("a"=>"red","blue","white");
    foreach($color as $key=>$value)
    {
        echo $key. "=>". $value. "<br>";  //输出数组的键名和值
    }
?>
```

程序运行结果如图 6.15 所示。

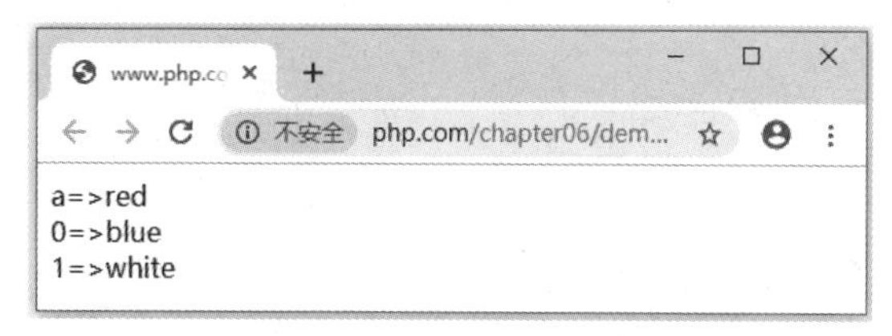

图 6.15　foreach 遍历的运行结果 2

6.2.3　任务实现

经过了前面知识的讲解，我们可以开始完成本小节任务 demo6.16.php 的代码编写了。

（1）制作成绩输入界面，程序代码如下：

```
<?php
    header("content-type:text/html;charset=utf-8");
    echo "<title>统计学生平均成绩</title>";
    echo "<form method=post>";                    //新建表单
    for($i=1;$i<=5;$i++)                          //循环生成文本框
    {
        //文本框的名字是数组名
        echo "学生".$i."的成绩:<input type=text name='stu[]' ><br>";
    }
```

```
        echo "<input type='submit' name='bt' value='提交'>";        //提交按钮
        echo "</form>";
?>
```

为了方便测试，代码中只生成了 5 个文本框，如果要改变文本框的个数，只需要修改 for 循环的上限即可。程序运行结果如图 6.16 所示。

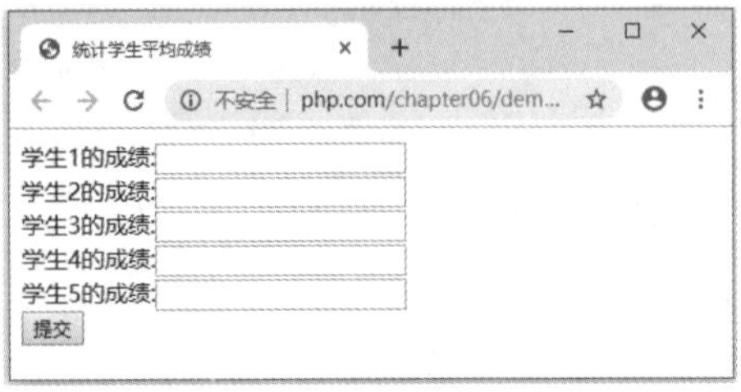

图 6.16　成绩输入界面

说明：for 循环的功能是生成多个文本框标签，每个文本框的 name 属性都为“stu[]”，因为表单提交后，需要向服务器传递多个数据，因此需要使用数组类型传递，name 属性的“[]”后缀必须添加。

（2）统计平均成绩，程序代码如下：

```
<?php
    if(isset($_POST['bt']))                          //检查提交按钮是否被按下
    {
            $sum=0;                                  //总成绩初始化为 0
            $stu=$_POST['stu'];                      //取得所有文本框的值并赋予数组$stu
            $num=count($stu);                        //计算数组$stu 元素的个数
            echo "您输入的成绩有：<br>";
            foreach($stu as $score)                  //使用 foreach 循环遍历数组$stu
            {
                echo $score."<br>";                  //输出接收的值
                $sum=$sum+$score;                    //计算总成绩
            }
            $average=$sum/$num;                      //计算平均成绩
            echo "<br>平均分为：$average";            //输出平均成绩
    }
?>
```

程序运行结果如图 6.17 所示。

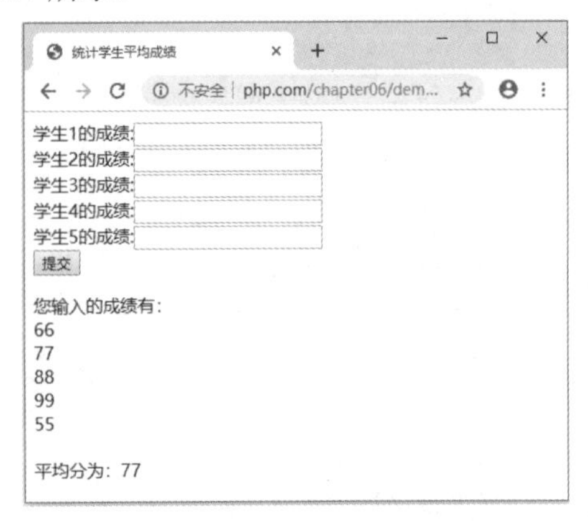

图 6.17　统计平均成绩

6.3 从学生成绩排名中学习数组排序

在 Web 开发中，经常要对批量数据进行排序，比如学生成绩排序等。在 PHP 中，提供了很多数组排序的函数，有针对一维数组的函数，也有针对多维数组的函数。本小节通过学生成绩排名的任务讲解 PHP 关于数组排序的相关函数。

6.3.1 任务分析

1．制作学生成绩信息输入界面

每个学生需要输入 3 个信息：学号、姓名和成绩。假设全班有 50 人，为了方便布局，可以制作一个 50 行 3 列的表格，每个单元格中添加一个文本框标签，用于输入学号、姓名和成绩信息。与 6.2 节中的案例相同，手动编写 50 个<row>标签显然不合理，因此，还是使用 for 循环来实现多个<row>标签。

2．按成绩降序对学生信息进行排序

使用 PHP 提供的数组排序函数，按成绩降序对用户输入的学生信息进行排序，然后按照表格形式输出排序后的学生成绩信息。

6.3.2 相关知识

1．在 HTML 中嵌入 PHP 代码

在 HTML 中嵌入 PHP 代码也很简单，只需要将 PHP 代码加上“<?php ?>”即可，例如（demo6.17.php）：

```
<html>
    <head>
        <meta charset="UTF-8">
        <title>HTML 中嵌入 PHP</title>
    </head>
    <body>
        <h2>在 HTML 中嵌入 PHP 代码</h2>
        <?php   echo "PHP 代码测试！";   ?>
    </body>
</html>
```

程序运行结果如图 6.18 所示。

图 6.18　在 HTML 中嵌入 PHP 代码

说明：从<?php　echo "PHP 代码测试！";　?>语句可以看出，echo 是 PHP 代码，若要嵌入到 HTML 标签语言中，则需要在该代码的左侧加上“<?php”定界符，在右侧加上“?>”定界符。需要注意的是，PHP 代码与左右两侧的定界符均需要留白，否则会出语法错误。

2．一维数组排序

在 PHP 中，提供了多个关于一维数组排序的函数，下面按照排序方式来讲解这些函数。

1）升序函数

PHP 提供的升序函数有：sort()、asort()和 ksort()函数。

（1）sort()函数。使用 sort()函数可以对已经定义的数组进行排序，使得数组元素按照数组值从低到高重新索引，其语法格式如下：

```
bool sort(array $array [, int $sort_flags ])
```

说明：sort()函数如果排序成功则返回 true，失败则返回 false。两个参数中$array 是需要排序的数组；$sort_flags 的值可以影响排序的行为，$sort_flags 可以取以下四个值。

☑ SORT_REGULAR：正常比较数组元素（不改变类型），这是默认值；
☑ SORT_NUMERIC：数组元素被作为数字来比较；
☑ SORT_STRING：数组元素被作为字符串来比较；
☑ SORT_LOCALE_STRING：根据当前的区域设置把数组元素当作字符串来比较。

注意：sort()函数不仅对数组进行排序，同时删除了原来的键名，并重新分配自动索引的键名。例如（demo6.18.php）：

```
<?php
	header("content-type:text/html;charset=utf-8");
	$array1=array("a"=>67, "b"=>23, 3=>7, "e"=>2);
	if(sort($array1))
		print_r($array1);
	else
		echo "排序失败";
?>
```

程序运行结果如图 6.19 所示。

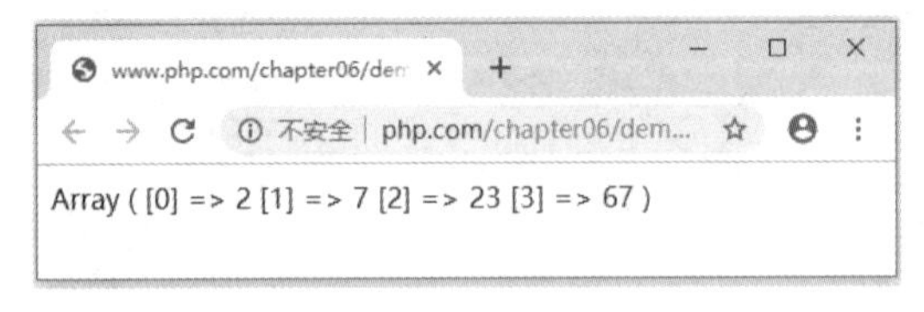

图 6.19　sort()函数的运行结果

说明 1：PHP 提供的输出函数 echo、print、print_r()和 var_dump()的区别如下。

① echo 和 print 的区别。

共同点： echo 和 print 都不是严格意义上的函数，它们都是语言结构，而且只能输出字符串、整型和浮点型数据，不能输出复合类型和资源类型数据。

区别：echo 可以连续输出多个变量，而 print 一次只能输出一个变量。print 打印的值能直接赋值给一个变量，例如“$a = print “888”;”输出了 888，并将 888 赋值给了$a 变量。而 echo 不可以，它没有类似于函数的行为，所以不能用于函数的上下文。在使用时，echo

比 print 速度稍快。

② print_r()和 var_dump()函数的区别。

共同点：两者都可以打印数组和对象之类的复合型变量。

区别：print_r()只能打印一些易于理解的信息，且 print_r()在打印数组时，会将数组的指针移到最后边，使用 reset()可让指针回到开始处。而 var_dump()不但能打印复合类型的数据，还能打印资源类型的变量，且 var_dump()输出的信息比较详细，一般在调试时用得多。

说明 2：sort($array1)表示将数组$array1 按值升序排序，而且$array1 数组排序前的键会被全部删除，排序后，键名从 0 开始，依次递增 1，这样重新分配，结果如图 6.19 所示。

（2）asort()函数。asort()函数也可以对数组的值进行升序排序，其语法格式和 sort()类似，但使用 asort()函数排序后的数组还保持键名和值之间的关联，例如（demo6.19.php）：

```
<?php
    header("content-type:text/html;charset=utf-8");
    $array1=array("a"=>67, "b"=>23, 3=>7, "e"=>2);
    if(asort($array1))
        var_dump($array1);
    else
        echo "排序失败";
?>
```

程序运行结果如图 6.20 所示。

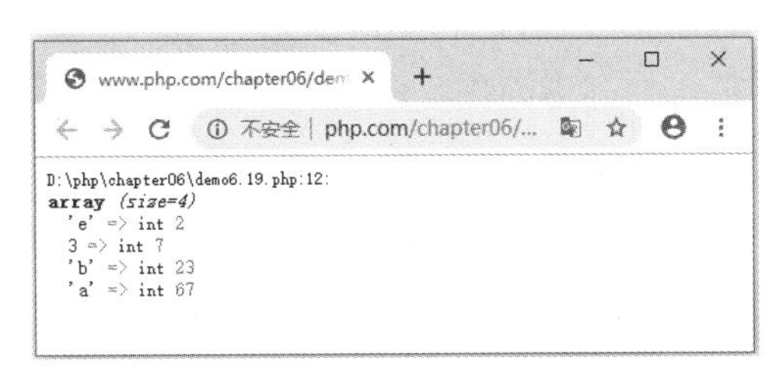

图 6.20　asort()函数的运行结果

说明：“asort($array1)”将数组$array1 按值升序排序，排序后，数组的各数组元素的键值映射关系依旧保持。

（3）ksort()函数。ksort()函数用于对数组的键名进行排序，排序后键名和值之间的关联不改变，例如（demo6.20.php）：

```
<?php
    //krsort()
     $color=array("y"=>"yellow","f"=>"white","b"=>"red","h"=>"blue");
    krsort($color);
    var_dump($color);
?>
```

说明：在上面的代码中，将数组$color 按照键名升序排序，而且保持键名和值之间的映射关系，排序后的结果如图 6.21 所示。

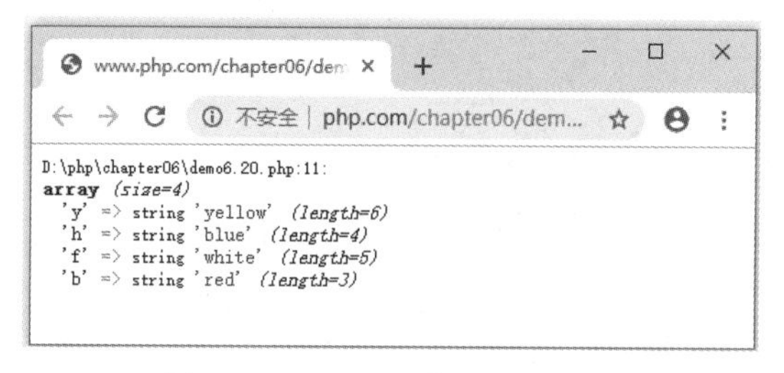

图 6.21　ksort()函数的运行结果

2）降序函数

上面介绍的 sort()、asort()和 ksort()三个函数都是升序函数，PHP 对应地也提供了三个降序函数，分别是 rsort()、arsort()和 krsort()函数。

降序排序的函数与升序排序的函数用法相同，rsort()函数按数组中的值降序排序，并将数组键名修改为一维数字键名；arsort()函数将数组中的值按降序排序，不改变键名和值之间的关联；krsort()函数将数组中的键名按降序排序。

3）多维数组排序

array_multisort()函数可以一次对多个数组进行排序，或根据多维数组的一维或多维对多维数组进行排序。其语法格式如下：

```
bool array_multisort(array $ar1 [, mixed $arg [, mixed $... [,
array $... ]]])
```

本函数的参数结构比较特别，且非常灵活。第一个参数必须是一个数组，接下来的每个参数可以是数组也可以是下面列出的排序标志。

（1）排序顺序标志。

SORT_ASC：默认值，按照上升顺序排序；

SORT_DESC：按照下降顺序排序。

（2）排序类型标志。

SORT_REGULAR：默认值，按照通常方法比较；

SORT_NUMERIC：按照数值比较；

SORT_STRING：按照字符串比较。

使用 array_multisort()函数排序时字符串键名保持不变，但数字键名会被重新索引。当函数的参数是一个数组列表时，函数首先对数组列表中的第一个数组进行升序排序，下一个数组的值的顺序按照对应的第一个数组的值的顺序排列，依次类推。例如（demo6.21.php）：

```
<?php
    //array_multisort()
    $arr1 = array(11,53,24,42,19);
    $arr2 = array(1,3,4,2,9);
    array_multisort($arr1,SORT_DESC, $arr2);
    print_r($arr1);
    echo "<br>";
    print_r($arr2);
?>
```

说明：“array_multisort($arr1,SORT_DESC, $arr2);”语句中，数组$arr1 按值的降序排序，如果参数 2 是 SORT_ASC 或省略，则数组$arr1 按值的升序排序；数组$arr2 中的数组元素按照对应于数组$arr1 中元素的位置依次排序，所以，数组$arr1 和$arr2 排序后的结果如图 6.22 所示。

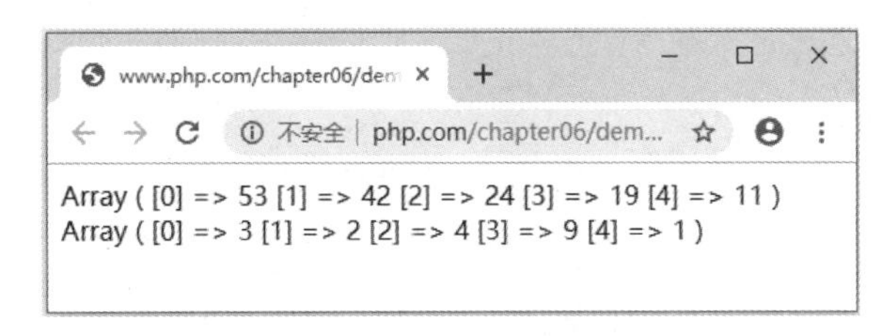

图 6.22　array_multisort()函数的运行结果

4）随机排序

shuffle()函数将数组用随机的顺序排列，并删除原有的键名，建立自动索引。例如（demo6.22.php）：

```
<?php
    //shuffle()
    $arr=range(1,5);              //生成 1~10 的有序数组
    foreach($arr as $value)
        echo $value. " ";
    shuffle($arr);                //随机排序
    echo "<br/>";
    foreach($arr as $value)
        echo $value. " ";
?>
```

上面的代码先是生成了一个 1～5 的有序数组$arr，第 1 个 foreach 循环输出这个有序数组的每个值，结果为 1 2 3 4 5。“shuffle($arr);”语句将数组$arr 进行随机排序。第 2 个 foreach 循环输出打乱顺序后的数组值，而且每次刷新后的顺序都不一样。程序运行结果如图 6.23 所示。

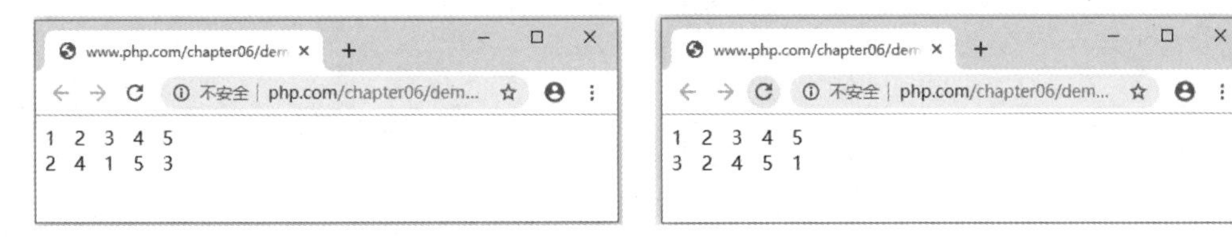

图 6.23　shuffle()函数的运行结果

6.3.3　任务实现

本任务的代码文件为 demo6.23.php。

（1）制作学生成绩信息输入界面。

网页代码：

```
<html xmlns="http://www.w3.org/1999/xhtml">
<head>
<meta http-equiv="Content-Type" content="text/html; charset=utf-8" />
```

```
<title>学生成绩排名</title>
<style>
    th,td,input { text-align: center;}
    table { border-collapse: collapse;}
</style>
</head>
<body>
<form action="" method="post">
  <table>
      <tr>
        <th>学号</th>
        <th>姓名</th>
        <th>成绩</th>
      </tr>
     <?php
          for($i=0;$i<3;$i++){
            echo '<tr>';
            echo '<td> <input type="text" name="txtSno[]"/></td>';
            echo '<td><input type="text" name="txtSname[]" /></td>';
            echo '<td><input type="text" name="txtScore[]" /></td>';
            echo '</tr>';
          }
     ?>
      <tr>
        <td colspan="3">
          <input type="submit" name="btnTj" value="提交" />
       </td>
        </tr>
  </table>
</form>
</body>
</html>
```

（2）按成绩降序对学生信息进行排序。

程序代码：

```
<?php
if(isset($_POST["btnTj"])){
     echo "你输入的成绩是：<br/>";
     $sno=$_POST["txtsno"];
     $sname=$_POST["txtsname"];
     $score=$_POST["txtscore"];
     //输出成绩
     echo '<table>';
         echo '<tr>';
         echo '<th>学号</th>';
         echo '<th>姓名</th>';
         echo '<th>成绩</th>';
         echo '</tr>';
     for($i=0;$i<count($sno);$i++){
         echo   '<tr>';
         echo   '<td>'.$sno[$i].'</td>';
```

```
            echo   '<td>'.$sname[$i].'</td>';
            echo   '<td>'.$score[$i].'</td.>';
            echo   '</tr>';
        }
        echo   '</table><br/>排序以后的成绩：';
        //按成绩降序排序
        array_multisort($score,SORT_DESC,$sno,$sname);
      echo '<table>';
            echo '<tr>';
            echo '<th>学号</th>';
            echo '<th>姓名</th>';
            echo '<th>成绩</th>';
            echo '</tr>';
   for($i=0;$i<count($sno);$i++){
            echo   '<tr>';
            echo   '<td>'.$sno[$i].'</td>';
            echo   '<td>'.$sname[$i].'</td>';
            echo   '<td>'.$score[$i].'</td.>';
            echo   '</tr>';
        }
        echo   '</table><br/>';
   }
   ?>
```

本次任务在浏览器中访问的结果如图 6.24 所示。

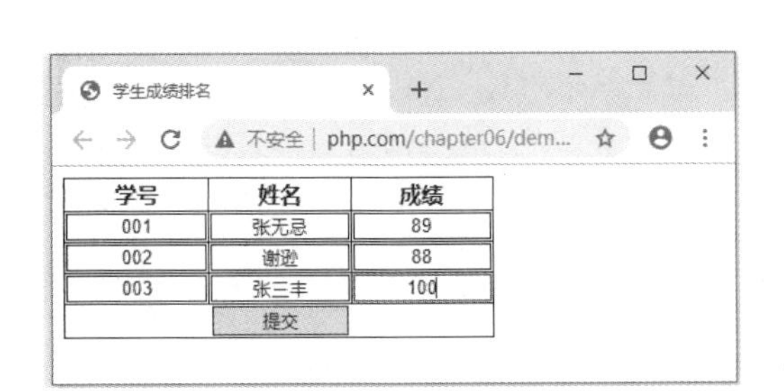

图 6.24　任务实现结果

说明 1：“if(isset($_POST["btnTj"]))”用于判断“提交”按钮是否被按下，如果按下则执行其后“{ }”之间的代码。“$sno=$_POST["txtsno"];”采用 post 方法获取学号列文本框 txtsno[]的值，并赋值给变量$sno。该变量为数组类型，存储了学号列的所有数据。同理，变量$sname 和$score 也是数组类型，分别存储了姓名列和成绩列的所有数据。

说明 2：程序代码中的第 1 个 for 循环输出用户输入的学生成绩信息。通过“array_multisort($score,SORT_DESC,$sno,$sname);”语句对 3 个数组进行排序，按降序排序存储成绩的$score 数组，后面的$sno 和$sname 2 个数组随着$score 数组的顺序依次排序后，接着用第 2 个 for 循环输出排序后的学生成绩信息，输出结果如图 6.24 所示。

6.4 PHP 数组的常用函数

前面讲述了数组最常用的一些知识，比如数组的定义、遍历及排序，除了这些，PHP 还提供了很多关于数组的函数，大家需要使用的时候可以查询 PHP 帮助手册。下面我们讲解一些 PHP 数组常用的函数。

6.4.1 数组内部的指针函数

数组指针指向某个数组元素，默认情况下，一般指向数组中的第一个元素。PHP 提供了一组指针操作函数，可以改变指针指向的位置，从而访问不同的数组元素。如表 6.1 所示列出了常用的指针操作函数。

表 6.1 常用指针操作函数

函 数 名	功 能
next()	定位指针到当前位置的后一个
prev()	定位指针到当前位置的前一个
reset()	重置指针到数组的开始
end()	定位指针到数组的最后
current()	取得当前指针位置的值
key()	取得当前指针位置的键

6.4.2 查找函数

PHP 提供了多个关于数组元素查找的函数，如 in_array()、array_search()等，本小节将介绍几种常用的查找函数。

1. in_array()

in_array()函数在一个数组中搜索一个特定值，如果找到这个值则返回 true，否则返回 false，其形式如下：

```
boolean in_array(mixed needle,array haystack[,boolean strict]);
```

其中，第一个参数 needle 指要查找的值；第二个参数 haystack 指被搜索的数组；第三个参数可选，它强制 in_array()函数在搜索时考虑数据类型。下面通过一段简单的代码来演示 in_array()函数的使用方法（demo6.24.php）：

```
<?php
    $array=range(1,10);
    if(in_array(9,$array))        //判断是否存在值 9
        echo "数组中存在值：9 <br />";
?>
```

程序运行结果如图 6.25 所示。

图 6.25　in_array()函数的运行结果

2．array_search()

array_search()函数也可以用于检查数组中是否存在某个特定值，与 in_array()函数不同的是，in_array()函数返回的是 true 或 false，而 array_search()函数当值存在时返回这个值的键名，若值不存在时返回 NULL。例如（demo6.25.php）：

```
<?php
    $array=array(3, 5, "ff", "bb", 87, "cc");
    $key=array_search("cc",$array);   //查找数组$array 中是否存在"cc"
    if($key==NULL)                    //如果返回结果为 NULL 则不存在
    {
        echo "数组中不存在这个值";
    }
    else
    echo $key;
?>
```

程序运行结果如图 6.26 所示。

图 6.26　array_search()函数的运行结果

说明：“$key=array_search("cc",$array);”语句表示在数组$array 中查找值“cc”。如果数组中有值为“cc”的元素，则返回该元素的键名，并赋值给变量$key，因此最后输出结果为“5”。

3．array_key_exists()

array_key_exists()函数可以用于检查数组中是否存在某个键名，它的返回值为布尔型，存在则返回 true，不存在则返回 fasle。它与前面讲的 in_array()函数用法相同，区别在于 in_array()函数检查的是值是否存在，而 array_key_exists()函数检查的是键名是否存在。例如（demo6.26.php）：

```
<?php
    $array=range(1,10);
    if(!array_key_exists(13,$array))        //判断是否存在键名 13
     echo "数组中不存在键名：13 <br/>";
?>
```

程序运行结果如图 6.27 所示。

图 6.27　array_key_exists()函数的运行结果

6.4.3　其他函数

除了前面讲的数组函数，PHP 中还有一些常用函数，本章就不再一一列举了，大家可以参考 PHP 帮助手册。如表 6.2 所示列出了 PHP 中使用频率较高的一些数组函数。

表 6.2　PHP 数组常用函数

函　数　名	功　　能
array_values	获得数组的值
array_keys	获得数组的键名
array_flip	数组中的值与键名互换（如果有重复，前面的会被后面的覆盖）
array_push	将一个或多个元素压入数组栈的末尾（入栈），返回入栈元素的个数
array_pop	将数组栈的最后一个元素弹出（出栈）
array_shift	将数组中的第一个元素移除并作为结果返回
array_unshift	在数组的开头插入一个或多个元素
array_sum	对数组内部的所有元素做求和运算
array_merge	合并两个或多个数组
array_unique	移除数组中重复的值，新的数组中会保留原始的键名
array_reverse	返回一个数组元素顺序与原数组相反的数组，如果第二个参数为 true 则保留原来的键名
array_rand	从数组中随机取出一个或多个元素

实训任务 6　PHP 数组的应用

1．实训目的

☑ 了解 PHP 中数组的特点；
☑ 掌握定义数组的常用方法；
☑ 掌握数组的遍历；
☑ 掌握数组的排序；
☑ 熟悉数组的常用函数。

2．项目背景

通过本章的学习，小菜对数组在 Web 项目开发中的作用有了更进一步的认识，知道了数组的定义方法、数组的遍历、数组的排序，还认识了一些常用的数组函数。在听完老师的讲解后，小菜感觉能听懂，但是在自己实际编程时，还是有点晕，于是在大鸟老师的指导下，小菜认真练习了下面的内容，终于感觉明白了许多。

3．实训内容

基础任务：

（1）在 PHP 中，如何定义数组？有哪些方法？请举例说明。

（2）在 PHP 中，数组遍历的方法有哪些？请举例说明。

（3）要在数组中查找一个特定值，有哪些方法？

（4）在 PHP 中，要将两个数组合并，可以使用哪个函数？

（5）对于二维表的排序，PHP 中的哪个函数最适合？如何实现？

实践任务：

任务 1：运用数组来实现多选题功能，效果如图 6.28 所示，若用户回答正确，则输出“回答正确！”对话框，否则输出“回答错误！”对话框。

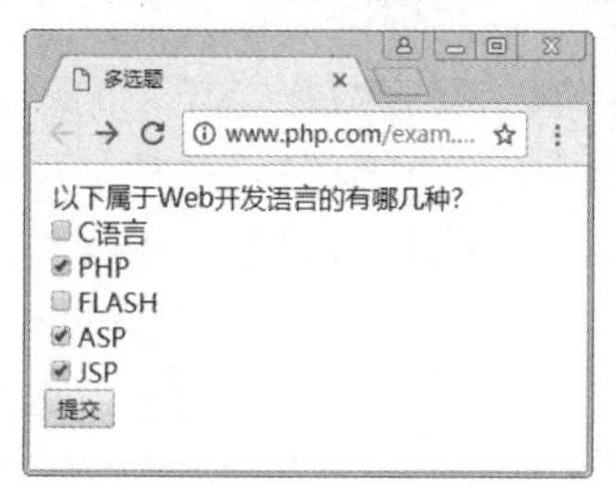

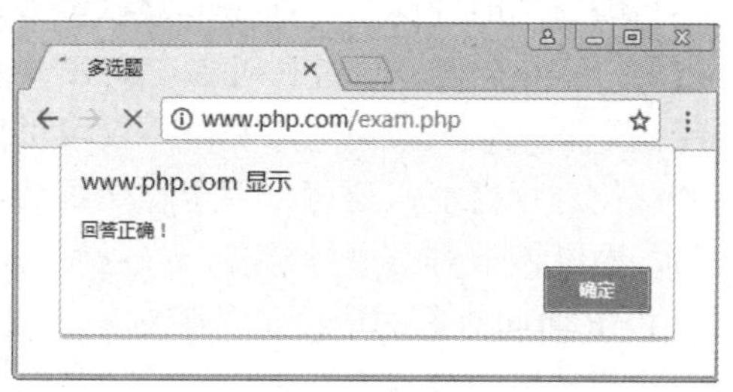

图 6.28　任务运行效果

任务 2：动态显示学生成绩文本框，输入学生成绩后，将不及格的成绩显示出来，并统计不及格的人数。

第7章 面向对象编程

PHP 5 以上版本的最大特点是引入了面向对象的全部机制，并保留了向下兼容性，程序员不必再编写缺乏功能性的类，而是能够以多种方法来实现类的保护。另外，在对象的继承等方面也不再存在问题。数组和对象在 PHP 中都属于复合数据类型中的一种，在 PHP 中数组的功能已经非常强大。但对象类型不仅可以像数组一样存储任意多个任意类型的数据，形成一个单位进行处理，还可以用于存储函数。不仅如此，对象还可以通过封装保护对象中的成员，通过继承对类进行扩展，可以使用多态机制完成“一个接口，多种实现”。本章重点介绍 PHP 面向对象的应用、类和对象的声明与创建、封装、继承、多态、抽象类与接口，以及一些常用的魔术方法等。

章节学习目标

☑ 掌握类与对象的使用，并能够在项目中熟练运用类的定义和实例化对象；
☑ 掌握构造与析构方法的使用；
☑ 掌握面向对象的三大特征，并能够在项目中熟练运用；
☑ 掌握抽象类与接口技术，并能在项目中熟练运用；
☑ 掌握 PHP 常用关键字和魔术方法的使用。

7.1 认识面向对象编程

学习面向对象编程之前，我们首先应该清楚什么是面向过程编程？什么是面向对象编程？面向对象编程的主要特征是什么？

7.1.1 面向过程编程与面向对象编程

面向过程是一种以事件为中心的开发方法，就是按自顶向下的顺序执行，逐步求精，其程序结构按功能划分为若干个基本模块，这些模块形成一个树状结构，各模块之间的关系也比较简单，在功能上相对独立，每个模块内部一般都是由顺序、选择和循环三种基本结构组成的，其模块化实现的具体方法是使用子程序，而程序流程在写程序时就已经决定了。例如，五子棋面向过程的设计思路：第 1 步，开始游戏；第 2 步，黑子先走；第 3 步，绘制画面；第 4 步，判断输赢；第 5 步，轮到白子；第 6 步，绘制画面；第 7 步，判断输赢；第 8 步，返回步骤 2；第 9 步，输出最后结果。把上面每个步骤用相应的函数来实现，就是一个面向过程的开发方法。

面向对象是当今软件开发的主流方法之一，它把数据及对数据的操作方法放在一起，作为一个相互依存的整体，即对象。对同类对象抽象出其共性，即类，类中的大多数数据，只能由本类的方法进行处理。类通过一个简单的外部接口与外界发生关系，对象与对象之间通过消息进行通信。程序流程由用户在使用中决定。例如，站在抽象的角度，人类具有姓名、性别、年龄、身高、体重等一些特性，人类会说话、学习、走路、吃饭、开车、用手机拨打电话等一些方法，人类仅仅只是一个抽象的概念，它是不存在的实体，但是所有具备人类这个群体的属性与方法的对象都称为人，这个对象人是实际存在的实体，每个人都是人这个群体的一个对象。

【实例 7.1】 应用面向过程开发方法，在网页上输出“Hello, world!”。

程序代码如下：

```
<?php
echo "Hello, world!";
?>
```

【实例 7.2】 应用面向对象开发方法，在网页上输出“Hello, world!”。

程序代码如下：

```
<?php
class helloWorld {    //声明类
      functionmyPrint()
{     //成员方法，实现输出"Hello, world!"
      echo "Hello, world!";
} }
$myHelloWorld = new helloWorld();
$myHelloWorld->myPrint();
?>
```

一个项目开始的时候，首先要寻求实际的编码目的和方向，这个项目的实现目标是什么?下面是有可能的答案：

（1）开发快，发布快；

（2）尽可能快地运行；

（3）易于维护、改进和扩展；

（4）发布一个 API。

第（1）（2）个目标倾向于使用面向过程的方法，而第（3）（4）个目标倾向于使用面向对象的方法。

7.1.2 面向对象编程的特征

面向对象编程的主要特征有抽象、继承、封装和多态。

抽象忽略了一个主题中与当前目标无关的那些方面，以便更充分地注意与当前目标有关的方面。抽象并不打算了解全部问题，而只选择其中的一部分。抽象包括两个方面，一是过程抽象，二是数据抽象。

继承是一种联结类的层次模型，并且允许和鼓励类的重用，它提供了一种明确表述共性的方法。对象的一个新类可以从现有的类中派生，这个过程称为类的继承。新类继承了原始类的特性，新类称为原始类的派生类（子类），而原始类称为新类的基类（父类）。派生类可以从它的基类那里继承方法和实例变量，并且子类可以修改或增加新的方法使之更适合特殊的需要。

封装是指将客观事物抽象成类，每个类对自身的数据和方法实行保护。类可以把自己的数据和方法封装起来只让可信的类或对象操作，对不可信的信息进行隐藏。

多态是指允许不同类的对象对同一消息做出响应。多态包括参数化多态和包含多态。多态性语言具有灵活、抽象、行为共享、代码共享的优势，很好地解决了应用程序函数同名的问题。

7.2 从声明 Person 类中学习类

在面向对象的编程思想中提出了两个概念：类与对象，但对象又是通过类实例化出来的，所以首先要学习如何声明类。

7.2.1 任务分析

人类具有姓名、性别、年龄、身高、体重等共同特性（属性），而人类会说话、学习、走路、吃饭、开车、睡觉等共同的行为（方法），本节任务就来声明一个 Person 类。

7.2.2 相关知识

1. 类的声明

类是由 class 关键字、类名和成员组成的，关键字 class 后面加上自定义的类别名称，并加上一对花括号，有时也需要在 class 关键字的前面加一些修饰类的关键字，如 abstract、final 等。花括号之间用于声明类的成员具有的属性和方法，属性用于描述对象的特征，如人的姓名、年龄、性别等；方法用于描述对象的行为，如说话、学习等。声明类的语法格式如下：

```
[修饰类的关键字]class 类名{
//使用 class 关键字加空格再加上类名，后面加上一对花括号
//成员属性
//成员方法
}//使用花括号结束类的声明
```

说明：类名和变量名与函数命名的规则相似，都需要遵守 PHP 中自定义名称的命名规则，如果由多个单词组成，习惯上每个单词首字母要大写。另外，类名的定义也要具有一定的意义，不要随便由几个字母组成。

2. 成员属性

在类中声明的变量称为成员属性，可以在类中声明多个变量，即对象中有多个成员属性，每个变量用来存储对象的不同的属性信息。成员属性可以使用 PHP 中的标量类型和复合类型，所以也可以是其他类实例化的对象，但在类中使用资源类型和空类型没有意义。

【实例 7.3】 声明一个 Person 类，在类中声明三个成员属性，分别为$name、$age 和$sex。

程序代码：

```
class Person{
var $name;        //声明第一个成员属性$name，用于存储姓名
var $age;         //声明第二个成员属性$age，用于存储年龄
var $sex;         //声明第三个成员属性$sex，用于存储性别
}
```

说明：声明变量时不需要任何关键字修饰，但在类中声明成员属性时，变量前面一定要用一个关键字来修饰，如 public、private、protected 等，这些关键字修饰的变量都具有一定的意义，如果不需要特定意义，就使用 var 关键字，一旦成员属性有其他的关键字修饰就需要替换掉 var，如下所示：

```
class Person{
public $name;          //第一个成员属性声明为公有权限
private $age;          //第二个成员属性声明为私有权限
protected $sex;        //第三个成员属性声明为受保护权限
}
```

3. 成员方法

类中声明的函数称为成员方法，可以在类中声明多个函数，对象中就有多个成员方法，也可以加一些关键字的修饰来控制成员方法的权限，如 public、private、static 等。

【实例 7.4】 声明一个 Person 类，在类中声明三个成员方法，分别为 say()、run()和 eat()。

程序代码：

```
class Person{
function say( ){
} //声明第一个成员方法，定义人说话功能
function run($time ){
} //声明第二个成员方法，定义人走路功能，使用一个参数
private function eat( ){
} //声明第三个成员方法，定义人吃饭功能，使用 private 修饰控制访问权限
}
```

说明：声明的成员方法必须和对象相关，不能声明一些没有意义的成员方法。

7.2.3 任务实现

我们已经学习了类，下面就来实现本节的任务。

程序代码：

```
<?php
  Class Person{
//下面声明的是人类成员属性，通常成员属性都在成员方法的前面声明
var $name; //声明第一个成员属性$name，用于存储姓名
var $age;     //声明第二个成员属性$age，用于存储年龄
var $sex;     //声明第三个成员属性$sex，用于存储性别
function say( ){
```

```
    echo "正在说话";
}            //声明第一个成员方法，定义人说话功能
function study( ){
  $time=date("Y 年 m 月 d 日  H:i:s",$time);
  echo "当前时间为{$time},编程中，请勿打扰……";
}       //声明第二个成员方法，定义学习状态功能，使用一个参数
}
?>
```

7.3 从实例化 Person 类中学习对象

类与对象的关系就如模具和铸件的关系，类的实例化结果就是对象，而对象的抽象就是类。在开发时，要先声明抽象类，再用该类去创建对象，而在程序中直接使用的是对象而不是类。

7.3.1 任务分析

通过实例化 Person 类创建两个对象，分别为$Person1 和$Person2，并实现对对象中成员的访问。

7.3.2 相关知识

1. 实例化类

要实例化类创建对象，使用 new 关键字并在后面加上一个和类名同名的方法即可，语法格式如下：

```
$对象名=new 类名称([ 参数 1, 参数 2, 参数 3, ……]);
$对象名=new 类名称; //类实例化格式，不需要为对象传递参数
```

其中，"$对象名"是类实例化后所创建的一个对象的引用名称（变量名遵循变量命名规则），通过这个引用来访问对象中的成员；new 表明要创建一个新的对象，类名表明新对象的类型；类名后面括号中的参数是可选的，具体将在构造方法章节中进行讲解。

【实例 7.5】 声明的一个 Person 类，实例化创建$Person1 对象。

程序代码：

```
<?php
class Person{
//类中成员同上节实例（略）}
$Person1=new Person(); //创建一个 Person 类对象，引用名为$Person1
?>
```

2. 对象中成员的访问

对象中成员的访问包括成员属性的访问和成员方法的访问，其中成员属性的访问包括赋值和获取成员属性值的操作，成员方法的访问通过对象的引用来实现。通过特殊运算符号"->"来完成对象成员的访问，语法格式如下：

```
$对象名=new 类名称([ 参数 1，参数 2，参数 3，……]);
//类实例化出对象，例如$Person1=new Person()
$对象名->成员属性=值;
//为成员属性进行赋值操作，例如$Person1->name="李四";
echo $对象名->成员属性;
//获取成员属性的值，例如 echo$Person1->name;页面输出“李四”
$对象名->成员方法;
//访问对象中的成员方法，例如$Person1->run();
```

3. $this 的基本应用

对象一旦被创建，在对象中的每个成员方法里面都会存在一个特殊的对象引用$this。成员方法属于哪个对象，$this 引用就代表哪个对象。用$this 完成对象内部成员之间的访问。

【实例 7.6】 $this 的基本应用。

程序代码：

```
<?php
class Person{
    var $name;
    var $sex;
    var $age;
    function say(){
        echo"我是".$this->name."，".$this->sex."，今年".$this->age."岁";
    }
}
$person1=new Person();
$person1->name="张伟";
$person1->sex="男";
$person1->age="20";
$person1->say();
?>
```

实例 7.6 在浏览器中访问的结果如图 7.1 所示。

图 7.1 实例 7.6 的访问结果

7.3.3 任务实现

我们已经学习了实例化类，下面就来实现本节的任务。

程序代码：

```
<?php
class Person
{
```

```
        var $name;
        var $sex;
        var $age;
        function say()
        {
            echo'正在说话<br>';
        }
        function run()
        {
            echo'正在走路<br>';
        }
    }
    $person1=new Person();
    $person2=new Person();
    $person1->name="张伟";
    $person1->sex="男";
    $person1->age="20";
    $person2->name="刘芳";
    $person2->sex="女";
    $person2->age="30";
    echo"person1 对象的名字：".$person1->name."<br>";
    echo"person1 对象的性别：".$person1->sex."<br>";
    echo"person1 对象的年龄：".$person1->age."<br>";
    $person1->say();
    $person1->run();
    echo"person2 对象的名字：".$person2->name."<br>";
    echo"person2 对象的性别：".$person2->sex."<br>";
    echo"person2 对象的年龄：".$person2->age."<br>";
    $person2->say();
    $person2->run();
    ?>
```

该程序在浏览器中访问的结果如图 7.2 所示。

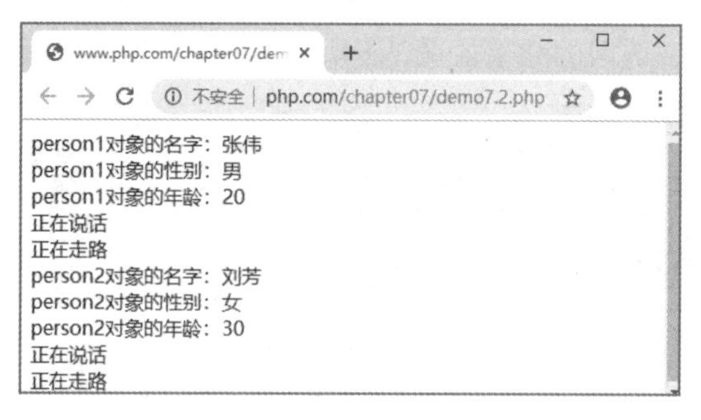

图 7.2　程序的访问结果

7.4　从赋值和销毁中学习构造和析构方法

PHP 可以在类中使用__construct 定义一个构造函数，每次创建对象时，会自动调用构造函数以完成该类的初始化操作（比如获取创建对象传递的参数等）。同样，也可以使用

__destruct 定义一个析构函数，当某个对象的所有引用被删除，或者对象被显式地销毁时会执行析构函数。

7.4.1 任务分析

通过构造方法，每次实例化 Person 类时，为每个成员属性赋予一个自己特有的值。

7.4.2 相关知识

1. 构造方法

在每个声明的类中都有一个称为构造方法的特殊成员方法，如果没有显式地声明它，类中会默认存在一个没有参数列表并且内容为空的构造方法；如果显式地声明它，则类中的默认构造方法就不再存在。当创建一个对象时，构造方法就会被自动调用一次，即每次使用关键字 new 来实例化对象时都会自动调用构造方法，不能主动通过对象的引用来调用构造方法。所以通常使用构造方法执行一些有用的初始化任务，比如在创建对象时为成员属性赋初值等。

构造方法是类中的一个特殊方法。当使用 new 关键字创建一个类的实例时，构造方法将会被自动调用，其名称必须是两个下画线开始的“__construct()”。在一个类中只能声明一个构造方法，该方法无返回值。

构造方法的语法格式如下：

```
function  __construct([参数列表]){
        //方法体，通常用来对成员属性进行初始化赋值
 }
```

☑ 构造方法的名称是固定的；

☑ 构造方法也是魔术方法的一种；

☑ 在实例化的时候传递的参数，会在构造方法里被接收到。

在现实生活中，每个人都有名字、年龄、性别，如果在声明类的时候，就把这几个成员属性赋予了初始值，那么实例化对象的几个成员属性都是相同的值，所有的人都是相同的名字、年龄、性别，这样是不符合实际的。所以就要用到构造方法，给每个成员属性在每次实例化的时候，赋予一个自己特有的值。

【实例 7.7】 在前面声明过的 Person 类中添加一个构造方法，使用默认参数用来在引用对象时为对象中的成员属性赋予初值。

程序代码：

```
<?php
class Person {
var $name;
var $age;
function __construct($name,  $age) { //定义一个构造方法初始化赋值
        $this->name=$name;
        $this->age=$age;
    }
function say() {
```

```
        echo"我的名字叫：".$this->name."<br />";
        echo"我的年龄是：".$this->age;
        }}
$p1=new Person("张三", 20);
$p1->say();
?>
```

实例 7.7 在浏览器中访问的结果如图 7.3 所示。

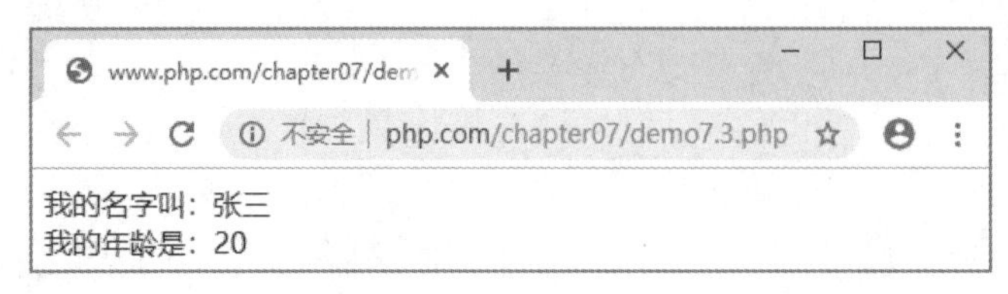

图 7.3　实例 7.7 的访问结果

2．析构方法

与构造方法相对应的就是析构方法，析构方法是在对象被销毁时被自动调用的一个方法。析构方法允许在销毁一个对象之前执行一些特定操作，例如关闭文件、释放结果集等。在栈内存段中的对象失去访问它的引用时，对象就不能被访问了，也就成了垃圾对象了。通常对象的引用被赋予其他的值或在页面运行结束时，对象都会失去引用。

析构方法的声明格式与构造方法相似，在类中声明的析构方法的名称也是固定的，也是以两个下画线开头的方法名“__destruct()”，并且析构函数不能带有参数。在类中声明析构方法的语法格式如下：

```
function __destruct(){
    //方法体，通常用来完成一些在对象销毁前的清理任务
 }
```

【实例 7.8】 在前面声明过的 Person 类中添加一个析构方法，用来在对象销毁时输出一条语句。

程序代码：

```
<?php
class Person {
var $name;
var $age;
function __construct($name, $age) {//定义一个构造方法初始化赋值
            $this->name=$name;
            $this->age=$age;
    }
function say() {
        echo"我的名字叫：".$this->name."<br />";
        echo"我的年龄是：".$this->age;
        }
        //定义一个析构方法，用来在对象销毁时输出一条语句
        function __destruct(){
        echo"再见".$this->name;
        }
}
```

```
$p1=new Person("张三", 20);
$p1->say();
echo"<br>";
?>
```

实例 7.8 在浏览器中访问的结果如图 7.4 所示。

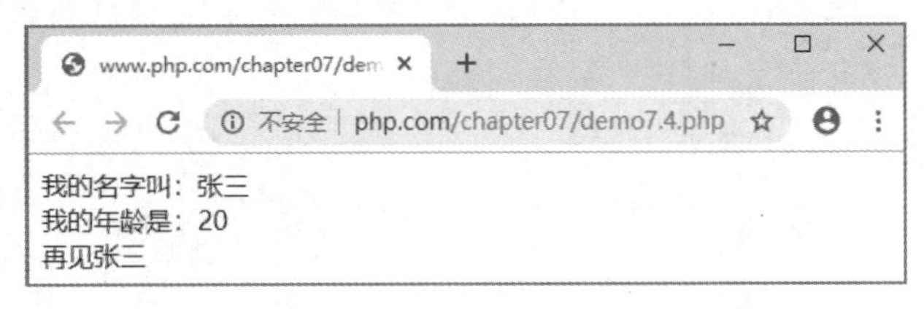

图 7.4　实例 7.8 的访问结果

7.4.3　任务实现

我们已经学习了构造和析构方法，下面就来实现本节的任务。

程序代码：

```
<?php
class person{
public $name;
public $age;
public $gender;
/*     * 构造方法 __construct() 是在实例化对象时被自动调用的
        * 用途：可以用于初始化程序（可以给成员属性赋值，也可以调用成员方法）
        * 语法：[修饰符] function __construct(参数列表...){ 初始化流程 }        */
public function __construct($n, $a, $g ='男'){
            $this ->name = $n;
            $this ->age = $a;
            $this ->gender = $g;
            $this ->say();//也可以调用成员方法
}
public function say(){
echo"我的名字是：{$this -> name}，";
echo"我的年龄是：{$this -> age}，";
echo"我的性别是：{$this -> gender}。";
     }}
// 实例化对象时要按构造方法的参数去传递对应的值，必选参数要放在可选参数之前
$person1 = new person("张三", 18);
echo"<br>";
echo $person1 ->name;
echo"<br />";
echo $person1 ->age;
echo"<br />";
echo $person1 ->gender;
echo"<br />";
$person1 ->say();
echo"<hr />";
$person2 = new person("李四", 30,"女");
```

```
echo"<br>";
echo $person2 ->name;
echo"<br />";
echo $person2 ->age;
echo"<br />";
echo $person2 ->gender;
echo"<br />";
$person2 ->say();
echo"<hr />";
$person3 = new person("王五", 20,"男");
echo"<br>";
echo $person3 ->name;
echo"<br />";
echo $person3 ->age;
echo"<br />";
echo $person3 ->gender;
echo"<br />";
$person3 ->say();
?>
```

该程序在浏览器中访问的结果如图 7.5 所示。

图 7.5　程序的访问结果

7.5　从访问控制中学习封装和继承

封装和继承是面向对象编程中的重要特征。对象中的成员属性如果没有被封装，一旦对象创建完成，就可以通过对象的引用来获取任意成员属性的值，并能够为所有的成员属性赋任意值，在对象的外部任意访问对象中的成员属性是非常危险的。

继承可以建立一个新的派生类，从一个先前定义的类中继承数据和函数，而且可以重新定义或加进新数据和函数，可有效增加代码的可重用性。

7.5.1 任务分析

声明一个 Person 类，内有私有属性姓名、年龄和性别，私有方法 say()和公有方法 run()，浏览器输出访问私有属性和成员方法的结果。

7.5.2 相关知识

1. 修饰符与封装

声明成员属性和成员方法时，可以使用修饰符实现对成员的封装。在 PHP 中，修饰符有 public、private 和 protected 三种，具体用法如下。

（1）public：公有修饰符，所有的外部成员都可以访问这个类的成员。如果类的成员没有指定访问修饰符，则默认为 public。

（2）private：私有修饰符，被修饰为 private 的成员对于同一个类里的所有成员是可见的，即没有访问限制，但对于该类的外部代码是不允许访问的，对于该类的子类同样也不能访问。

（3）protected：保护成员修饰符，被修饰为 protected 的成员不能被该类的外部代码访问，但是对于该类的子类可以对其访问、读写等。

【实例 7.9】 使用 private 修饰符对 Person 类中成员属性进行封装。

程序代码：

```
<?php
class Person{
        private $name;   //第一个成员属性$_name 定义人的名字，此属性被封装
        private $age;       //第二个成员属性$_age 定义人的年龄，此属性被封装
        public function __construct($name,$age){
                $this->name=$name;
                $this->age=$age;
        }
        public function getName(){
        return $this->name;
        }
}
$person1=new Person('张三',20);
echo $person1->$name;        //_name 属性被封装，不能在对象的外部获取私有属性的值
echo $person1->getName;   //getName()方法没有被封装，可以在对象外部使用
?>
```

实例 7.9 在浏览器中访问的结果如图 7.6 所示。

说明：上述代码中 Person 类中的两个属性 name 和 age 都是私有成员，在类外无法直接访问。因此，若要在类外访问私有成员属性，就需要通过 public 声明的成员方法，在类内使用$this 进行访问。

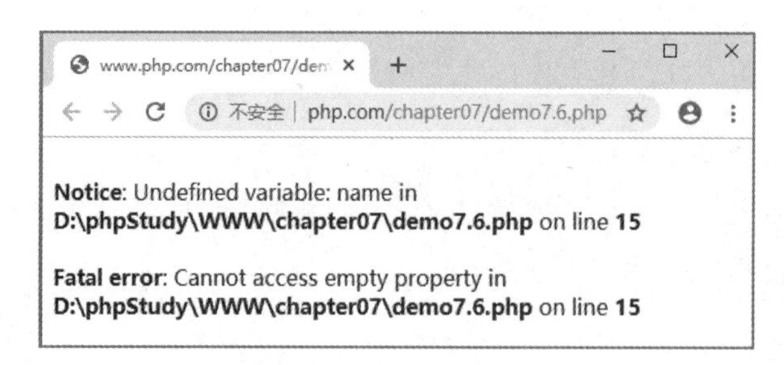

图 7.6　实例 7.9 的访问结果

2. __set()、__get()、__isset()和__unset()四个方法

一般来说，把类中的成员属性都定义为私有的，这更符合现实的逻辑，能够更好地对类中的成员起到保护作用。PHP 5.1.0 以后的版本中，预定义了用来完成对所有私有属性都能获取和赋值的操作的两个方法__get()和__set()，以及用来检查私有属性是否存在的方法__isset()和用来删除对象中私有属性的方法__unset()。

1）魔术方法__set()

在上一小节中，我们在声明 Person 类时将所有的成员属性都使用了 private 关键字封装起来，使对象受到保护。但为了在程序运行过程中可以按要求改变一些私有属性的值，在类中给用户提供了公有的类似 setXxx()方法这样的访问接口。这样做和直接为没有被封装的成员属性赋值相比，好处在于可以控制将非法值赋给成员属性，因为使用公有方法间接为私有属性赋值时，可以在方法中做一些条件限制。但如果对象中的成员属性声明得比较多，而且还需要频繁操作，那么在类中声明很多个为私有属性重新赋值的访问接口则会加大工作量，而且还不容易控制。而使用魔术方法__set()就可以解决这个问题。该方法能够控制在对象外部只能为私有的成员属性赋值，不能获取私有属性的值。用户需要在声明类时自己将它加到类中才可以使用，在类中声明的格式如下：

```
void __set ( string name, mixed value )
//以两个下画线开始的方法名，方法体的内容需要自定义
```

__set()方法的作用是在程序运行过程中为私有的成员属性设置值，它不需要任何返回值，但需要两个参数，第一个参数需要传入在为私有属性设置值时的属性名，第二个参数则需要传入为属性设置的值。这个方法不需要用户主动调用，是在用户只为私有属性设置值时自动调用的，可以在方法前面也加上 private 关键字修饰，以防止用户直接去调用它。如果不在类中添加这个方法而直接为私有属性赋值，则会出现“不能访问某个私有属性”的错误。

【实例 7.10】 在类中使用__set()方法。

程序代码：

```
<?php
class Person {
    //声明 Person 类的成员属性，全部使用了 private 关键字进行封装
    //此属性被封装
    private $name;
    //此属性被封装
    private $sex;
    //此属性被封装
```

```
        private $age;
        function __construct($name = "", $sex = "", $age = 1) {
            $this -> name = $name;
            $this -> sex = $sex;
            $this -> age = $age;
        }
        /*声明魔术方法需要两个参数，直接为私有属性赋值时自动调用，并且可以屏蔽一些非法赋值
        * @parem string $propertyName 成员属性名
        * @parem mixed $propertyValue 成员属性值
        * */
    private function __set($propertyName, $propertyValue) {
            //如果第一个参数是属性名 sex 则条件成立
            if ($propertyName == "sex") {   //第二个参数只能是男女
                if (!($propertyValue == "男" || $propertyValue == "女"))
                    //如果是非法参数返回空，则结束方法执行
                    return;
            }
            //如果第一个参数是属性名 age 则条件成立
            if ($propertyName == "age") {
                //第二个参数只能是 0~150 之间的整数
                if ($propertyValue > 150 || $propertyValue < 0)
                    //如果是非法参数返回空，则结束方法执行
                    return;
            }
            //根据参数决定为哪个属性赋值，传入不同的成员属性名赋予传入的相应的值
            $this -> $propertyName = $propertyValue;
        }
        //声明 Person 类的成员方法，设置为公有的，可以在任何地方访问
    public function say() {
    echo "我的名字：" . $this -> name . ",性别：" . $this -> sex . ",年龄：" . $this -> age . "。<br>";
        }
    }
    $person1=new Person("张三","男",20);
    //以下三行自动调用了__set()函数，将属性名分别传给第一个参数，将属性值传给第二个参数
    $person1->name="李四";          //自动调用了__set()方法为私有属性 name 赋值成功
    $person1->sex="女";             //自动调用了__set()方法为私有属性 sex 赋值成功
    $person1->age=80;               //自动调用了__set()方法为私有属性 age 赋值成功
    $person1->sex ="保密";          //“保密”是一个非法值，这条语句为私有属性 sex 赋值失败
    $person1->age = 800;            //800 是一个非法值，这条语句为私有属性 age 赋值失败
    $person1->say() ;               //调用$person1 对象中的 say()方法，查看一下所有被重新设置的新值
    ?>
```

该程序运行后的输出结果如图 7.7 所示。

图 7.7　实例 7.10 的运行结果

在上面的 Person 类中，将所有的成员属性设置为私有的，并将魔术方法__set()声明在这个类中。在对象外面通过对象的引用就可以直接为私有的成员属性赋值了，看上去就像

没有被封装一样。但在赋值过程中自动调用了__set()方法，并将直接赋值时使用的属性名传给了第一个参数，将属性值传给了第二个参数。通过__set()方法间接地为私有属性设置新值。这样就可以在__set()方法中通过两个参数为不同的成员属性限制不同的条件，屏蔽掉为一些私有属性设置的非法值。例如，在上例中没有对对象中的成员属性$name 进行限制，所以可以为它设置任意的值，但对对象中的成员属性$sex 限制了“男”或“女”两个值，而且限制了在为对象中的成员属性$age 设置值时只能是 0～150 的整数。

2）*魔术方法__get()*

如果在类中声明了__get()方法，则直接在对象的外部获取私有属性的值时，会自动调用此方法，返回私有属性的值，并且可以在__get()方法中根据不同的属性，设置一些条件来限制对私有属性的非法取值操作。和__set()方法一样，用户需要在声明类时自己将它加到类中，在类中声明的格式如下：

```
mixed __get ( string name )
//需要一个属性名作为参数，并返回处理后的属性值
```

__get()方法的作用是在程序运行过程中，通过它在对象的外部获取私有成员属性的值。它有一个必选的参数，需要传入在获取私有属性值时的属性名，并返回一个值，是在这个方法中处理后的允许对象外部使用的值。这个方法也不需要用户主动调用，也可以在方法前面加上 private 关键字修饰，以防止用户直接去调用它。如果不在类中添加这个方法而直接获取私有属性的值，则会出现“不能访问某个私有属性”的错误。

【实例 7.11】 在类中使用__get()方法。

程序代码：

```
<?php
    error_reporting(0);
class Person {
    private $name;
    //此属性被封装
    private $sex;
    //此属性被封装
    private $age;
    //此属性被封装
    function __construct($name = "", $sex = "男", $age = 1) {
        $this -> name = $name;
        $this -> sex = $sex;
        $this -> age = $age;}
    /**
     *__get()方法，在直接获取属性值时自动调用一次，以属性名作为参数传入并处理
     * @param string $propertyName 成员属性名
     * @return mixed  返回属性值      */
    private function __get($prppertyName)
    //在方法前使用 private 修饰，防止对象外部调用
    {
        if ($propertyName == "sex")//如果参数传入的是“sex”则条件成立
        {
            return "保密";
            //不让别人获取到性别，以“保密”替代
```

```
        } else if ($propertyName == "age")//如果参数传入的是“age”则条件成立
            {
                if ($this -> age > 30)//如果对象中的年龄大于 30 则条件成立
                    return $this -> age = 10;
                //返回对象中虚假的年龄，比真实年龄小 10 岁
                else//如果对象中的年龄不大于 30 则执行下面代码
                    return $this -> $propertyName;
                //使访问都可以获取到对象中真实的年龄
            } else {
                //如果参数传入的是其他属性名则条件成立
                return $this -> $propertyName;
                //对其他属性都没有限制，可以直接返回属性的值      }}}
$person1 = new Person("张三", "男", 10);
echo "姓名:" . $person1 -> name . "<br>";
//直接访问私有属性 name，自动调用了__get()方法可以间接获取
echo "性别:" . $person1 -> sex . "<br>";
//自动调用了__set()方法，但在方法中没有返回真实属性的值
echo "年龄:" . $person1 -> age . "<br>";
//自动调用了__set()方法，根据对象本身的情况会返回不同的值
?>
```

该程序运行后的输出结果如图 7.8 所示。

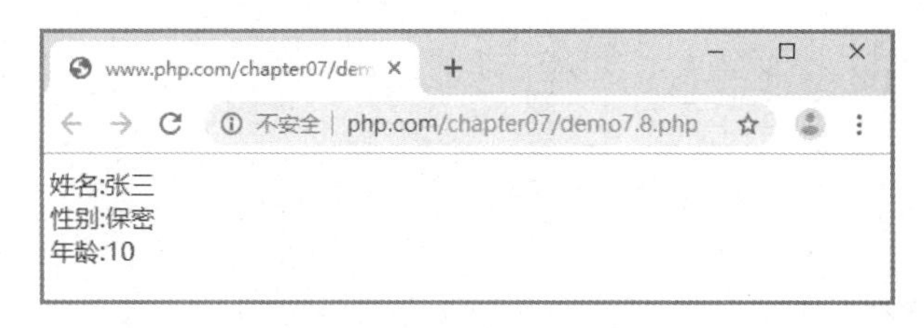

图 7.8　实例 7.11 的运行结果

在上面的程序中声明了一个 Person 类，并为所有的成员属性使用 private 修饰，还在类中添加了__get()方法。在通过该类的对象直接获取私有属性的值时，会自动调用__get()方法间接地获取到值。在上例的__get()方法中，没有对$name 属性进行限制，所以直接访问就可以获取对象中真实的$name 属性的值。但并不想让对象外部获取$sex 属性的值，所以当访问它时在__get()方法中返回“保密”。而且也对$age 属性做了限制，如果对象中年龄大于 30 岁则隐瞒 10 岁，如果这个人的年龄不大于 30 岁则返回真实年龄。

3）*魔术方法*__isset()*和*__unset()

在学习__isset()方法之前，先来了解一下 isset()函数的应用，它是用来测定变量是否存在的函数。isset()函数传入一个变量作为参数，如果传入的变量存在则返回 true，否则返回 false。那么是否可以使用 isset()函数测定对象里面的成员属性是否存在呢？如果对象中的成员属性是公有的，我们就可以直接使用这个函数来测定；但如果是私有的成员属性，这个函数就不起作用了，原因就是私有的属性被封装了，在对象外部不可见。但如果在对象中存在__isset()方法，当在类外部使用 isset()函数来测定对象里面的私有属性时，就会自动调用类里面的__isset()方法帮助我们完成测定的操作。__isset()方法在类中声明的格式如下：

```
bool __isset ( string name )
//传入对象中的成员属性名作为参数，返回测定后的结果
```

如果类中添加了__isset()方法，在对象的外部使用 isset()函数测定对象中的成员时，就会自动调用对象中的__isset()方法，间接地帮助我们完成对对象中私有成员属性的测定。为了防止用户主动调用这个方法，也需要使用 private 关键字修饰将它封装在对象中。

在学习__unset()方法之前，先来了解一下 unset()函数。unset()函数的作用是删除指定的变量，参数为要删除的变量名称。也可以使用这个函数在对象外部删除对象中的成员属性，但这个对象中的成员属性必须是公有的才可以直接删除。如果对象中的成员属性被封装，就需要在类中添加__unset()方法，才可以在对象的外部使用 unset()函数直接删除对象中的私有成员属性，自动调用对象中的__unset()方法帮助我们间接地将私有的成员属性删除。也可以在__unset()方法中限制一些条件，阻止删除一些重要的属性。__unset()方法在类中声明的格式如下：

```
void __unset ( string name )
//传入对象中的成员属性名作为参数，可以将私有成员属性删除
```

如果没有在类中加入__unset 方法，就不能删除对象中的任何私有成员属性。为了防止用户主动调用这个方法，也需要使用 private 关键字修饰将它封装在对象中。

【实例 7.12】 声明一个 Person 类，并将所有的成员属性设置成私有的。在类中添加自定义的__isset()和__unset()两个方法，在对象外部使用 isset()和 unset()函数时，会自动调用这两个方法。

程序代码：

```
<?php
    class Person {
        private $name;//此属性被封装
        private $sex;//此属性被封装
        private $age;//此属性被封装
        function __construct($name="",$sex="男",$age=1)
        {
            $this->name = $name;
            $this->sex = $sex;
            $this->age = $age;
        }
/**
* 当在对象外面使用 isset()函数测定私有成员属性时，自动调用，并在内部测定回传给外部的 isset()结果
*  @param string $propertyName 成员属性名
*  @returnboolean 返回 isset()查询成员属性的真假结果
*/
        private function  __isset($propertyName)
        //需要一个参数，是测定的私有属性的名称
        {
            if($propertyName=="name")
            //如果参数中传入的属性名等于“name”时则条件成立
            return false;
            //返回假，不允许在对象外部测定这个属性
            return  isset($this->$propertyName);
            //其他的属性都可以被测定，并返回测定的结果
        }
/*
* 当在对象外面使用 unset()函数删除私有属性时，自动调用，并在内部把私有的成员属性删除
```

```
 * @param string $propertyName 成员属性名
 */
        private function __unset($propertyName){     //需要一个参数，是要删除的私有属性的名称
            if($propertyName=="name")
            //如果参数传入的属性名等于“name”时则条件成立
                return;
                //退出方法，不允许删除对象的 name 属性
            unset($this->$propertyName);
                //在对象的内部删除在对象外指定的私有属性
        }
        public function say(){
            echo"我的名字:".$this->name.",性别:".$this->sex.",年龄:".$this->age."<br>";
        }}
    $person1 = new Person("张三","男",20);//创建一个对象$person1，将成员属性分别附上初值
    var_dump(isset($person1->name));        //输出 bool(false)，不允许测定 name 属性
    var_dump(isset($person1->sex));         //输出 bool(true)，存在 sex 私有属性
    var_dump(isset($person1->age));         //输出 bool(true)，对象中存在 age 私有属性
    var_dump(isset($person1->id));          //输出 bool(false)，测定对象中不存在 id 属性
    unset($person1->name);
    //删除私有属性 name，但在__unset()方法中不允许删除
    unset($person1->sex);        //删除对象中的私有属性 sex，删除成功
    unset($person1->age);        //删除对象中的私有属性 age，删除成功
    $person1->say();
    //对象中的 sex 和 age 属性被删除，输出“我的名字:张三,性别: ,年龄:”
?>
```

该程序运行后的输出结果如图 7.9 所示。

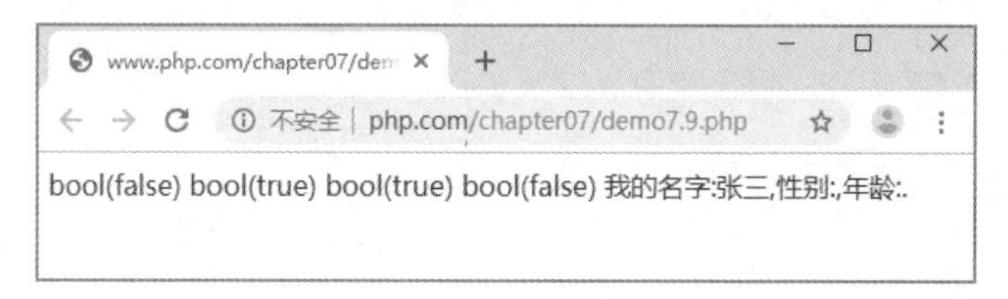

图 7.9　实例 7.12 的运行结果

3．继承性

继承性是指通过子类对已存在的父类进行功能扩展。一个类只能直接从另一个类中继承数据，但一个类可以有多个子类。单继承和多继承的比较如图 7.10 和图 7.11 所示。

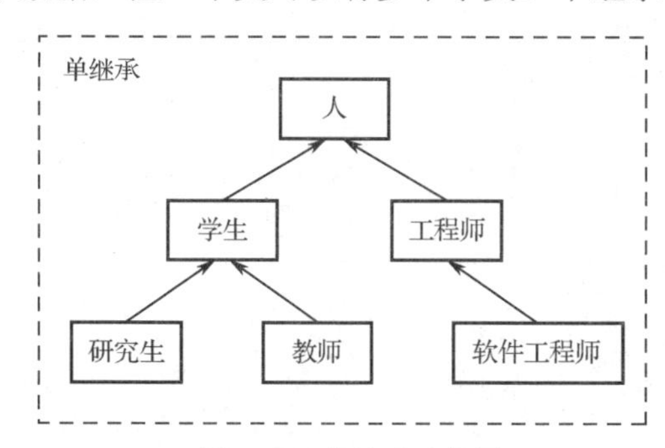

图 7.10　单继承示意图

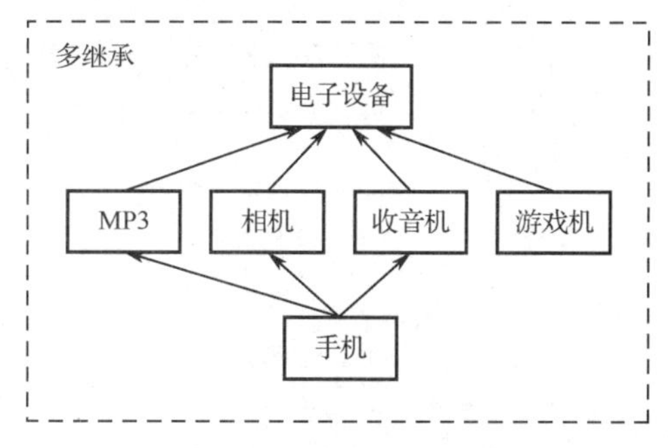

图 7.11　多继承示意图

图 7.10 为单继承示意图，图 7.11 为多继承示意图，而在 PHP 中使用继承时只能采用

单继承的形式。单继承的好处是可以降低类之间的复杂性，有更清晰的继承关系，也就更容易在程序中发挥继承的作用。例如，在图 7.10 中，“教师”类是“学生”类的扩展，“学生”类又是“人”类的扩展。

【实例 7.13】 前面一直使用的 Person 类就可以派生出很多子类。假设有两个成员属性 name 和 age，还有两个成员方法 say()和 run()，当然还可以有更多的成员。如果在程序中还需要声明一个学生类（Student），学生也具有所有人的特性，就可以让 Student 类继承 Person 类，把 Person 类中所有的成员都继承过来。使用 extends 关键字实现了多个类的单继承关系。

程序代码：

```
<?php
    //声明一个 Person 类，定义人所具有的一些基本的属性和功能成员，作为父类
    class Person{
        var $name;
        var $sex;
        var $age;
function __construct($name="",$sex="男",$age=1)
        {
            $this->name = $name;
            $this->sex = $sex;
            $this->age = $age;
        }
function say()
        {
        echo"我的名字:".$this->name.",性别:".$this->sex.",年龄:".$this->age.".<br>";
        }
        function run()
        {
                echo $this->name."正在走路.<br>";
        }
}
    //声明一个学生类，使用 extends 关键字扩展（继承）Person 类
class Student extends Person{
    //在学生类中声明一个所在学校的成员属性 school
        var $school;
        //在学生类中声明一个学生可以学习的方法 study()
        function study()
        {
            echo $this->name."正在".$this->school."学习<br>";
        }
    }
    //声明一个教师类，使用 extends 关键字扩展（继承）Student 类
    class Teacher extends Student{
        var $wage;
    //在教师类中声明一个教师可以教学的方法 teaching()
        function teaching(){
        echo $this->name."正在".$this->school."教学,每月工资为".$this->wage.".<br>";
    }
    }
    $teacher1 = new Teacher("张三","男",40);
```

```
//使用继承过来的构造方法创建一个教师对象
        $teacher1->school="edu";
//为教师对象所在学校的成员属性 school 赋值
        $teacher1->wage = 3000;
//为教师对象中的成员属性工资 wage 赋值
//调用教师对象中的说话方法
        $teacher1->say();
//调用教师对象中的学习方法
        $teacher1->study();
//调用教师对象中的教学方法
        $teacher1->teaching();
?>
```

该程序运行后的输出结果如图 7.12 所示。

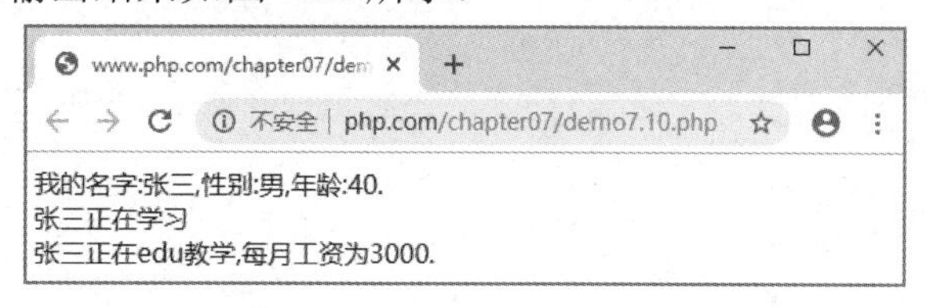

图 7.12　实例 7.13 的运行结果

在上面的例子中，首先，声明了一个 Person 类，在类中分别定义了三个成员属性 name、sex 和 age，一个构造方法，以及两个成员方法 run()和 say()。其次，当声明 Student 类时使用 extends 关键字将 Person 类中的所有成员都继承了过来，并在 Student 类中扩展了一个学生所在学校的成员属性 school 和一个学习的方法 study()。所以在 Student 类中现在存在四个成员属性和三个成员方法，以及一个构造方法。最后，声明了一个 Teacher 类，也是使用 extends 关键字去继承 Student 类，同样也将 Student 类的所有成员（包括从 Person 类中继承过来的）全部继承过来，又添加了一个成员属性工资 wage 和一个教学的方法 teaching()作为对 Student 类的扩展。这样在 Teacher 类中的成员包括从 Person 和 Student 类中继承过来的所有成员属性和成员方法，也包括构造方法，以及自己的类中新声明的一个属性和一个方法。当在 Person 类中对成员进行改动时，继承它的子类也都会随着变化。通过类的继承性可以简化对象和类的创建工作量，增加代码的可重用性。

4．子类中重载父类的方法

在 PHP 中不能定义同名的函数，也不能在同一个类中定义同名的方法，所以也就没有方法重载。但在子类中可以定义和父类同名的方法，因为父类的方法已经在子类中存在，这样在子类中就可以把从父类中继承过来的方法重写。

【实例 7.14】 在实例 7.13 中，声明的 Person 类中有一个“说话”方法，Student 类继承 Person 类后可以直接使用“说话”方法。但 Person 类中的“说话”方法只能说出它自己的成员属性，而 Student 类对 Person 类进行了扩展，添加了几个新的成员属性。如果使用继承过来的“说话”方法，也只能说出从 Person 类中继承过来的成员属性；如果在子类 Student 中再定义一个新的方法用于“说话”，则一个“学生”就有两种“说话”的方法，显然不太合理，所以在 Student 类中也定义了一个和它的父类 Person 中同名的方法，将其覆盖后重写。

程序代码：

```
<?php
    //声明一个 Person 类，定义人所具有的一些基本的属性和功能成员，作为父类
    class Person{
        var $name;
        var $sex;
        var $age;
        function __construct($name="",$sex="男",$age=1)
        {
            $this->name = $name;
            $this->sex = $sex;
            $this->age = $age;
        }
        function say(){
        echo"我的名字:".$this->name.",性别:".$this->sex.",年龄:".$this->age."<br>";
        }
        function run()
        {
            echo $this->name."正在走路.<br>";
        }
}
    //声明一个学生类，使用 extends 关键字扩展（继承）Person 类
    class Student extends Person{
        var $school;//在学生类中声明一个所在学校的成员属性 school
        //在学生类中声明一个学生可以学习的方法 study()
        function study()
        {
            echo $this->name."正在".$this->school."学习<br>";
        }
    }
    //声明一个教师类，使用 extends 关键字扩展（继承）Student 类
    class Teacher extends Student{
        var $wage;
        //在教师类中声明一个教师可以教学的方法 teaching()
        function teaching()
        {
        echo $this->name."正在".$this->school."教学,每月工资为".$this->wage."<br>";
        }
    }
$teacher1 = new Teacher("张三","男",40);//使用继承过来的构造方法创建一个教师对象
$teacher1->school="edu";
//为一个教师对象所在学校的成员属性 school 赋值
    $teacher1->wage = 3000;                //为一个教师对象中的成员属性工资 wage 赋值
    $teacher1->say();                      //调用教师对象中的说话方法
    $teacher1->study();                    //调用教师对象中的学习方法
    $teacher1->teaching();                 //调用教师对象中的教学方法
?>
```

该程序运行后输出的结果如图 7.13 所示。

图 7.13　实例 7.14 的运行结果

在上面的例子中，声明的 Student 子类中覆盖了从父类 Person 中继承过来的构造方法和成员方法 say()。同时在子类的构造方法中添加一条为 school 属性初始化赋值的代码，在子类的 say()方法中添加一条说出自己所在学校的代码，都是将父类被覆盖的方法中原有的代码重新写一次，并在此基础上添加一些内容。

在 PHP 中，提供了在子类重载的方法中调用父类中被覆盖方法的功能。这样就可以在子类重写的方法中继续使用从父类中继承过来并被覆盖的方法，然后再按要求多添加一些新功能。调用的格式是使用“parent::方法名”在子类的重载方法中调用父类中被它覆盖的方法。

【实例 7.15】将实例 7.14 中的代码修改一下，在子类重写的构造方法中使用“parent::__construct()”调用父类中被覆盖的构造方法，再添加一条为子类中新扩展的成员属性初始化的代码。在子类中重写的 say()方法中使用“parent::say()”调用父类中被覆盖的 say()方法，再添加输出子类成员属性值的功能。

程序代码：

```
<?php
    class Person{
        var $name;
        var $sex;

        function __construct($name="",$sex="男",$age=1){
            $this->name = $name;
            $this->sex = $sex;
        $this->age = $age;
        }
        var $age;
        function __construct($name="",$sex="男",$age=1){
            $this->name = $name;
            $this->sex = $sex;
        $this->age = $age;
        }
function say(){
        echo"我的名字:".$this->name.",性别:".$this->sex.",年龄:".$this->age.".<br>";
        }
    }
//声明一个学生类，使用 extends 关键字扩展（继承）Person 类
    class Student extends  Person{
        private $school;
//覆盖父类中的构造方法，在参数列表中多添加一个学校属性，用来创建对象并初始化成员属性
        function __construct($name="",$sex="男",$age=1,$school="")
        {
```

```
//调用父类中被本方法覆盖的构造方法，为从父类中继承过来的属性赋初值
                    parent :: __construct($name,$sex,$age);
                    $this->school = $school;//为子类中新声明的成员属性赋初值
}
          function study()
          {
                    echo $this->name."正在".$this->school."学习<br>";
          }
//定义一个和父类中同名的方法，将父类中说话方法覆盖并重写，说出所在的学校名称
                         function say()
          {//调用父类中被本方法覆盖掉的方法
                    parent::say();
echo"在".$this->school."学校上学<br>";              //在原有的功能基础上添加一点功能
          }}
$student = new Student("张三","男",20,"edu");
//创建一个学生对象，并多传递一个学校名称参数
     $student->say();
//调用学生类中覆盖父类的说话方法
?>
```

该程序运行后输出的结果如图 7.14 所示。

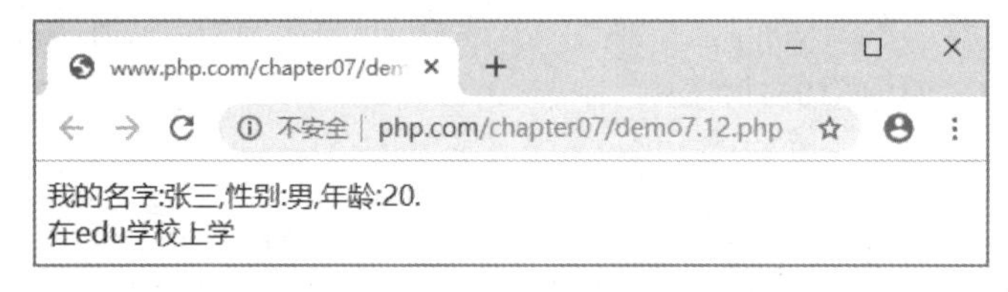

图 7.14　实例 7.15 的运行结果

本例输出的结果和前一个例子是一样的，但在本例中通过在子类中直接调用父类中被覆盖的方法要简便得多。另外，使用子类覆盖父类的方法时一定要注意，在子类中重写的方法的访问权限一定不能低于父类被覆盖的方法的访问权限。例如，如果父类中的方法的访问权限是 protected，那么在子类中重写的方法的权限就要是 protected 或 public。如果父类的方法是 public 权限，子类中要重写的方法只能是 public。总之，在子类中重写父类的方法时，一定要高于或等于父类被覆盖的方法的访问权限。

7.5.3　任务实现

我们已经学习了封装和继承，下面就来实现本节的任务。

程序代码：

```
<?php
class Person
{
     private $name;
     private $sex;
     private $age;
     private function say()
     {
          echo'正在说话<br>';
```

```
        }
        function run()
        {
            echo'正在走路<br>';
        }
}
$person1=new Person();
$person1->name="张伟";
$person1->sex="男";
$person1->age="20";
echo"person1 对象的名字：".$person1->name."<br>";
echo"person1 对象的性别：".$person1->sex."<br>";
echo"person1 对象的年龄：".$person1->age."<br>";
$person1->say();
$person1->run();
?>
```

说明：上述代码中 Person 类中的三个属性 name、age、sex 和方法 say()都是私有成员，在类外无法直接访问。

该程序运行后的输出结果如图 7.15 所示。

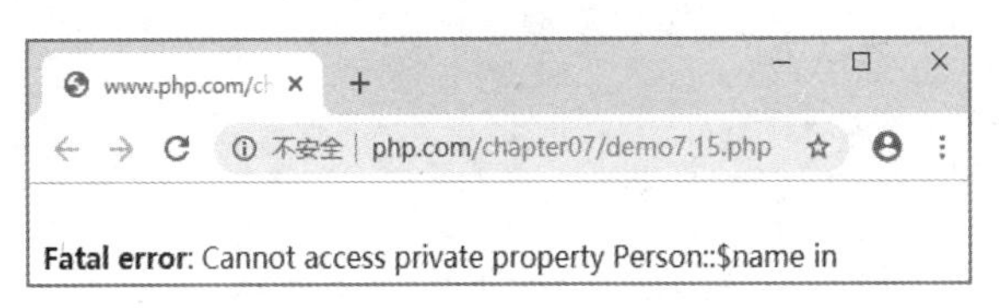

图 7.15　任务运行结果

7.6　从 Person 类中学习抽象类与接口

抽象类是一种特殊的类，而接口是一种特殊的抽象类，它们通常配合面向对象的多态性一起使用。

7.6.1　任务分析

定义抽象类 Shape，其中包括求面积和周长的抽象方法，派生子类如圆形类、矩形类和正方形类，分别计算图像的面积和周长。

7.6.2　相关知识

1．抽象类

在面向对象程序设计语言中，一个类可以有一个或多个子类，而每个类都有至少一个公有方法作为外部代码访问它的接口。抽象方法就是为了方便继承而引入的。本节中先来介绍抽象类和抽象方法的声明，然后说明其用途。

在声明抽象类之前，先了解一下什么是抽象方法。抽象方法就是没有方法体的方法，所谓没有方法体是指在方法声明时没有花括号及其中的内容，而是在声明方法时直接在方法名后加上分号结束。另外，在声明抽象方法时，还要使用关键字 abstract 标识。声明抽象方法的格式如下：

```
abstract function fun1();   //不能有花括号，就更不能有方法体中的内容
abstract function fun2();   //直接在方法名的括号后面加上分号结束，还要
                              使用 abstract 标识
```

只要在声明类时有一个方法是抽象方法，那么这个类就是抽象类，抽象类也要使用 abstract 关键字进行修饰。在抽象类中可以有不是抽象的成员方法和成员属性，但访问权限不能使用 private 关键字修饰为私有的。

【实例 7.16】 在 Person 类中声明两个抽象方法 say()和 eat()，Person 类就是一个抽象类，需要使用 abstract 关键字标识。

程序代码：

```
<?php
    //声名一个抽象类，要使用 abstract 关键字标识
    abstract class Person{
        protected $name;        //声明一个存储人的名字的成员
        protected $country;     //声明一个存储人所属国家的成员
        function __construct($name="",$country ="china"){
            $this->name = $name;
            $this->country = $country;
        }
        //在抽象类中声明一个没有方法体的抽象方法，使用 abstract 关键字标识
        abstract function say() ;
        //在抽象类中再声明一个没有方法体的抽象方法，使用 abstract 关键字标识
        abstract function eat() ;
        //在抽象类中可以声明正常的非抽象的方法
        function run(){
    echo"使用两条腿走路<br>";//有方法体，输出一条语句
}
    }
?>
```

在上例中声明了一个抽象类 Person，在这个类中定义了两个成员属性、一个构造方法、两个抽象方法和一个非抽象的方法。抽象类就像是一个“半成品”的类，在抽象类中包含没有被实现的抽象方法，所以抽象类是不能被实例化的，即创建不了对象，也就不能直接使用它。既然抽象类是一个“半成品”的类，那么使用抽象类有什么作用呢？抽象类可以包含继承关系，可以为其子类定义公共接口，将它的操作（可能是部分，也可能是全部）交给子类去实现，就是将抽象类作为子类重载的模板使用，定义抽象类就相当于定义了一种规范，这种规范要求子类去遵守。当子类继承抽象类以后，就必须把抽象类中的抽象方法按照子类自己的需要去实现。子类必须把父类中的抽象方法全部实现，否则子类中还会存在抽象方法，还是抽象类，也就不能实例化对象。

【实例 7.17】 声明两个子类，分别实现上例中声明的抽象类 Person。

程序代码：

```
<?php
```

```
//声明一个类去继承抽象类 Person
Class Chinese extends Person {
//将父类中的抽象方法覆盖，按自己的需求去实现
function say()
{
echo $this->name."是". $this->country."人，讲汉语<br>";//实现的内容
}
//将父类中的抽象方法覆盖，按自己的需求去实现
function eat() {
echo $this->name."使用筷子吃饭<br>";
//实现的内容
}}
//再声明一个类去继承抽象类 Person
class Americans extends Person
{//将父类中的抽象方法覆盖，按自己的需求去实现
function say() {
echo $this->name ."是". $this->country."人，讲英语<br>";//实现的内容
}//将父类中的抽象方法覆盖，按自己的需求去实现
function eat()
{
echo $this->name."使用刀子和叉子吃饭<br>";//实现的内容
}}
$chinese= new Chinese("张三","中国") ;
//创建第一个 Person 子类的实例化对象
$americans=new Americans("alex","美国") ;
//创建第二个 Person 子类的实例化对象
$chinese->say() ;
//通过第一个对象调用子类中已经实例化父类中抽象方法的 say()方法
$chinese->eat();
//通过第一个对象调用子类中已经实例化父类中抽象方法的 eat()方法
$americans->say() ;
//通过第二个对象调用子类中已经实例化父类中抽象方法的 say()方法
$americans->eat() ;
//通过第二个对象调用子类中已经实例化父类中抽象方法的 eat()方法
?>
```

该程序运行后的输出结果如图 7.16 所示。

图 7.16　实例 7.17 的运行结果

在上例中声明了两个类去继承抽象类 Person，并将 Person 类中的抽象方法按各自的需求分别实现，这样两个子类就都可以创建对象了。抽象类 Person 可以看成是一个模板，类中的抽象方法自己不去实现，只是规范了子类中必须要有父类中声明的抽象方法，而且要按照类的特点实现抽象方法中的内容。

2. 接口技术

因为 PHP 只支持单继承，也就是说每个类只能继承一个父类。当声明的新类继承抽象类实现模板以后，它就不能再有其他父类了。为了解决这个问题，PHP 引入了接口。接口是一种特殊的抽象类，而抽象类又是一种特殊的类，所以接口也是一种特殊的类。如果抽象类中的所有方法都是抽象方法，那么可以换另外一种声明方式——“接口”技术。接口中声明的方法必须都是抽象方法，另外不能在接口中声明变量，只能使用 const 关键字声明为常量的成员属性，而且接口中的所有成员都必须有 public 的访问权限。类的声明是使用 class 关键字来标识的，而接口的声明则是使用 interface 关键字来标识的。声明接口的格式如下：

```
interface 接口名称{//使用 interface 关键字声明接口
    //常量成员    //接口中的成员属性只能是常量，不能是变量
    //抽象方法    //接口中的所有方法必须是抽象方法，不能有非抽象的方法存在
}    //接口中的成员也需要使用花括号括起来
```

接口中所有的方法都要求是抽象方法，所以就不需要在方法前使用 abstract 关键字来标识了。接口中也不需要显式地使用 public 访问权限进行修饰，因为默认权限就是 public 的，也只能是 public 的。另外，接口和抽象类一样也不能实例化对象，它是一种更严格的规范，也需要通过子类来实现，但可以直接使用接口名称在接口外面去获取常量成员的值。

【实例 7.18】 接口的声明。

程序代码：

```
<?php
interface One {
// 使用 interface 关键字声明一个接口，One 为接口名称
const CONSTANT ='CONSTANT value';
//在接口中声明一个常量属性，和在类中声明一样
function fun1()://在接口中声明一个抽象方法 fun1()
function fun2() ://在接口中声明一个抽象方法 fun2()
}
?>
```

也可以使用 extends 关键字让一个接口去继承另一个接口，实现接口之间的扩展。

【实例 7.19】 声明一个接口 Two 继承上例中的接口 One。

程序代码：

```
<?php
interface Two extends One {        //声明一个接口 Two 对接口 One 进行扩展
function fun3();                   //在接口中声明一个抽象方法“fun3()”
function fun4();                   //在接口中声明一个抽象方法“fun4()”
}?>
```

如果需要使用接口中的成员，则需要通过子类去实现接口中的全部抽象方法，然后创建子类的对象去调用在子类中实现的方法。但通过类去继承接口时需要使用 implements 关键字来实现，并不是使用 extends 关键字完成。如果需要使用抽象类去实现接口中的部分方法，也需要使用 implements 关键字实现。在下面的例子中声明了一个抽象类 Three 去实现接口 One 中的部分方法，但要想实例化对象，还要求通过子类把这个抽象类所有的抽象方

法都实现才行。

【实例 7.20】 声明一个子类 Four 类去实现 One 接口中的全部方法。

程序代码：

```
<?php
//使用 interface 关键字声明一个接口，One 为接口名称
interface One {
const CONSTANT ='CONSTANT value';
    //在接口中声明一个常量成员属性，和在类中声明一样
    function fun1() ;//在接口中声明一个抽象方法 fun1()
    function fun2() ;//在接口中声明另一个抽象方法 fun2()
}
//声明一个抽象类 Three 去实现接口 One 中的第二个方法
abstract class Three implements One{
    function fun2() {//只实现接口中的一个抽象方法
                //具体的实现内容由子类自己决定
    }}
//声明一个子类 Four 去实现接口 One 中的全部抽象方法
class Four implements One{
    function fun1() {//实现接口中的第一个方法
                //具体的实现内容由子类自己决定
    }
    function fun2() {//实现接口中的第二个方法
                //具体的实现内容由子类自己决定
    }}
?>
```

PHP 是单继承的，一个类只能有一个父类，但是一个类可以实现多个接口。要实现的多个接口之间使用逗号分隔，在子类中要将所有接口中的抽象方法全部实现才可以创建对象，相当于一个类要遵守多个规范。实现多个接口的格式如下：

```
class  类名 implements 接口一, 接口二, …, 接口n {
 //一个类实现多个接口
 //实现所有接口中的抽象方法
}
```

实现多个接口使用 implements 关键字，同时还可以使用 extends 关键字继承一个类，即在继承类的同时实现多个接口。但一定要先使用 extends 继承一个类，再使用 implements 实现多个接口，使用格式如下：

```
class  类名 extends 父类名 implements 接口一, 接口二, …, 接口n {
 //继承一个类的同时实现多个接口
 //实现所有接口中的抽象方法
}
```

除了上述的一些应用，还有很多地方可以使用接口。例如，对于一些已经开发好的系统，在结构上进行较大的调整已经不太现实，这时可以通过定义一些接口并使用 implements 来完成功能结构的扩展。

7.6.3 任务实现

我们已经学习了抽象类与接口技术，下面就来实现本节的任务。

程序代码：

```
<?php
abstract class Shape
{
    abstract protected function get_area();
}
class Rectangle extends Shape
{
    private $width;
    private $height;

    function __construct($width=0,$height=0)
    {
      $this->width=$width;
      $this->height=$height;
    }

    function get_area()
    {
     echo ($this->width+$this->height)*2;
     echo "<br/>";
     }
    function get_girth()
    {
     echo ($this->width+$this->height);
     }
}
$Shape_Rect=new Rectangle(20,30);
$Shape_Rect->get_area();
$Shape_Rect->get_girth();
?>
```

7.7 从选择中学习多态

在 PHP 中，多态性指的就是方法的重写。方法重写是指在一个子类中可以重新修改父类中的某些方法，使其具有自己的特征。重写要求子类的方法和父类的方法名称相同，这可以通过声明抽象类或接口来规范。

7.7.1 任务分析

编写程序，实现父类 Animal 中有 getAnimalName 方法，根据子类对象$bird1 输出百灵鸟，根据子类对象$cat1 输出波斯猫，在子类 Bird 和 Cat 中又分别重写了父类 Animal 中的

echoVoice 方法，使子类对象$bird1 和$cat1 分别输出自己的 echoVoice 方法中的内容“这是鸟的叫声！”和“这是猫的叫声！”。

7.7.2 相关知识

1. 多态的实现条件

多态的实现有三个条件：首先必须有继承，即必须有父类及其派生的子类；其次必须有父类的引用指向子类的对象，这是实现多态最重要的一个条件；最后必须有方法重写，即子类必须对父类的某些方法根据自己的需求进行重写，方法名和参数都是相同的。

2. 多态性的应用

事实上，多态最直接的定义就是让具有继承关系的不同类对象，可以对相同名称的成员函数进行调用，产生不同的反应效果。所谓多态性是指一段程序能够处理多种类型对象的能力，例如，公司有一个发放工资的方法，公司内不同职位的员工工资都是通过这个方法发放的，但是不同的员工所发的工资是不相同的，这样同一个发工资的方法就出现了多种形态。

下面通过计算机 USB 设备的应用来介绍面向对象中的多态特性。目前 USB 设备的种类很多，例如 USB 鼠标、USB 键盘、USB 存储设备等，这些计算机的外部设备都是通过 USB 接口连接计算机以后，被计算机调用并启动运行的。也就是计算机正常运行的同时，每插入一种不同的 USB 设备，就为计算机扩展一样功能，这正是我们所说的多态特征。

【实例 7.21】 利用多态特征在计算机中应用 USB 设备的程序设计。

程序代码：

```
<?php
    //声明一个 USB 接口，让每个 USB 设备都遵守这个规范
    interface USB{
        function run();
    }//声明一个计算机类去使用 USB 设备
    class Computer{ //计算机类中的一个方法可以应用任何一种 USB 设备
        function useUSB($usb){
            $usb->run();
        }}
    $computer = new Computer;                  //实例化一个计算机类
    $computer ->useUSB( new Ukey());           //为计算机插入一个 USB 键盘设备并运行
    $computer ->useUSB( new Umouse());  //为计算机插入一个 USB 鼠标设备并运行
    $computer ->useUSB( new Ustore());         //为计算机插入一个 USB 存储设备并运行
?>
```

在上面的代码中声明了一个接口 USB，并在接口中声明了一个抽象方法 run()，目的就是定义一个规范，让每个 USB 设备都遵守。也就是子类设备必须重写 run()方法，这样才能被计算机应用到，并按设备自己的功能去实现它。因为在计算机类 Computer 的 useUSB()方法中，不管是哪种 USB 设备，调用的都是同一个$usb->run()方法。所以，如果不按照规范而随意命名 USB 设备中启动运行的方法名，就算方法中的代码写得再好，当将这个 USB 设备插入计算机以后也不能被启动，因为调用不到这个随意命名的方法。

【实例 7.22】 根据 USB 接口定义的规范，实现 USB 键盘、USB 鼠标和 USB 存储三

个设备，当然可以实现更多的 USB 设备，都按自己设备的功能重写 run()方法，即插入计算机启动运行后每个 USB 设备都有自己的形态。

程序代码：

```
<?php
//扩展一个 USB 键盘设备，实现 USB 接口
//
class Ukey implements USB {
function run(){
echo "运行 USB 键盘设备<br>";
}
}
//扩展一个 USB 鼠标设备，实现 USB 接口
class Umouse implements USB {
function run(){
echo "运行 USB 鼠标设备<br>";
}
}

//扩展一个 USB 存储设备，实现 USB 接口
class Ustore implements USB {
function run(){
echo "运行 USB 存储设备<br>";
}
}
?>
```

7.7.3 任务实现

我们已经学习了多态，下面就来实现本节的任务。

首先，定义父类 Animal。Animal 类中包含 private 属性$name、构造方法 construct、获取动物名称的方法 getAnimalName 及动物发声的方法 echoVoice：

```
class Animal{
private $name;
function __construct ( $name) {
$this->name = $name ;
}
function getAnimalName () {
echo $this->name;
}
function echoVoice () {
echo
"动物的叫声!";
}
}
```

其次，定义子类 Bird 及 Cat，继承父类 Animal。在子类 Bird 和 Cat 中重写父类的 echoVoice 方法：

```
class Bird extends Animal{
        function echoVoice () {
        echo "这是鸟的叫声!";
        }
}
class Cat extends Animal {
        function echoVoice ()
        {
        echo"这是猫的叫声!";
        }
}
}
```

然后，定义女孩类 Girl。Girl 类中包含 private 属性$girlName、构造方法 construct、获取女孩名的方法 getGirlName 及养宠物的方法 feedingPet。feedingPet 方法是实现多态的一个重要环节，参数$pet 会根据不同的对象做出不同的形态，即多态：

```
class Girl{
private $girlName;
function __construct ($girlName) {
$this->girlName = $girlName;
}
function getGirlName () {
echo $this- >girlName;
}
function feedingPet ($pet) {
$pet->echoVoice ();
}
}
```

最后，实例化对象$bird1、$cat1 及$girl1、$girl2。通过对象$girl1 和$girl2 分别调用 feedingPet 方法，传递的参数分别为子类对象$bird1 和$cat1：

```
$bird1 = new Bird ("百灵鸟") ;
$cat1 = new Cat ("波斯猫") ;
$girl1 = new Girl ("女孩 1") ;
$girl1->getGirlName () ;
echo" 养的宠物是:";
$girl1->feedingPet ($bird1) ;
$girl2 = new Girl ("女孩 2") ;
echo" 养的宠物是:";
$girl2->feedingPet ($cat1) ;
```

该程序运行后的输出结果如图 7.17 所示。

图 7.17　程序运行结果

从上面的实例可以看出，父类 Animal 中的 getAnimalName 方法根据子类对象$bird1 输出百灵鸟，根据子类对象$cat1 输出波斯猫。而在子类 Bird 和 Cat 中又分别重写了父类 Animal 中的 echoVoice 方法，故子类对象$bird1 和$cat1 分别输出了自己的 echoVoice 方法中的内容：

“这是鸟的叫声！”和“这是猫的叫声！”。因此，我们可以得出结论，PHP 程序设计语言中完全可以实现多态。

7.8 关键字和魔术方法的应用

在 PHP5 的面向对象程序设计中提供了一些常见的关键字，用来修饰类、成员属性和成员方法，使它们具有特定的功能，例如 final、static、const 等关键字。还有一些比较实用的魔术方法，用来提高类或对象的应用能力，例如__call()、__toString()、__autoload()等。

7.8.1 final 关键字的应用

在 PHP5 中新增了 final 关键字，它可以加在类或类中的方法前面，但不能用于标识成员属性。虽然 final 有常量的意思，但在 PHP 中定义常量是使用 define()函数来完成的。在类中将成员属性声明为常量也有专门的方式，在下一节中会详细介绍。

final 关键字的作用如下：

☑ 使用 final 标识的类，不能被继承；

☑ 在类中使用 final 标识的成员方法，在子类中不能被覆盖。

【实例 7.23】 声明一个 MyClass 类并使用 final 关键字标识，MyClass 类就是最终的版本，不能有子类，也就不能对它进行扩展。

程序代码：

```
<?php
//声明一个类，并使用 final 关键字标识，使其不能有子类
final class MyClass{
//成员略
}
class MyClass2 extends MyClass{
//声明另一个类并试图去继承 final 标识的类，结果出错
//成员略
}?>
```

该程序运行后的输出结果如图 7.18 所示。

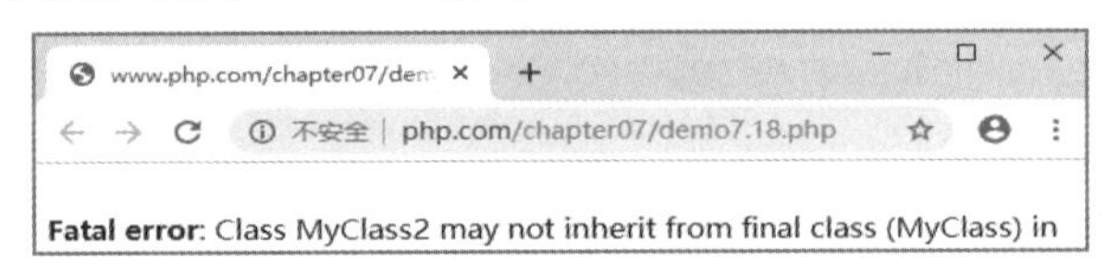

图 7.18 实例 7.23 的运行结果

【实例 7.24】 在上例中，声明 MyClass2 类，当试图继承使用 final 标识的 MyClass 类时，系统会报错。如果在类中的成员方法前面加 final 关键字标识，则在子类中不能覆盖它，被 final 标识的方法也是最终版本。

程序代码：

```
<?php
//声明一个类 MyClass 作为父类，在类中只声明一个成员方法
```

```
class MyClass{
//声明一个成员方法并使用 final 标识，则不能在子类中覆盖
        final function fun()
        {
        //方法体中的内容略
        }
}
//声明继承 MyClass 类的子类，在类中声明一个方法去覆盖父类中的方法
class MyClass2 extends MyClass{
//在子类中试图去覆盖父类中已被 final 标识的方法，结果出错
function fun(){
//方法体中的内容略
}
}
?>
```

该程序运行后的输出结果如图 7.19 所示。

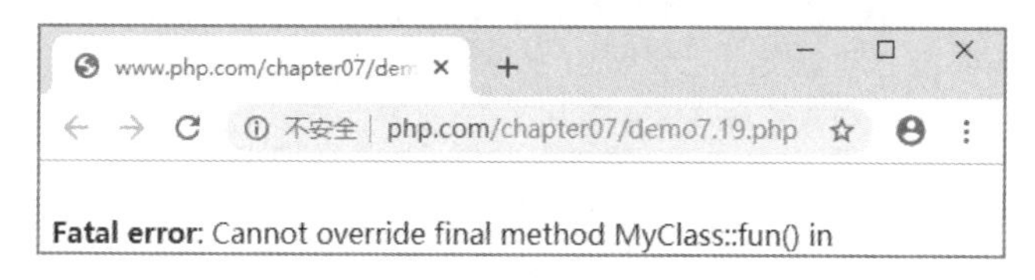

图 7.19 实例 7.24 的运行结果

在上面的代码中声明一个 MyClass 类，并在类中声明一个成员方法 fun()并在前面使用 final 关键字标识。又声明一个 MyClass2 类去继承 MyClass 类，在子类 MyClass2 中声明一个方法 fun()，并试图去覆盖父类中已被 final 标识的 fun()方法，则系统会出现报错信息。

7.8.2 static 关键字的应用

使用 static 关键字可以将类中的成员标识为静态的。static 关键字既可以用来标识成员属性，也可以用来标识成员方法。以 Person 类为例，如果在 Person 类中有一个“$country = 'china'”的成员属性，任何一个 Person 类的对象都会拥有一个自己的$country 属性，对象之间不会相互干扰。而 static 成员作为整个类的属性存在，如果将$country 属性使用 static 关键字标识，则不管通过 Person 类创建多少个对象（甚至可以是没有对象），这个 static 成员总是唯一存在的，在多个对象之间是共享的。因为使用 static 标识的成员是属于类的，所以与对象实例和其他的类无关。类的静态属性非常类似于函数的全局变量，类中的静态成员是不需要对象而使用类名来直接访问的，格式如下：

```
类名::静态成员属性名;
//在类的外部和成员方法中都可以使用这种方式访问静态成员属性
类名::静态成员方法名();
//在类的外部和成员方法中都可以使用这种方式访问静态成员方法
```

在类中声明的成员方法中，也可以使用关键字 self 来访问其他静态成员。因为静态成员是属于类的，而不属于任何对象，所以不能用$this 来引用它。而在 PHP 中给我们提供的 self 关键字，就是在类的成员方法中用来代表本类的关键字。其格式如下：

```
self::静态成员属性名;
//在类的成员方法中使用这种方式访问本类中的静态成员属性
self::静态成员方法名();
//在类的成员方法中使用这种方式访问本类中的静态成员方法
```

如果在类的外部访问类中的静态成员，可以使用对象引用和使用类名访问，但通常选择使用类名来访问；如果在类内部的成员方法中访问其他的静态成员，通常使用 self 的形式去访问，最好不要直接使用类名称。

【实例 7.25】 声明一个 MyClass 类，为了让类中的 count 属性可以在每个对象中共享，将其声明为 static 成员，用来统计通过 MyClass 类一共创建了多少个对象。

程序代码：

```
<?php
//声明一个 MyClass 类，用来演示使用静态成员
class MyClass{
static $count; //在类中声明一个静态成员属性 count，用来统计对象被创建的次数
function __construct(){ //每次创建一个对象就会自动调用一次这个构造方法
self::$count++;}//使用 self 访问静态成员 count，使其自增 1
static function getCount() {//声明一个静态方法，在类外面直接使用类名就可以调用
return self::$count; //在方法中使用 self 访问静态成员并返回
}
}
MyClass::$count=0; //在类外面使用类名访问类中的静态成员，为其初始化赋值 0
$myc1 = new MyClass();
//通过 MyClass 类创建第一个对象，在构造方法中将 count 累加 1
$myc2 = new MyClass();
//通过 MyClass 类创建第二个对象，在构造方法中将 count 累加 1
$myc3 = new MyClass();
//通过 MyClass 类创建第三个对象，在构造方法中将 count 累加 1
ECHO MyClass::getCount();
//在类外面使用类名访问类中的静态成员方法，获取静态属性的值 3
echo $myc3->getCount();
//通过对象也可以访问类中的静态成员和静态成员方法，获取静态属性的值 3
?>
```

该程序运行后的输出结果如图 7.20 所示。

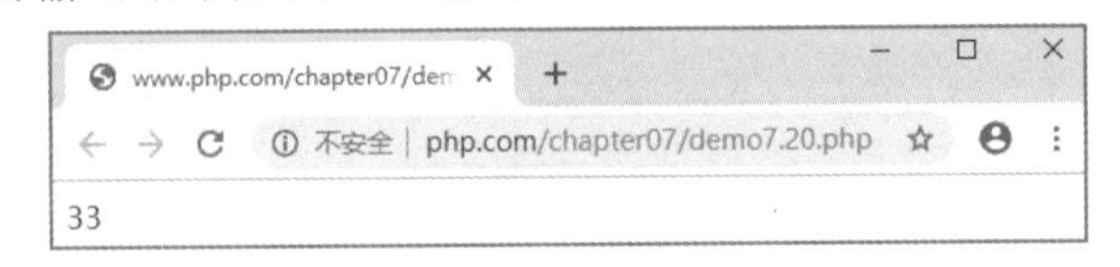

图 7.20 实例 7.25 的运行结果

在上例的 MyClass 类中，在构造方法内部和成员方法 getCount()内部，都使用 self 访问了本类中使用 static 标识为静态的属性 count，并在类的外部使用类名访问类中的静态属性。可以看到同一个类中的静态成员在每个对象中共享，每创建一个对象静态属性 count 就自增 1，用来统计实例化对象的次数。

另外，在使用静态方法时需要注意，在静态方法中只能访问静态成员。因为非静态的成员必须通过对象的引用才能访问，通常是使用$this 来完成的。而静态的方法在对象不存在的情况下也可以直接使用类名来访问，没有对象也就没有$this 引用，没有了$this 引用就

不能访问类中的非静态成员，但是可以使用类名或 self 在非静态方法中访问静态成员。

7.8.3 单态设计模式

单态设计模式的主要作用是保证在面向对象编程设计中，一个类只能有一个实例对象存在。在很多操作中，比如建立目录和数据库连接都有可能用到这种技术。和其他面向对象的编程语言相比，在 PHP 中使用单态设计模式尤为重要。因为 PHP 是脚本语言，每次访问都是一次独立执行的过程，而在这个过程中一个类有一个实例对象就足够了。

【实例 7.26】 自定义数据库的操作类，设计的原则是在一个脚本中，只需要实例化一个数据库操作类的对象，并且只连接一次数据库就可以了，而不是在一个脚本中为了执行多条 SQL 语句，单独为每条 SQL 语句实例化一个对象，因为实例化一次就要连接一次数据库，这样做效率非常低。单态设计模式就提供了这样实现的可能。另外，使用单态设计模式的另一个好处在于可以节省内存，因为它限制了实例化对象的个数。

程序代码：

```
<?php
//声明一个类 DB，用于演示单态设计模式的使用
class DB {
	private static $obj =null;	//声明一个私有的、静态的成员属性$obj
	//构造方法，使用 private 封装后则只能在类的内部使用 new 去创建对象
	private function __construct() {
		//在这个方法中完成数据库连接等操作
		echo"连接数据库成功<br>";
	}
	//只有通过这个方法才能返回本类的对象，该方法是静态方法，用类名调用
	static function getInstance() {
		if (is_null(self::$obj))
			//如果本类中的$obj 为空，说明还没有被实例化过
			self::$obj = new self();	//实例化本类对象
		return self::$obj;			//返回本类的对象
	}
	//执行 SQL 语句完成对数据库的操作
	function query($sql) {
		echo $sql;
	}}
//只能使用静态方法 getInstance()去获取 DB 类的对象
$db= DB::getInstance();
//访问对象中的成员
$db->query("select * from user");
?>
```

该程序运行后的输出结果如图 7.21 所示。

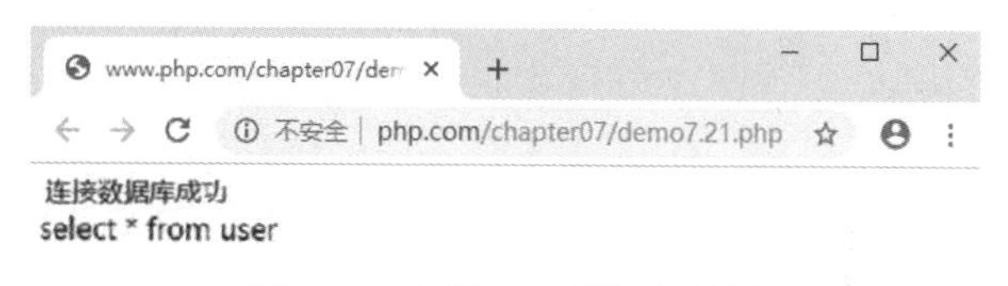

图 7.21　实例 7.26 的运行结果

要使用单态设计模式，就必须让一个类只能实例化一个对象；而要想让一个类只能实例化一个对象，就先要让一个类不能实例化对象。在实例 7.27 中，不能在类的外部直接使用 new 关键字去实例化 DB 类的对象，因为 DB 类的构造方法使用了 private 关键字进行封装。但根据封装的原则，可以在类的内部方法中实例化本类的对象，所以声明了一个方法 getInstance()，并在该方法中实例化本类对象。但成员方法也是需要对象才能访问的，所以在 getInstance()方法前使用 static 关键字修饰，成为静态方法就不使用对象而是通过类名来访问了。如果调用一次 getInstance()方法，就在该方法内实例化一次本类对象，这并不是我们想要的结果。所以就需要声明一个成员属性$obj，将实例化的对象引用赋值给它，再判断该变量，如果已经有值，就直接返回；如果值为 null，就去实例化对象，这样就能保证 DB 类只能被实例化一次。又因为 getInstance()方法是 static 修饰的静态方法，静态方法又不能访问非静态的成员，所以成员属性$obj 也必须是一个静态成员，又不想让类外部直接访问，所以也需要使用 private 关键字修饰将其封装起来。

7.8.4 const 关键字的应用

虽然 const 和 static 关键字的功能不同，但使用的方法比较相似。在 PHP 中定义常量是通过调用 define()函数来完成的，但要将类中的成员属性定义为常量，则只能使用 const 关键字。将类中的成员属性使用 const 关键字标识为常量，其访问的方式和静态成员一样，都是通过在类名或在成员方法中使用 self 关键字来访问的，也不能用对象来访问。标识为常量的属性是只读的，不能重新赋值，如果在程序中试图改变它的值，就会出现错误。所以在声明常量时一定要赋初值，因为没有其他方式在后期为常量赋值。注意，使用 const 关键字声明的常量名称前不要使用“$”符号，而且常量名称通常都是大写字母。

【实例 7.27】 演示在类中如何声明常量，并在成员方法中使用 self 关键字和在类外面通过类名来访问常量。

程序代码：

```
<?php
//声明一个 MyClass 类，在类中声明一个常量和一个成员方法
class MyClass{
        const CONSTANT ='CONSTANT value';
        //使用 const 关键字声明一个常量，并直接赋上初始值
        function showConstant() {     //声明一个成员方法并在其内部访问本类中的常量
                echo self::CONSTANT ."<br>";}
} //使用 se1f 关键字访问常量，注意常量前不要加“$”
echo MyClass::CONSTANT ."<br>";//在类外部使用类名称访问常量，也不要加“$”
$class = new MyClass();//通过类 MyC1ass 创建一个对象引用$class
$class ->showConstant();//调用对象中的方法
echo $class: :CONSTANT;
?>
```

该程序运行后的输出结果如图 7.22 所示。

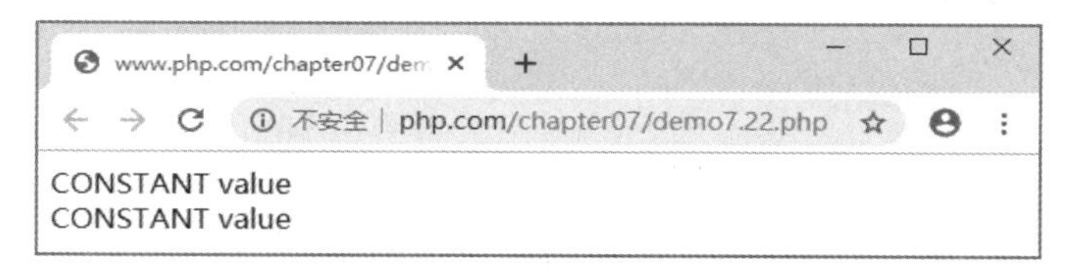

图 7.22　实例 7.27 的运行结果

7.8.5　instanceof 关键字的应用

使用 instanceof 关键字可以确定一个对象是类的实例、类的子类，还是实现了某个特定接口，然后进行相应的操作。

【实例 7.28】 假设希望了解名为$man 的对象是否为 Person 类的实例。

程序代码：

```
$man = new Person();
    …
if($man instanceof Person)
    echo '$man 是 Person 类的实例对象';
```

在这里有两点值得注意：首先，类名没有任何定界符（不使用引号），使用定界符将导致语法错误；其次，如果比较失败，脚本将退出执行。instanceof 关键字在同时处理多个对象时非常有用。例如，要重复调用某个函数，但希望根据对象类型调整函数的行为，这时使用 instanceof 就非常有用。

7.8.6　克隆对象

PHP5 中的对象模型是通过引用来调用对象的，但有时需要建立一个对象的副本，在改变原来的对象时不希望影响到副本。如果使用 new 关键字重新创建对象，再为属性赋上相同的值，这样做会比较烦琐，而且容易出错。在 PHP 中可以根据现有的对象克隆出一个完全一样的对象，克隆以后，原本和副本两个对象完全独立、互不干扰。

【实例 7.29】 在 PHP 5 中使用 clone 关键字克隆对象。

程序代码：

```
<?php
//声明一个类 Person，并在其中声明了三个成员属性、一个构造方法及一个成员方法
class Person {
    private $name;   //第一个私有成员属性$name 用于存储人的名字
    private $sex;    //第二个私有成员属性$sex 用于存储人的性别
    private $age;    //第三个私有成员属性$age 用于存储人的年龄
    //构造方法在对象创建时为成员属性赋切值
    function __construct($name ="", $sex ="", $age = 1) {
        $this ->name = $name;
        $this ->sex = $sex;
        $this ->age = $age; }
    //一个成员方法用于打印出自己对象中全部的成员属性值
    function say() {
```

```
echo"我的名字: ". $this ->name ."，性别: ". $this ->sex ."，年龄: ". $this ->age ."<br>";
    }}
$p1 = new Person("张三","男", 20);
//创建一个对象并通过构造方法为对象中所有成员属性赋初值
$p2 = clone $p1;        //使用 clone 关键字克隆（复制）对象，创建一个对象的副本
//$p3=$p1               //这不是复制对象，而是为对象多复制出一个访问该对象的引用
$p1 ->say();            //调用原对象中的说话方法，打印出原对象中的全部属性值
$p2 ->say();            //调用副本对象中的说话方法，打印出克隆对象的全部属性值
?>
```

该程序运行后的输出结果如图 7.23 所示。

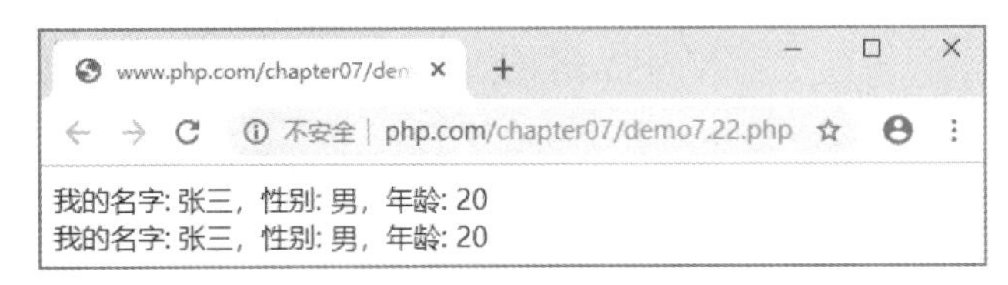

图 7.23　实例 7.29 的运行结果

在上面的程序中共创建了两个对象，其中有一个对象是通过 clone 关键字克隆出来的副本。两个对象完全独立，但它们中的成员及成员属性的值完全一样。如果需要对克隆后的副本对象在克隆时重新为成员属性赋初值，则可以在类中声明一个魔术方法__clone()。该方法是在对象克隆时自动调用的，所以就可以通过此方法对克隆后的副本重新进行初始化。__clone()方法不需要任何参数，该方法中自动包含$this 对象的引用，$this 是副本对象的引用。

【实例 7.30】 将例 7.29 中的代码改写一下，在类中添加魔术方法__clone()，对副本对象中的成员属性重新进行初始化。

程序代码：

```
<?php
//声明一个类 Person，并在其中声明了三个成员属性、一个构造方法及一个成员方法
class Person {
    private $name;   //第一个私有成员属性$name 用于存储人的名字
    private $sex;    //第二个私有成员属性$sex 用于存储人的性别
    private $age;    //第三个私有成员属性$age 用于存储人的年龄
    //构造方法在对象创建时为成员属性赋切值
    function __construct($name ="", $sex ="", $age = 1) {
        $this ->name = $name;
        $this ->sex = $sex;
        $this ->age = $age;
    }   //声明此方法则在对象克隆时自动调用，用来为新对象重新赋值
function __clone(){
    $this->name="我是".$this->name."的副本";  //为副本对象的 name 属性重新赋值
    $this->age=10;                           //为副本对象的 age 属性重新赋值
    }   //一个成员方法用于打印出自己对象中全部的成员属性值
function say() {
echo"我的名字: ". $this ->name ."，性别: ". $this ->sex ."，年龄: ". $this ->age ."<br>";
    }}
$p1 = new Person("张三","男", 20);
```

```
//创建一个对象并通过构造方法为对象中所有成员属性赋初值
$p2 = clone $p1; //使用 clone 关键字克隆（复制）对象，创建一个对象的副本
$p1 ->say();        //调用原对象中的说话方法，打印出原对象中的全部属性值
$p2 ->say();        //调用副本对象中的说话方法，打印出克隆对象的全部属性值
?>
```

该程序运行后的输出结果如图 7.24 所示。

图 7.24　实例 7.30 的运行结果

7.8.7　类中通用的方法__toString()

魔术方法__toString()是在直接输出对象引用时自动调用的方法。通过前面的介绍我们知道，对象引用是一个指针，即存放对象在堆内存中的首地址的变量。例如，在“$p=new Person()”语句中，$p 就是一个对象的引用，如果直接使用 echo 输出$p，则会输出“Catchable fatal error: Object of class Person could not be converted to string”错误信息。如果在类中添加了__toString()方法，则直接输出对象的引用时就不会产生错误，而是自动调用该方法，并输出__toString()方法中返回的字符串。所以__toString()方法中一定要有一个字符串作为返回值，通常在此方法中返回的字符串是使用对象中多个属性值连接而成的。

【实例 7.31】 声明一个测试类，并在类中添加__toString()方法，该方法将成员属性的值转换为字符串后返回。

程序代码：

```
<?php
//声明一个测试类，在类中声明一个成员属性和一个__ toString()方法
class TestClass{
private $foo;                        //在类中声明的一个成员方法
function __construct ($foo){         //通过构造方法传值为成员属性赋初值
$this->foo = $foo; }                 //为成员属性赋值
public function __toString() {       //在类中定义一个__toString()方法
return $this->foo;    } }            //返回一个成员属性$foo 的值
$obj = new TestClass('Hello') ;      //创建一个对象并赋值给对象引用$obj
echo $obj ;
?>
```

7.8.8　PHP 7 新加入的方法

__debugInfo()和__toString()方法功能相似，当使用 var_dump()函数输出对象时，新加入的__debugInfo()方法可以用来控制要输出的属性和值。如果一个对象中没有使用__debugInfo()方法，var_dump()函数会输出对象中默认的属性和值；如果使用该方法，则 var_dump()会输出__debugInfo()中返回的数组内容，所以__debugInfo()方法一定要有数组返回值。

7.8.9 __call()方法的应用

如果尝试调用对象中不存在的方法，一定会出现系统报错，并退出程序不能继续执行。在 PHP 中，可以在类中添加一个魔术方法__call()，则调用对象中不存在的方法时就会自动调用__call()方法，并且程序也可以继续向下执行，所以我们可以借助__call()方法提示用户，例如，提示用户调用的方法及需要的参数列表不存在。__call()方法需要两个参数：第一个参数是调用不存在的方法时，接收这个方法名称的字符串；而参数列表则以数组的形式传递到__call()方法的第二个参数中。

【实例 7.32】 在声明的类中添加__call()方法，用来解决用户调用对象中不存在的方法的情况。

程序代码：

```
<?php
//声明一个测试类，在类中声明 printHello()和__ call()方法
classTestClass{
	function printHello() {
		//声明一个方法，可以让对象能成功调用
		echo"Hello<br>";
		//执行时输出一条语句
	}
	/**
	声明魔术方法__call()，用来处理调用对象中不存在的方法的情况
	@param string $functionName 访问不存在的成员方法的名称字符串
	@param array $args 访问不存在的成员方法中传递的参数数组
	 */
	function __call($functionName, $args) {
		echo"你所调用的函数: ". $functionName ."(参数:";
		//输出调用不存在的方法名
		print_r($args);
		//输出调用不存在的方法时的参数列表
		echo")不存在！<br>\n";
		//输出附加的一些提示信息
	}
}
$obj = new TestClass();
//通过类 TestClass 实例化一个对象
$obj ->myFun("one", 2,"three");
//调用对象中不存在的方法，则自动调用了对象中的__call()方法
$obj ->otherFun(8, 9);
//调用对象中不存在的方法，则自动调用了对象中的__call()方法
$obj ->printHello();
//调用对象中存在的方法，可以成功调用
?>
```

该程序运行后的输出结果如图 7.25 所示。

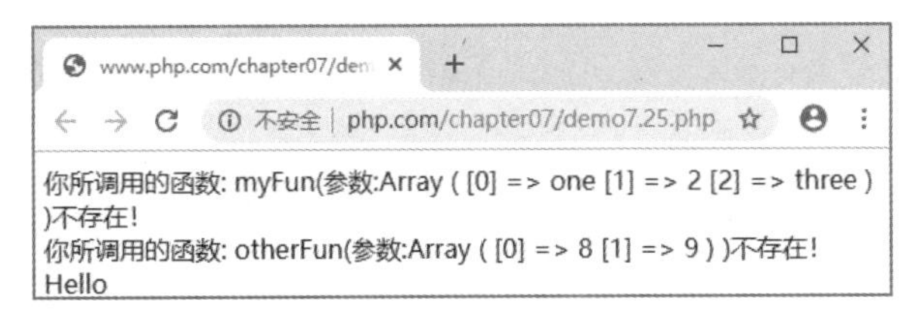

图 7.25 实例 7.32 的运行结果

在例 7.33 声明的 TestClass 类中有两类方法，一类是可以让对象正常调用的测试方法 printHello()，其他的方法则是类中没有声明的方法，但当调用该方法时并没有退出程序，而是自动调用了__call()方法并给用户一些提示信息。需要注意的是，魔术方法__call()不仅用于提示用户调用的方法不存在，每个魔术方法都有其存在的意义，只不过我们为了说明某些功能的应用，经常会选择简单的提示信息作为实例来进行演示。

【实例 7.33】 通过编写一个 DB 类的功能模型来说明魔术方法__call()的高级应用，并向大家介绍一下“连贯操作”。

DB 类的声明代码如下：

```
<?php
//声明一个 DB 类（数据库操作类）的简单操作模型
class DB {
//声明一个私有成员属性数组，主要通过下标来定义可以参加连贯操作的全部方法名称
private $sql=array(
"field"=>"",
"where"=>"",
"order"=>"",
"limit"=>"",
"group"=>"",
"having"=>""
);
//操作调用 field()、where()、order()、limit()、group()、having()方法，组合 SQL 语句
function  __call ($methodName, $args) {
//将第一个参数（代表不存在方法的方法名称）全部转换成小写方式，获取方法名称
$methodName= strtolower($methodName) ;
    //如果调用的方法名和成员属性数组$sql 下标相对应，则将第二个参数赋给数组中下标对应的
元素
if(array_key_exists($methodName, $this->sql)){
$this->sql[$methodName] = $args[0];
} else {
echo'调用类'.get_class($this).'中的方法'. $methodName.'()不存在';
}
//返回自己的对象，则可以继续调用本对象中的方法，形成连贯操作
return $this;
}
    //简单的应用，没有实际意义，只是输出连贯操作后组合的一条 SQL 语句，是连贯操作最后调
用的一个方法
function select (){
echo"SELECT FROM {$this->sql['field']} user {$this->sql['where']} {$this->sql['order']}
{$this->sql['limit']} {$this->sql['group']} {$this->sql['having']}";
}
}
```

```
$db= new DB;  //连贯操作，也可以分为多行连续调用多个方法
$db->field('sex，  count(sex) ')
->where('where sex in ("男", "女")')
->group('group by sex')
->having('having avg(age) >25')
->select();
//如果调用的方法不存在，也会有提示，下面演示的就是调用一个不存在的方法 query()
$db->query('select * from user') ;
?>
```

该程序运行后的输出结果如图 7.26 所示。

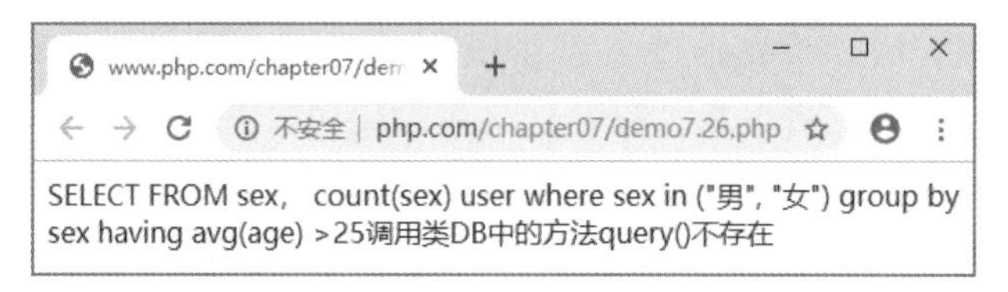

图 7.26　实例 7.33 的运行结果

在本例中，虽然调用 DB 类中的一些方法不存在，但在类中声明了魔术方法__call()，所以不仅没有出错退出程序，反而自动调用了在类中声明的__call()方法，并将这个调用的不存在的方法名称传给了__call()方法的第一个参数。在__call()方法中，将传入的方法名称和成员属性数组$sql 的下标进行比对，如果有和数组$sql 下标相同的方法名称，则为合法的调用方法；如果调用的方法没有在 DB 类中声明，方法名称又没有在成员属性$sql 数组下标中出现，则提示调用的方法不存在。所以在例 7.33 中，虽然 DB 类中没有声明 field()、where()、order()、limit()、group()、having()方法，但可以直接调用。在本例中，调用指定的 6 个 DB 类中没有声明的方法是通过 DB 类中声明的魔术方法__call()来实现的，在声明的__call()方法中，最后的返回值还是返回“$this”引用。所以凡是用到__call()方法的位置都会返回调用该方法的对象，这样就可以继续调用该对象中的其他成员。像本例演示的一样，可以形成多个方法连续调用的情况，也就是我们常说的“连贯操作”。

7.8.10　自动加载类

在设计面向对象的程序时，通常会为每个类的定义单独建立一个 PHP 源文件。当你尝试使用一个未定义的类时，PHP 会报告一个致命错误，这时可以用 include 包含一个类所在的源文件，毕竟你知道要用到哪个类。如果一个页面需要使用多个类，就不得不在脚本页面开头编写一个长长的包含文件的列表，将本页面需要的类全部包含进来，这样处理不仅烦琐，而且容易出错。

PHP 提供了类的自动加载功能，这样可以节省编程的时间。当你尝试使用一个 PHP 没有组织定义到的类时，它会寻找一个名为__autoload()的全局函数（不是在类中声明的函数）。如果存在这个函数，PHP 会用一个参数来调用它，参数值即类的名称。

【实例 7.34】 演示__autoload()的使用。假设当前目录下每个文件对应一个类，当脚本尝试创建一个 User 类的实例时，PHP 会自动执行__autoload()函数。脚本假设 user.class.php 中定义有 User 类，不管调用时是大写还是小写，PHP 将返回名称的小写。所以在项目开发时，在组织定义类的文件名时，需要按照一定的规则，要以类名为中心，也可以加上统一

的前缀或后缀形成文件名，例如 classname.class.php、xxx_classname.php、classname_xxx.php 或 classname.php 等，推荐类文件的命名使用 classname.class.php 格式。

程序代码：

```
<?php
    /*
     * 声明一个自动加载类的魔术方法__autoload()
     * @param string $className 需要加载的类名称字符串
     */
    function __autoload($className)
     {
         //在方法中使用 include 包含类所在的文件
         include(strtolower($className).".class.php");
     }
    $obj = new User();
    //User 类不存在则自动调用__autoload()函数，将类名“User”作为参数传入
    $obj2 = new Shop();
    //Shop 类不存在则自动调用__autoload()函数，将类名“Shop”作为参数传入
?>
```

但不建议使用__autoload()函数，原因是一个项目中只能有一个这样的__autoload()函数，因为 PHP 不允许函数重名。但当你使用一些类库时，难免会需要多个__autoload()函数，于是可以用 spl_autoload_register()取而代之，它的使用方式和__autoload()函数类似，示例代码片段如下：

```
//当出现未定义的类时，sql_autoload_register()会将一个函数注册到__autoload()函数列表中
    functionsql_autoload_register(function($classname){
        require_once("{$classname}.php")
    }
);
```

当出现未定义的类时，会将一个函数注册到__autoload()函数列表中，然后 spl_autoload_register()会按照注册的倒序逐个调用被注册的__autoload()函数，这意味着你可以使用该函数注册多个__autoload()函数。

实训任务 7　面向对象基础编程应用

1. 实训目的

☑ 了解 PHP 面向对象编程思想；
☑ 掌握 PHP 类和对象的创建方法；
☑ 掌握 PHP 构造函数和析构函数的使用方法；
☑ 掌握 PHP 类的继承、多态和封装特性的应用；
☑ 掌握 PHP 类关键字和魔术方法的应用。

2. 项目背景

在前面学习的项目中，开发方式采用的都是面向过程的思想，即要解决一个问题，首

先要分析其完成所需的步骤，然后再用函数将这些步骤一一实现，最后在使用时依次调用。但是在程序开发过程中，为了使程序代码更符合人类思维逻辑，去处理现实生活中的各种事物之间的联系，就要使用面向对象思想进行编程。

3. 实训内容

基础任务：

（1）面向对象与面向过程编程有什么区别？

（2）面向对象编程有什么特征？

（3）什么是构造函数和析构函数？

（4）PHP 中魔术方法有哪些？

（5）this、self 和 parent 的区别是什么？

（6）抽象类与接口有什么区别与联系？

（7）定义类成员的访问权限控制符有哪些？默认修饰符是什么？

实践任务：

任务 1：用类编程实现，Stu 类中有两个公有属性 name 和 sex，有两个公有方法 setName() 和 setSex()，参数自定义，在实例化类时要求对公有属性能初始化。

任务 2：用类编程实现，Stu 类中有两个私有属性 name 和 sex，有两个公有方法 setName() 和 setSex()，参数自定义，方法可实现对两个私有属性进行修改，在实例化类时要求对私有属性能初始化。

任务 3：用类编程实现，声明 Stu 类，成员方法 setName()中使用$this 引用访问自己对象内部的所有成员属性，然后调用每个对象中的 setName()方法，说出对象的姓名和性别。

任务 4：用类编程实现，通过在 Stu 类中声明的 setName()方法，输出自己对象中所有的私有属性值。

任务 5：自定义类编程代码，实现类继承的应用。

第8章 正则表达式

在 Web 项目开发中，经常需要对表单中文本框所输入的内容进行限制，例如，邮政编码必须是 6 位的数字，手机号码必须是 11 位的数字等，还有一些重要的信息是不允许为空的。要完成一个复杂表单的数据信息验证，可能需要很多代码来实现，而这一需求在 Web 项目开发中频繁出现，因此，出现了正则表达式这一技术，本章将详细讲解正则表达式技术。

章节学习目标

☑ 熟悉正则表达式的语法；

☑ 学会编写正则表达式；

☑ 掌握正则表达式的处理函数。

8.1 从分割字符串中认识正则表达式

在学习正则表达式之前，我们首先应该清楚什么是正则表达式？在 PHP 中，如何使用正则表达式？本节通过一个字符串分割的小例子，让大家认识正则表达式。

8.1.1 任务分析

1. 任务要求

有以下一段文本：

```
Her name is Sally;She is 12 years old!She's from the United States.She speaks English.She likes English,but she doesn't like math.
```

编程实现以下两个功能：

（1）根据空格，分离出每个单词，如 Her、name、is、Sally 等；

（2）根据标点符号，分离出每个字符片段，分离结果如下：

```
'Her name is Sally'
'She is 12 years old'
'She's from the United States'
'She speaks English'
'She likes English'
but she doesn't like math'
```

2. 任务分析

对于第一个功能：分离出每个单词，我们最先想到的是第 5 章中学习的字符串分割函数 explode()，用空格来分割文本。程序代码（demo8.1.php）如下：

```
<?php
$str=<<<et
Her name is Sally;She is 12 years old!She's from the United States.She speaks English.She likes English,but she doesn't like math.
et;
//空格拆分字符串
$arr=explode(' ',trim($str));
var_dump($arr);
?>
```

程序运行结果如图 8.1 所示。

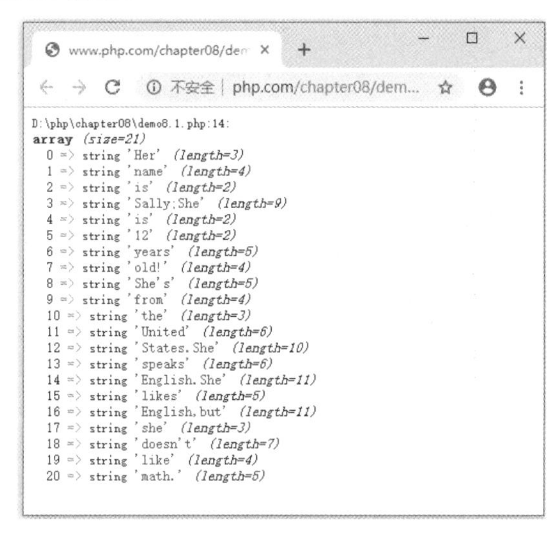

图 8.1　explode()函数分割字符串的运行结果

仔细查看图 8.1 中的运行结果，可以发现，键名为 3、7、11、13、15、19 的数组元素并不是单词，其中还包含了分号、逗号、句号等标点符号。也就是说，要实现分离出每个单词，不仅仅是遇到空格要分离字符串，遇到了段落中的所有标点符号也要分离字符串，这个需求，用 explode()函数显然实现不了，还有什么方法能简单实现呢？答案就是：正则表达式。

本任务的第二个功能一样也是遇到段落中的标点符号就分割字符串，也需要使用正则表达式。下面先来讲解正则表达式的使用方法。

8.1.2　相关知识

学习正则表达式，先要了解正则表达式的语法规则，再尝试编写正则表达式，最后还要配合 PHP 提供的正则表达式处理函数来实现正则表达式的规则。

1. 认识正则表达式

正则表达式实际上就是一个字符串，只不过它是一个特殊的字符串，有自己的语法，其中还包含了很多特殊含义的字符，通过其语法可以编写出一个规则，我们一般叫作“模式”，配合 PHP 提供的相关处理函数，可以对用户输入的字符串信息进行验证，判断其是否符合正则表达式的规则。

除了对表单输入信息进行验证，正则表达式还能完成以下功能：分割字符串、替换字符串和查找字符串。

2. 正则表达式的基本语法

一个完整的正则表达式可以分成四个部分：定界符、原子、元字符和模式修正符。

1）定界符

除字母、数字和反斜线“\”以外的任何字符都可以为定界符号，比如“||”“//”“{}”“!!”等，但是要注意，如果没有特殊需要，我们都使用正斜线“//”作为正则表达式的定界符号。定界符是一个正则表达式的必需部分，不能省略，它将正则表达式与普通字符串区分开来。而且正则表达式的原子部分和元字符部分都应该放在定界符中，而模式修正符则放在定界符外面。

2）原子

原子是正则表达式的最基本组成单位，要求必须至少包含一个原子。下面我们通过一个例子来说明什么是原子。

【实例 8.1】 判断一个字符串中是否含有字母“a”，用正则表达式来实现，程序代码（demo8.2.php）如下：

```
<?php
$str="111abcd3a3";//被验证的字符串
$reg='/a/';//正则表达式
if (preg_match($reg,$str)){
    echo "匹配成功！<br/>";
}else{
    echo "没有匹配上！<br/>";
}
```

程序运行结果如图 8.2 所示。

图 8.2　实例 8.1 的运行结果

说明 1：“$reg='/a/';”表示将一个正则表达式赋值给变量$reg。其中“//”为定界符，“a”为原子。该正则表达式的规则是：字符串中必须有“a”字符。

说明 2：“preg_match($reg,$str,$arr)”表示用正则表达式$reg 去匹配字符串$str，返回$reg 的匹配次数。它的值只可能是 0 或 1，0 次代表匹配失败，1 次代表匹配成功。因为 preg_match()在第一次匹配成功后将会停止搜索。而与 preg_match()函数功能相似的 preg_match_all()函数，不同之处在于 preg_match_all()函数会一直搜索$str 字符串直到到达结尾。如果发生错误，preg_match()返回 false。

从上面的例子可以看出，所有打印（可以在屏幕上输出的字符串）和非打印字符（看不到的，比如空格、换行符等）都可以是原子。所有有特殊意义的字符，想作为原子使用，统统使用“\”转义字符进行转义即可。例如“/”想做原子，则需要转义为“\ /”。

【实例 8.2】判断一个字符串中是否有数字，用正则表达式来实现，程序代码（demo8.3.php）如下：

```
<?php
header("content-type:text/html;charset=utf-8");
$str="111abcd33";   //被验证的字符串
$reg='/\d/';        //正则表达式
if (preg_match($reg,$str)){
    echo "字符串 str 中有数字！<br/>";
}else{
    echo "没有匹配上！<br/>";
}
?>
```

程序运行结果如图 8.3 所示。

图 8.3　实例 8.2 的运行结果

说明：“\d”是一个特殊的原子，它不只代表某个字符，它表示所有的数字。在正则表达式中可以直接使用一些系统提供的代表范围的原子，如表 8.1 所示。

表 8.1　代表范围的原子

代表范围的原子	说　明	自定义原子表示法
\d	表示任意一个十进制的数字	[0-9]
\D	表示任意一个除数字以外的字符	[^0-9]
\s	表示任意一个空白字符、空格、\n\r\t\f	[\n\r\t\f]
\S	表示任意一个非空白字符	[^\n\r\t\f]
\w	表示任意一个字母和数字 a～z、A～Z、0～9、_	[a-zA-Z0-9_]
\W	表示任意一个非字母、非数字，除 a～z、A～Z、0～9、_以外的任意一个字符	[^a-zA-Z0-9_]
.	表示除换行符以外的任意一个字符	[^\r]

在表 8.1 中已经将系统提供的代表范围的原子使用自定义的方式进行了等价转换。由于系统不可能提供所有我们需要的原子，所以自定义原子就显得十分必要了，例如想要匹配字母或者数字，就需要将原子写成[a-zA-Z0-9]。

注意：

☑ 符号“-”表示范围，如[a-z]表示小写字母 a 到 z，但千万不要写成[a-9]这种形式。

☑ 符号“^”表示取反，一定要放在方括号的开头，例如想要匹配非数字，则可以将原子写成[^0-9]。

3）元字符

元字符是用来修饰原子的，它不是必须有的部分，可以省略。但是通常的正则表达式的编写中，元字符的作用很大，例如，前面讲到的“[]”就是元字符，实现的是字符的集合功能。元字符必须写在定界符内部，一般写在要修饰的原子的后面。

【实例 8.3】 判断一个字符串中是否有连续的 5 个字符“a”，用正则表达式实现，程序代码（demo8.4.php）如下：

```
<?php
header("content-type:text/html;charset=utf-8");
$str="111aaaaabcd33";//被验证的字符串
$reg='/a{5}/';            //正则表达式
if (preg_match($reg,$str)){
    echo "字符串 str 中连续的 5 个字符 a！<br/>";
}else{
    echo "没有匹配上！<br/>";
}
?>
```

程序运行结果如图 8.4 所示。

图 8.4　实例 8.3 的运行结果

说明：在代码“$reg='/a{5}/';”中，“//”为正则表达式的定界符，字母“a”为原子，“{5}”是修饰原子的元字符，表示字母 a 重复 5 次。所以，该正则表达式的规则是匹配连续 5 个字母 a。在正则表达式中，表示字符重复的元字符除“{}”以外，还有其他几种，具体如表 8.2 所示。

表 8.2　表示字符重复的元字符

元　字　符	描　　述
*	匹配前面的子表达式零次或多次。例如，“zo*”能匹配“z”及“zoo”，“*”等价于“{0,}”
+	匹配前面的子表达式一次或多次。例如，“zo+”能匹配“zo”及“zoo”，但不能匹配“z”；“+”等价于“{1,}”
?	匹配前面的子表达式零次或一次。例如，“do(es)?”可以匹配“does”或“do”，“?”等价于“{0,1}”
{n}	n 是一个非负整数，匹配确定的 n 次。例如，“o{2}”不能匹配“Bob”中的“o”，但是能匹配“food”中的两个“o”
{n,}	n 是一个非负整数，至少匹配 n 次。例如，“o{2,}”不能匹配“Bob”中的“o”，但能匹配“fooood”中的所有 o；“o{1,}”等价于“o+”，“o{0,}”则等价于“o*”
{n,m}	m 和 n 均为非负整数，其中 n<=m，最少匹配 n 次且最多匹配 m 次。例如，“o{1,3}”将匹配“fooooood”中的前 3 个 o，“o{0,1}”等价于“o?”。请注意在逗号和两个数之间不能有空格

【实例 8.4】 判断一个字符串是否以 3 个数字打头，用正则表达式实现，程序代码（demo8.5.php）如下：

```
<?php
header("content-type:text/html;charset=utf-8");
$str="111aaaaabcd33";//被验证的字符串
$reg='/^\d{3}/';         //正则表达式
if (preg_match($reg,$str)){
      echo "字符串 str 以连续的 3 个数字打头！<br/>";
}else{
      echo "没有匹配上！<br/>";
}
?>
```

程序运行结果如图 8.5 所示。

图 8.5　实例 8.4 的运行结果

说明：在代码“$reg='/^\d{3}/';”中，符号“^”表示匹配输入字符串的开始位置，该正则表达式的规则表示字符串从开头必须匹配连续的 3 个数字。如果变量$str 赋值的不是 3 个数字打头，比如“a123ddd”，即使字符串中包含连续的 3 个数字，也不能匹配成功。

在正则表达式中，表示字符匹配位置的元字符除符号“^”之外，还有“$”，具体描述如表 8.3 所示。

表 8.3　表示字符匹配位置的元字符

元 字 符	描　　述
^	匹配输入字符串的开始位置。如果设置了 RegExp 对象的 Multiline 属性，^也匹配“\n”或“\r”之后的位置
$	匹配输入字符串的结束位置。如果设置了 RegExp 对象的 Multiline 属性，$也匹配“\n”或“\r”之前的位置

【实例 8.5】 编写正则表达式，匹配所有的 Windows 系列操作系统，比如字符串 Windows 7、Windows 8、Windows 10 等。

程序代码（demo8.6.php）如下：

```
<?php
header("content-type:text/html;charset=utf-8");
$str="Windows 10";                    //被验证的字符串
$reg='/^Windows (xp|2000|NT|7|8|10)$/';//正则表达式
if (preg_match($reg,$str)){
      echo "{$str}是 Windows 系列<br/>";
}else{
      echo "没有匹配上！<br/>";
}
?>
```

程序运行结果如图 8.6 所示。

图 8.6　实例 8.5 的运行结果

说明 1：代码“$reg='/^Windows (xp|2000|NT|7|8|10)$/';”表示的规则是，匹配字符串 Windows xp、Windows 2000、Windows NT、Windows 7、Windows 8 和 Windows 10。其中，字符“|”可以理解为“或”，与集合符号“[]”有点相似。它们的区别在于，“[]”只能匹配单个字符，即只能匹配集合中的某个字符，而“|”可以匹配任意长度的字符串。

说明 2：代码“$reg='/^Windows (xp|2000|NT|7|8|10)$/';”中的括号字符“()”有以下两个作用：

① 改变限定符的作用范围，如本例中，“|”的作用范围就是括号字符“()”中的(xp|2000|NT|7|8|10)部分，而不包含“Windows”；

② 分组，对子表达式重复操作，比如，正则表达式“(abc@\d{3}){5}”表示对“()”里的“abc@\d{3}”重复 5 次。

4）模式修正符

对于实例 8.5，如果给变量$str 赋值为“windows 10”，程序运行结果如图 8.7 所示，可见，字符串“windows 10”没有匹配上正则表达式“'/^Windows (xp|2000|NT|7|8|10)$/'”，因为正则表达式中的“W”是大写字母。如果功能需求是不区分大小写，那应该怎么实现呢？可以使用模式修正符“i”来实现。

图 8.7　字符串没有匹配上的运行结果

模式修正符必须写在定界符外面，它是用来修饰整个正则表达式的，这部分是可选部分。实例 8.5 的正则表达式修改成不区分字母大小写的写法如下：

```
'/^Windows (xp|2000|NT|7|8|10)$/i'
```

8.1.3　任务实现

（1）功能 1：从段落中分离出每个单词，即遇到空格和文中所有标点符号（逗号、句号、分号和感叹号）都要进行分离操作。程序代码（demo8.8.php）如下：

```
<?php
echo "<title>字符串分割</title>";
$str=<<<et
Her name is Sally;She is 12 years old!She's from the United States.She speaks English.She likes English,but she doesn't like math.
```

```
et;
$str=rtrim(trim($str),".");
//标点符号拆分字符串“ ”“.”“,”“!”“;”
$arr=preg_split('/[\.\,\!\;\ ]/',$str);
var_dump($arr);?>
```

程序运行结果如图 8.8 所示。

图 8.8　从段落中分割单词的结果

说明 1：“$str=rtrim(trim($str),".");”表示先用 trim()函数去掉字符串$str 前面和后面的空格，然后使用 rtrim()函数去掉字符串最后面的“.”。

说明 2：“$arr=preg_split('/[" "\,\!\;\.]/',$str);”中的正则表达式“'/[" "\,\!\;\.]/'”表示可以在由空格、逗号、感叹号、分号和句号组成的集合中任取一个字符。preg_split()函数是正则表达式分割函数，在字符串$str 中，只要遇到[" "\,\!\;\.]中的任意一个字符，将进行字符串分割，将完成分割后得到的字符串组成一个数组返回。本例中，将分割后得到的数组赋值给变量$arr，即该变量用于存储段落分割后的单词。

（2）功能 2：根据标点符号，分离出每个片段。程序代码（demo8.8.php）如下：

```
<?php
echo "<title>字符串分割</title>";
$str=<<<et
Her name is Sally;She is 12 years old!She's from the United States.She speaks English.She likes English,but she doesn't like math.
et;
$str=rtrim(trim($str),".");
$arr=preg_split('/[\.\,\!\;]/',$str);
var_dump($arr);
?>
```

程序运行结果如图 8.9 所示。

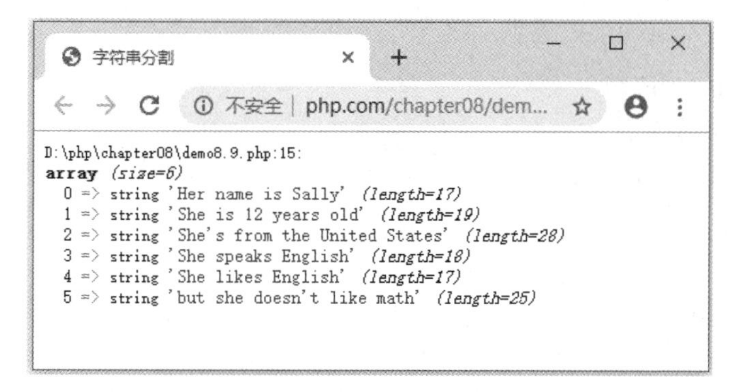

图 8.9　分割字符片段的结果

8.2　正则表达式案例：验证表单内容

通过上一节的学习，大家对于正则表达式的基本概念、语法规则有了基本的了解，也能够写一些简单的正则表达式了。在 Web 项目开发中，使用正则表达式最多的地方就是表单内容验证，因此，在这里引入一个用户信息登记的表单内容验证案例，来帮助大家进一步学习、理解和应用正则表达式。

8.2.1　任务分析

1. 制作用户信息登记界面

新建文件“demo7.php”，制作新用户信息登记界面，需要登记用户名、密码、手机号码和身份证号码 4 种信息，在表单中添加 4 个文本框标签，其中，输入密码的标签的 type 属性值为“password”。

2. 实现表单内容验证

（1）用户名：不超过 20 个字符（包含字母、数字和下画线），正则表达式为“'/^\w{1,20}$/'”。

（2）密码：6～20 个字符（包含字母、数字和下画线），正则表达式为“/^\w{6,20}$/”。

（3）手机号码：11 位数字，第 1 位为 1，第 2 位为 3、5、7 或 8，正则表达式为“'/^1[3578]\d{9}$/'”。

（4）身份证号码：中华人民共和国有效身份证号码规则，正则表达式为“'/^\d{17}[0-9Xx]$/'”。

8.2.2　相关知识

在上一节中，我们简单地介绍了 preg_match()函数和 preg_split()函数。下面将详细介绍 PHP 中支持正则表达式的处理函数。

在 PHP 中，提供了两套正则表达式的处理函数：POSIX 函数库和 PCRE 函数库，PCRE 函数库在执行效率上优于 POSIX 函数库，而且 POSIX 函数库已经过时，所以在这里只针对 PCRE 函数库中常见的函数进行讲解。

1. preg_match()函数

preg_match()函数的主要功能是：在字符串中查找匹配项，它必需的两个参数是正则表达式与字符串，其语法格式如下：

```
int preg_match(string $pattern, string $subject[, array &$matches
[, int $flags[, int $offset]]])
```

其中，参数$pattern 表示正则表达式，参数$subject 为被搜索的字符串，这两项为必需项；如果给定了$matches 参数，则该参数用来保存搜索结果。

preg_match()函数返回$pattern 匹配的次数，它可能是 0 次（没有匹配）或者 1 次（因为 preg_match()函数在搜索到一个匹配之后就停止检索）。

【实例 8.6】 演示 preg_match()函数的使用方法，程序代码（demo8.9.php）如下：

```
<?php
header("content-type:text/html;charset=utf-8");
$str="141abcd332";    //被验证的字符串
$reg='/(\d)([345])(\d)/';//正则表达式
if (preg_match($reg,$str,$arr))
{
     echo "匹配成功！<br/>";
     var_dump($arr);
}
else
{
      echo "没有匹配上！<br/>";
}
?>
```

程序运行结果如图 8.10 所示。

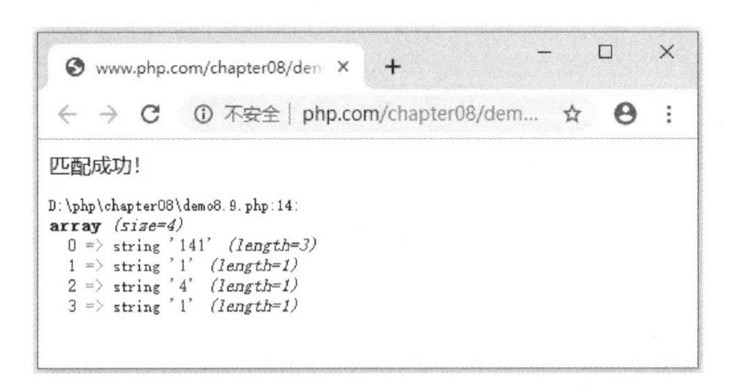

图 8.10　实例 8.6 的运行结果

说明："$reg='/(\d)([345])(\d)/';" 表示匹配连续的 3 个数字，其中，第 2 个数字只能是 3、4 或 5，从"$str="141abcd332";"可以看出，能匹配上的有"141"和"332"，不过，preg_match()函数搜索到第一个匹配项就停止搜索，所以$arr 中存储的匹配项为"141"，保存在键名为"0"的数组元素中，而后面的 3 个数组元素存储的是 3 个子表达式的匹配结果，分别为"1"、"4"和"1"。

2. preg_match_all()函数

preg_match_all()函数的功能与 preg_match()函数类似，区别在于 preg_match()函数在搜索到第一个匹配项后就停止搜索，而 preg_match_all()函数会一直搜索到所有的匹配项才会停止搜索。

【实例 8.7】 演示 preg_match_all()函数的使用方法，程序代码（demo8.10.php）如下：

```
<?php
header("content-type:text/html;charset=utf-8");
$str="141abcd332";    //被验证的字符串
$reg='/(\d)([345])(\d)/';//正则表达式
if (preg_match_all($reg,$str,$arr))
{
    echo "匹配成功！<br/>";
    var_dump($arr);
}
else
{
    echo "没匹配上！<br/>";
}
?>
```

程序运行结果如图 8.11 所示。

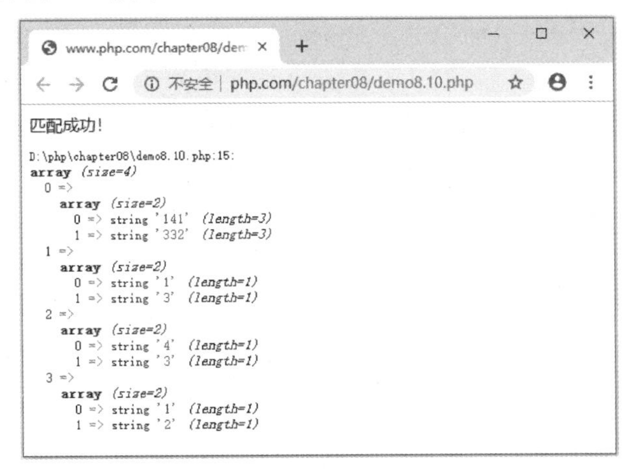

图 8.11　实例 8.7 的运行结果

说明：preg_match_all()函数会搜索到所有的匹配项，“$str="141abcd332";”中的匹配项有两个，“141”和“332”，所以数组$arr 中的 0 号元素存储了匹配到的两项匹配项，而后面的 3 个数组元素存储的是两项匹配项的子表达式，分别为“{1,3}”“{4,3}”“{1,2}”。

3. preg_split()函数

preg_split()函数表示用匹配正则表达式的字符串进行分割操作，8.1 节中案例使用的就是该函数，在这就不再重复讲述了，大家可以复习 8.1 节的案例进行学习。

4. preg_grep()函数

preg_grep()函数的功能是使用正则表达式对数组中的元素进行匹配，其语法格式如下：

```
array preg_grep(string $pattern, array $input[, int $flags = 0])
```

其中，$pattern 为正则表达式，$input 为被匹配的数组。该函数对$input 中的每个元素使用 $pattern 进行测试，返回匹配的元素组成的数组。如果 $flags 的值为 PREG_GREP_INVERT，那么将会返回不匹配的元素组成的数组。返回的数组中元素的索引会被保留。

【实例 8.8】 演示 preg_grep()函数的使用方法，程序代码（demo8.11.php）如下：

```
<?php
header("content-type:text/html;charset=utf-8");
$input=array(123,234,123456,234567,12345678);
$reg='/^\d{6}$/';//正则表达式
$arr=  preg_grep($reg, $input);
var_dump($arr);
?>
```

程序运行结果如图 8.12 所示。

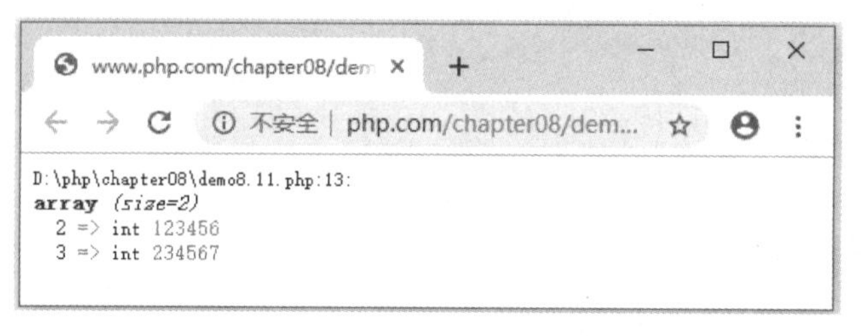

图 8.12　实例 8.8 的运行结果

说明：“$reg='/^\d{6}$/';”表示匹配字符串为 6 个数字，“$arr=preg_grep($reg, $input);”表示在数组$input 中检查每个元素是否是 6 个数字，如果匹配成功，则存放到返回数组中。$input 中匹配成功的数组元素有两项，“123456”和“234567”，因此返回的数组如图 8.12 所示。

5. preg_replace()函数

preg_replace()函数的功能是，通过正则表达式完成字符的搜索和替换，其语法格式如下：

```
mixed preg_replace(mixed $pattern, mixed $replacement, mixed
$subject[, int $limit = -1[, int &$count]])
```

preg_replace()函数从$subject 中搜索与$pattern 匹配的结果并使用$replacement 替换它们。其中，参数$pattern 为正则表达式，参数$replacement 是用于替换的字符串或字符串数组，参数$subject 是用于搜索和替换的源字符串或字符串数组。

除了上面三个必需的参数，还有下面的可选参数。

- ☑ $limit：每个模式在每个$subject 字符串中可以被替换的最多次数，默认为-1（不限制）。
- ☑ $count：指定引用方式的参数，如果指定，该参数最终被填充为进行替换的次数。

preg_replace()函数的返回值：如果$subject 是一个数组，返回值为数组，否则返回字符串。如果找到匹配，返回替换后新的$subject，其他情况下$subject 会无变化返回。当发生错误时返回 NULL。

【实例 8.9】 演示 preg_replace()函数的使用方法，程序代码（demo8.12.php）如下：

```
<?php
header("content-type:text/html;charset=utf-8");
$string="欢迎访问 PHP 学习网站  http://www.php.com/";
echo preg_replace("/http:\/\/(.*)\//","<a href=\"\${0}\">\${0}</a>",$string);
?>
```

程序运行结果如图 8.13 所示。

图 8.13　实例 8.9 的运行结果

8.2.3　任务实现

经过了相关知识的讲解，我们可以开始完成本任务的代码编写了。

制作界面，网页代码如下：

```
<html>
<head>
<title>用户信息登记</title>
<meta charset="UTF-8">
<meta name="viewport" content="width=device-width, initial-scale=1.0">
<style>
.remark { font-size: 12px; color: red;}
h2{margin-left: 50px;}
p {margin-left: 120px;width: 80px;}
#error{ font-size: 14px; color: blue;};
</style>
</head>
<body>
<h2>新用户信息登记</h2>
<form method="post" action="">
<table>
<tr>
<td>用户名：</td>
<td><input type="text" name="username" /></td>
<td class="remark">不超过 20 个字符（包含字母、数字、下画线）</td>
</tr>
<tr>
<td>密码：</td>
<td><input type="password" name="pwd" /></td>
<td class="remark">6～20 个字符（包含字母、数字、下画线）</td>
</tr>
<tr>
<td>手机：</td>
<td><input type="text" name="tel" /></td>
```

```
<td class="remark">11 位数字，第 1 位为 1，第 2 位为 3、5、7 或 8</td>
</tr>
<tr><td>身份证：</td>
<td><input type="text" name="ID" /></td>
<td class="remark">有效身份证号</td>
</tr>
</table>
<p><input type="submit" name="btn" value="提交" /> </p>
</form>
</body>
</html>
```

实现表单内容验证，程序代码如下：

```
<?php
if(isset($_POST['btn']))
{
//接收表单数据
$username=$_POST['username'];
$pwd=$_POST['pwd'];
$ID=$_POST['ID'];
$tel=$_POST['tel'];
$erro="";//验证失败的错误信息汇总
//验证用户名：不超过 20 个字符
if(!preg_match('/^\w{1,20}$/', $username))
{
$erro.="用户名不能超过 20 个字符，包含字母、数字、下画线！<br />";
}
//验证密码：6～20 个字符（包含字母、数字、下画线）
if(!preg_match('/^\w{6,20}$/', $pwd))
{
    $erro.="密码必须是 6～20 个字符，包含字母、数字、下画线！<br />";
}
//验证手机号：11 位数字，第 1 位为 1，第 2 位为 3、5、7 或 8
if(!preg_match('/^1[3578]\d{9}$/', $tel))
{
    $erro.="手机号码格式错误！<br />";
}
//验证身份证
if(!preg_match('/^\d{17}[0-9Xx]$/', $ID)){

    $erro.="身份证格式错误！<br />";
}
//如果$erro 为空，则验证成功，否则输出错误信息
if($erro=="")
{
    echo '新用户信息登记成功！';
}
else
{
    echo "<div id='error' >{$erro}</div>";
}
```

```
}
?>
```

程序运行结果如图 8.14 所示。

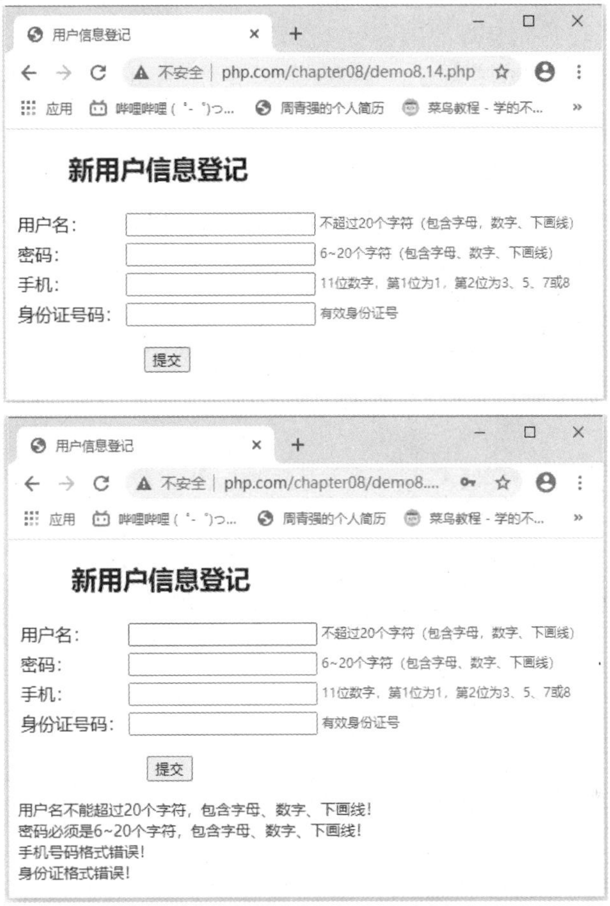

图 8.14　用户信息登记表单及验证错误的提示

说明：上述代码中，用变量$erro 存储验证失败后的错误信息，后面的 4 个 if 语句用来判断输入的用户名、密码、手机号码和身份证号码是否符合验证规则，如果不符合，将错误信息添加到变量$erro 中保存。最后，如果变量$erro 的值为空，则表示表单验证成功，否则输出错误信息。

实训任务 8　正则表达式

1．实训目的

☑ 熟悉正则表达式的语法；

☑ 学会编写正则表达式；

☑ 掌握正则表达式的处理函数。

2．项目背景

通过本章的学习，小菜对正则表达式有了一些了解，知道了什么是正则表达式，它的语法规则是什么，PHP 提供了哪些常用的正则表达式处理函数，而且已经能够编写一些简单的正则表达式了。在听完老师的讲解后，小菜感觉能听懂，但是自己实际编程时，还是有点晕，于是，在大鸟老师的指导下，小菜认真练习了下面的内容，终于感觉明白了许多。

3．实训内容

基础任务：

（1）完整的正则表达式由哪几部分组成？分别是什么？

（2）正则表达式中，表示特定范围的原子有哪些？

（3）正则表达式中，表示字符重复的元字符有哪些？

（4）在 PHP 中，有哪些常用的正则表达式处理函数？请分别举例说明。

（5）编写一个正则表达式，匹配 URL。

实践任务：

制作学生信息登记界面，对学生信息进行验证，界面如图 8.15 所示，如果验证成功，则显示提示框“登记成功！”，否则输出验证错误信息。

图 8.15　学生信息登记界面

第9章 PHP 中的文件操作

在 Web 项目开发中，经常需要对文件进行操作，比如用户上传照片、上传文件、数据的导入和导出等。在 PHP 中可以使用关于文件操作的函数，非常方便地对文件进行读写操作，从而实现文件的上传和下载功能。本章将详细讲解这些函数的应用。

章节学习目标

☑ 掌握对文件简单的读写操作；

☑ 掌握对文件加读写锁的操作；

☑ 掌握文件上传及下载的编程方法。

9.1 从读写文件中认识简单文件读写函数

在 Web 项目开发中，对文件最常见的操作是文件的读和写操作。PHP 提供了一些对文件读写的函数，本节通过一个小例子，介绍最简单的读写文件的函数 file_get_contents()和 file_put_contents()。

9.1.1 任务分析

（1）将文本“我喜欢 PHP！”写到项目根目录下的 a.txt 文件中。

（2）判断项目根目录下是否存在 a.txt 文件，如果有，则读取 a.txt 文件，并且输出；否则，输出“该文件不存在！”。

9.1.2 相关知识

PHP 提供的读文件函数 file_get_contents()和写文件函数 file_put_contents()可以非常简单地实现该任务。

1. 读文件函数 file_get_contents()

file_get_contents() 函数用于把整个文件读入一个字符串中，其调用方法如下：

```
file_get_contents(path,include_path,context,start,max_length)
```

其中，只有 path 为必填参数，为字符串类型，表示要读取的文件路径。

include_path 为可选参数，如果想在 php.ini 中配置的 include_path 中检索文件，可以将该参数设为“1”。

context 为可选参数，表示在文件中开始读取的位置。该参数是 PHP 5.1 中新增的。

max_length 为可选参数，表示读取的字节数。

下面通过一段代码（demo9.1.php）来讲解函数 file_get_contents()的使用方法。

```
<?php
    $msg= file_get_contents("aa.txt");
    echo $msg;
?>
```

上面的代码中，“$msg= file_get_contents("aa.txt");”表示将当前路径下的 aa.txt 文件全部读取出来，并赋值给变量$msg。如果当前目录下有文件 aa.txt，则输出文件的全部文本，否则报错，如图 9.1 所示。

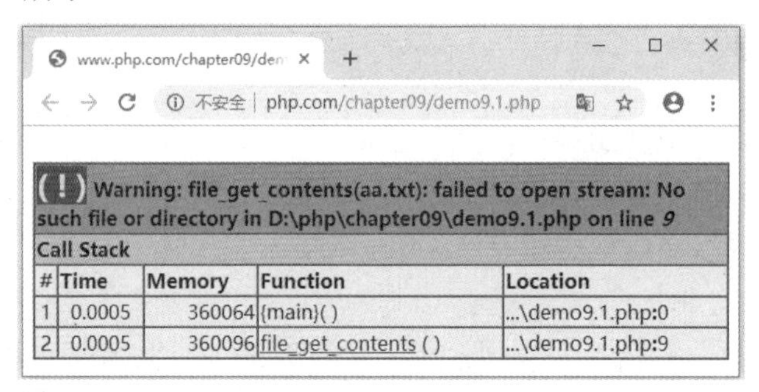

图 9.1　报错信息

所以，在读文件之前，应该先判断该文件是否存在，可以使用函数 file_exists()来判断文件是否存在。

2. 函数 file_exists()

file_exists() 函数用来检查文件或目录是否存在，如果指定的文件或目录存在则返回 true，否则返回 false。其调用方法如下：

```
file_exists(path)
```

其中，path 参数表示要检查的路径或文件，为字符串类型，为必填参数。

前面的程序（demo9.1.php）可以修改为以下代码（demo9.2.php）：

```
<?php
    if(file_exists('aa.txt')){
        $msg= file_get_contents("aa.txt");
        echo $msg;
    }else{
        echo "该文件不存在!";
    }
?>
```

上面的代码中，先判断文件 aa.txt 是否存在，如果存在，则读取并输出，否则输出“该文件不存在!”，如图 9.2 所示。

图 9.2　判断文件是否存在

3. 写文件函数 file_put_contents()

file_put_contents() 函数是把一个字符串写入文件中，其调用方法如下：

```
file_put_contents(file,data,mode,context)
```

其中，只有 file 参数为必填参数，为字符串类型，表示要写入数据的文件，如果文件不存在，则创建一个新文件。

data 参数为可选参数，表示要写入文件的数据，可以是字符串、数组或数据流。

mode 参数为可选参数，规定如何打开要写入的文件，可能的值如下。

- FILE_USE_INCLUDE_PATH：在 include_path 中查找文件；
- FILE_APPEND：表示追加写入。

context 参数为可选参数，规定文件句柄的环境，context 是一套可以修改流的行为的选项，若使用 null，则忽略。

下面编写一段写入文件的程序代码（demo9.3.php），讲解 file_put_contents() 函数的使用方法。

```
<?php
    file_put_contents("aa.txt","你好吗？");
    file_put_contents("aa.txt","我很好！");
    file_put_contents("aa.txt","我们一起玩耍吧！",FILE_APPEND);
?>
```

上面的代码中，“file_put_contents("aa.txt","你好吗？");”表示向 aa.txt 文件写入“你好吗？”，如果当前目录下没有 aa.txt 文件，则新建一个 aa.txt 文件。

“file_put_contents("aa.txt","我很好！");”表示向 aa.txt 文件写入“我很好！”，并覆盖 aa.txt 文件原有内容。

“file_put_contents("aa.txt","我们一起玩耍吧！",FILE_APPEND);”表示在 aa.txt 文件后面追加写入“我们一起玩耍吧！”，所以在程序执行完毕后，aa.txt 文件中的内容是“我很好！我们一起玩耍吧！”。

9.1.3　任务实现

本节任务程序代码（demo9.4.php）如下：

```
<?php
    //写文件
    file_put_contents("./a.txt","我喜欢 PHP！",FILE_APPEND);
    //读文件
    if(file_exists('./a.txt')){
        $msg= file_get_contents("a.txt");
        echo $msg;
```

```
	}else{
		echo "该文件不存在!";
	}
?>
```

程序运行结果如图 9.3 所示。

图 9.3　简单的文件读写操作

9.2　从留言板案例中认识带锁读写文件

通过上一节的学习,我们学会了使用 PHP 提供的两个函数对文件进行简单的读写操作。在 Web 项目开发中，同一时间点可能有多个客户端对某个文件进行读写操作，如果使用上一节的函数进行文件读写，会发生资源冲突，为了解决这个问题，我们通常在对文件读写操作前，先一步对文件添加锁。在这里引入一个留言板的案例，来帮助大家学习带锁读写文件的方法。

9.2.1　任务分析

1．制作留言板界面

留言板界面的表单需要用户输入昵称和留言两种信息，在表单中添加一个单行文本框标签、一个多行文本框标签和一个提交按钮标签，界面效果如图 9.4 所示。

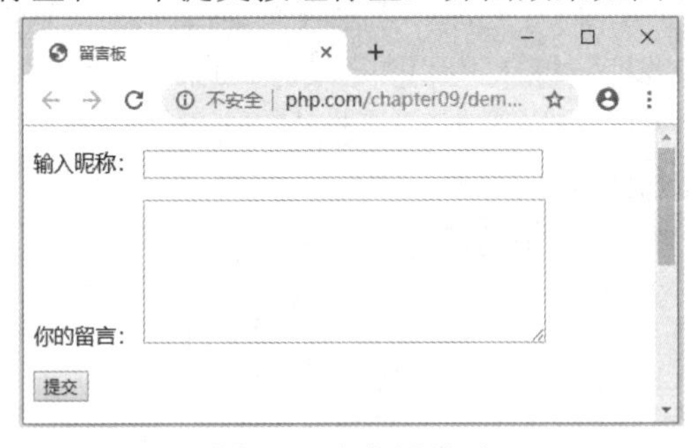

图 9.4　留言板界面

2．实现留言板功能

用户输入昵称和留言信息后，在表单下方显示该条留言记录的用户昵称、留言时间和留言内容。

9.2.2　相关知识

在上一节中，我们简单介绍了 file_get_contents()函数和 file_put_contents()函数。在这

里将详细介绍带锁机制的文件读写操作。

在 PHP 中，要实现带锁读写文件，需要先打开文件，创建文件指针，然后通过文件指针进行读写操作，完成读写后，关闭文件。

1. 读文件操作

带锁读文件需要以下四个步骤：

（1）以读方式打开文件，创建文件指针；

（2）对文件加读锁；

（3）对文件读操作；

（4）关闭文件。

2. 写文件操作

带锁写文件需要以下四个步骤：

（1）以写方式打开文件，创建文件指针；

（2）对文件加写锁；

（3）对文件写操作；

（4）关闭文件。

3. 打开文件函数 fopen()

在 PHP 中，带锁读写文件需要先打开文件，因此先学习打开文件的函数 fopen()，它的使用方法如下：

```
resource fopen ( string $filename , string $mode [, bool $include_path = false [, resource $context ]] )
```

其中，参数$filename 为必填参数，为字符串类型，表示要打开的文件名或文件 URL。

参数$mode 也是必填参数，为字符串类型，表示打开文件的方式，可能的值如表 9.1 所示。

表 9.1 参数 mode 的值及说明

mode	说明
"r"	以只读方式打开，将文件指针指向文件头
"r+"	以读写方式打开，将文件指针指向文件头
"w"	以写入方式打开，将文件指针指向文件头并将文件大小截为零，即覆盖文件原有内容。如果文件不存在，则创建该文件
"w+"	以读写方式打开，将文件指针指向文件头并将文件大小截为零。如果文件不存在，则创建该文件
"a"	以写入方式打开，将文件指针指向文件末尾，即追加写入。如果文件不存在，则创建该文件
"a+"	以读写方式打开，将文件指针指向文件末尾。如果文件不存在，则创建该文件
"x"	创建文件并以写入方式打开，将文件指针指向文件头。如果文件已存在，则 fopen() 调用失败并返回 false，并生成一条 E_WARNING 级别的错误信息。如果文件不存在，则创建该文件。 这和给底层的 open(2) 系统调用指定 O_EXCL|O_CREAT 标记是等价的。 此选项被 PHP 4.3.2 及以后的版本所支持，仅能用于本地文件

续表

mode	说　明
"x+"	创建文件并以读写方式打开，将文件指针指向文件头。如果文件已存在，则 fopen() 调用失败并返回 false，并生成一条 E_WARNING 级别的错误信息。如果文件不存在，则创建该文件。 这和给底层的 open(2) 系统调用指定 O_EXCL|O_CREAT 标记是等价的。 此选项被 PHP 4.3.2 及以后的版本所支持，仅能用于本地文件

参数$include_path 为可选参数，为布尔型，默认值为 false，如果需要在 include_path 中检索文件，则可以将该参数设为 1 或 true。

参数$context 为可选参数，用来规定文件句柄的环境，一般省略。

fopen()函数的返回值为资源类型，如果文件打开成功，则返回指向文件的指针，否则返回 false。

下面通过一段程序代码（demo9.5.php）来讲解函数 fopen()的使用方法。

```
<?php
    $handle1=fopen("a.txt", "r"); //以只读方式打开文件 a.txt
    $handle2=fopen("a.txt", "a");//以追加写方式打开文件 a.txt
    $handle3=fopen("a.txt", "w");//以覆盖写方式打开文件 a.txt
?>
```

4. 关闭文件函数 fclose()

使用 fopen()函数打开一个文件后，会返回一个文件指针，如果对文件操作完毕后，我们需要关闭该文件指针，释放内存。使用 fclose()函数可以关闭一个已打开的文件指针，使用方法如下：

```
bool fclose ( resource $handle )
```

其中，参数$handle 是一个表示文件指针的资源类型，一般为 fopen()函数的返回值。

fclose()函数的返回值为布尔型，如果关闭成功则为 true，否则为 false。

下面的程序代码（demo9.6.php）是 fclose()函数的一个简单例子。

```
<?php
    $handle = fopen('a.txt', 'r');
    fclose($handle);
?>
```

5. 读取文件函数 fread()

在 PHP 中，可以使用 fread()函数来读取文件，使用方法如下：

```
string fread (resource $handle, int $length )
```

说明：参数$handle 为已打开的文件指针，参数$length 表示该函数从$handle 指向的文件读取最多 length 个字节数据。当函数读取到 length 个字节数或者读完文件时，就会停止读取文件。该函数的返回值为 string 类型，为读取到的文件内容。

【实例 9.1】 读取文件 a.txt 的内容并输出。程序代码（demo9.7.php）如下：

```
<?php
    $handle = fopen ("a.txt", "r");
    $contents = "";
```

```
    while (!feof($handle)) {
        $contents .= fread($handle,1024); // 其中，1024 代表一次读取 1k 字节
    }
    fclose($handle);
    echo $contents;
?>
```

在实例 9.1 的代码中，首先，使用 fopen()函数以读文件的方式打开文件 a.txt；然后，定义变量$contents，用来保存从文件 a.txt 中读取的字符串；接着，使用 while 循环，读取文件 a.txt 中的所有内容，其中，feof()函数用于判断文件是否读完，如果读完返回 true，否则返回 false；while 循环执行完毕后，则文件 a.txt 的读取操作完成，使用 fclose()函数关闭文件；最后，显示变量$contents 的值，输出读取文件的内容。程序的运行结果如图 9.5 所示。

图 9.5　读文件的程序运行结果

6．写入文件函数 fwrite()

使用 fwrite()函数可以将字符串写入到文件，其使用方法如下：

```
int fwrite ( resource $handle, string $string [, int $length] )
```

其中，必填参数有两个：参数$handle 为已打开的文件指针；参数$string 表示要写入文件的内容，为字符串型。参数$length 为可选参数，为整型，如果指定了$length 参数，可以限制向文件写入字符串的字节数。

【实例 9.2】 写文件操作，程序代码（demo9.8.php）如下：

```
<?php
    $filename = 'b.txt';
    $somecontent = "添加这些文字到文件\n";
    if (is_writable($filename)) {
        if (!$handle = fopen($filename, 'a')) {
            echo "不能打开文件 $filename";
            exit;
        }
        if (fwrite($handle, $somecontent) === FALSE) {
            echo "不能写入到文件 $filename";
            exit;
        }
        echo "成功地将'{$somecontent}'写入到文件$filename<br/>";
        fclose($handle);
    } else {
        echo "文件 $filename 不可写";
    }
?>
```

在实例 9.2 的代码中，变量$filename 保存要写入的文件名，变量$somecontent 保存要

写入的字符串；is_writable($filename)用来判断文件$filename 是否存在，而且可以被写入；fopen($filename, 'a') 表示用追加写方式打开文件$filename，如果文件打开失败，显示错误信息并退出程序；fwrite($handle, $somecontent)表示将字符串$somecontent 写入到文件$filename 中，如果写入失败，输出错误信息并退出程序，否则输出信息如图 9.6 所示，并关闭文件指针。

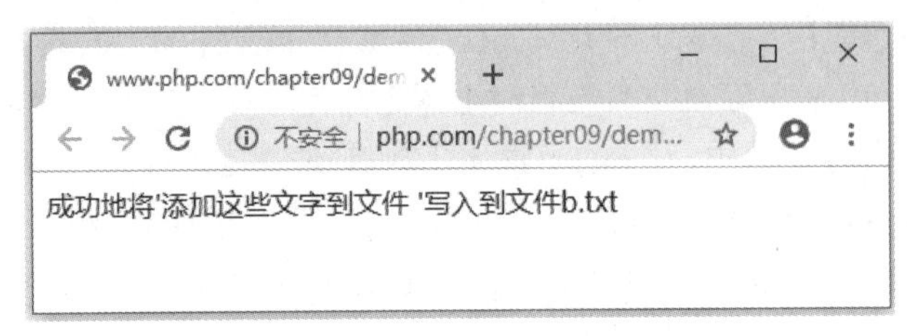

图 9.6　写文件的程序运行结果

7. 读取字符函数 fgetc()

在 PHP 中，除可以从文件中读取字符串之外，还可以从中读取一个字符。fgetc()函数可以实现该功能，使用方法如下：

```
string fgetc ( resource $handle )
```

该函数的输入参数是指向已打开文件的指针，其返回值为读取到的一个字符，当文件读完，则返回 false。

【实例 9.3】 从文件中读取字符，程序代码（demo9.9.php）如下：

```
<?php
    $fp = fopen('c.txt', 'r');
    if (!$fp) {
        echo 'Could not open file b.txt';
    }
    while (false !== ($char = fgetc($fp))) {
        echo "$char\n";
    }
?>
```

在实例 9.3 的代码 while 循环中，每次循环读取文件 c.txt 中的一个字符并输出，当读取完毕后结束循环。程序运行后的结果如图 9.7 所示。

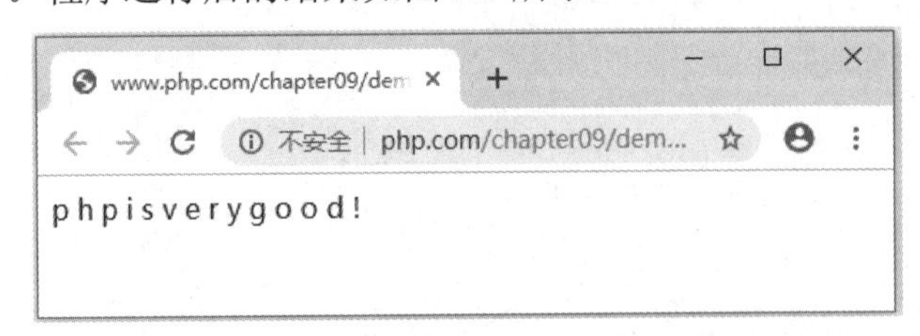

图 9.7　从文件读取字符的程序运行结果

8. 锁文件 flock()

本节任务主要要解决 Web 应用程序上线后的并发问题，当同一时间有多个客户端访问服务器上的同一个文件时，必然会造成数据资源的冲突，为了避免这个问题，PHP 提供了文件锁机制，通过函数 flock()来实现。其使用方法如下：

```
bool flock ( resource $handle, int $operation [, int &wouldblock] )
```

该函数有两个必填参数，其中，参数$handle 跟上面的多个参数一样，表示一个已打开的文件指针。

参数$operation 表示对文件的加锁类型，为 int 类型，PHP 提供了四个符号常量，代表了四种类型的锁：

☑ LOCK_SH：共享锁，读文件的时候使用；
☑ LOCK_EX：独占锁，写文件的时候使用；
☑ LOCK_UN：释放锁，不管对文件加了哪种类型的锁，对文件操作完毕后，都需要释放锁；
☑ LOCK_NB：为了避免死锁，可以在给文件加锁时，加上该类型的锁。

若加锁成功，flock()函数返回 true，否则返回 false。

【实例 9.4】 加写锁和防死锁写文件，程序代码（demo9.10.php）如下：

```
<?php
    $fp = fopen("d.txt", "w+");
    if (flock($fp, LOCK_EX+LOCK_NB)) { // 加写锁和防死锁的 LOCK_NB 锁
        fwrite($fp, "Write something here\n");
        flock($fp, LOCK_UN);                // 释放锁
    } else {
        echo "Couldn't lock the file !";
    }
    fclose($fp);
?>
```

在实例 9.4 的代码中，“fopen("d.txt", "w+")”表示以覆盖写的方式打开当前目录下的文件 d.txt，如果没有，就在当前目录下创建该文件。“flock($fp, LOCK_EX+LOCK_NB)”表示对文件 d.txt 添加写锁和避免死锁的 LOCK_NB 锁。写文件完毕后，通过代码“flock($fp, LOCK_UN);”释放锁。

【实例 9.5】 加读锁和防死锁读文件，程序代码（demo9.11.php）如下：

```
<?php
    $fp = fopen("d.txt", "r");
    if (flock($fp, LOCK_SH+LOCK_NB)) {
       $content= fread($fp, filesize('d.txt'));
        flock($fp, LOCK_UN); // 释放锁
        echo $content;
    } else {
        echo "Couldn't lock the file !";
    }
?>
```

在实例 9.5 的代码中，“fopen("d.txt", "r")”表示以读文件方式打开当前目录下的文件 d.txt，“flock($fp, LOCK_SH+LOCK_NB)”表示对文件 d.txt 添加读锁和避免死锁的 LOCK_NB 锁。“fread($fp, filesize('d.txt'))”表示读取文件 d.txt 的全部内容，其中，“filesize('d.txt')”获取文件 d.txt 的大小。程序运行结果如图 9.8 所示。

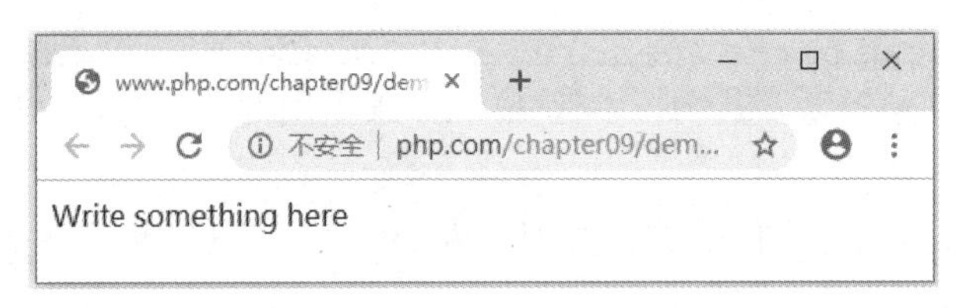

图 9.8　加锁读文件的程序运行结果

9.2.3　任务实现

在对相关知识进行了充分的讲解之后，下面来实现本节所提出的任务。

（1）新建 PHP Web 页，制作留言板界面，网页代码（demo9.12.php）如下：

```
<html xmlns="http://www.w3.org/1999/xhtml">
        <head>
        <meta http-equiv="Content-Type" content="text/html; charset=utf-8" />
        <title>demo11</title>
        </head>
        <body>
        <form id="form1" name="form1" method="post" action="">
            <p>输入昵称：
                    <input name="txtName" type="text" style="width: 300px;" />
            </p>
            <p>你的留言：
                    <textarea name="txtContent"    style="width: 300px; height: 100px;" ></textarea>
            </p>
            <p>
                <input type="submit" name="btnTj" id="btnTj" value="提交" />
            </p>
        </form>
        </body>
</html>
```

程序运行结果如图 9.4 所示。

（2）编写 PHP 代码，实现后台功能。

使用文件实现留言板功能，所有用户的留言信息都写入到一个文件进行存储，在这里，我们在当前目录下将文件命名为“ly.txt”。为了能够在文件中分割出每条留言，对每条留言记录使用字符串“[n]”作为结束标志。而每条留言记录包含三部分的信息：昵称、留言时间和留言内容，使用“#”作为这三部分的分隔符。

运行程序后，首先判断当前目录下是否存在文件 ly.txt，如果存在，则读取文件 ly.txt，然后分割出每条记录，按照一定的格式显示出每条记录；如果不存在，则直接显示图 9.4 所示的界面，用来发表留言。

用户填写好留言信息，单击“提交”按钮后，将用户输入的信息拼接成一条记录，追加写入文件 ly.txt 中，然后重新读取文件，显示留言信息。后台代码如下：

```
<?php
//加锁写文件步骤：以写方式打开文件->加写锁->写文件->关闭文件
// msg: 以[n]分割每条留言，以#分割昵称、时间和留言内容
if (isset($_POST["btnTj"])) {
    $name = $_POST["txtName"];
    $content = $_POST["txtContent"];
    $msg = $name . '#' . time() . '#' . $content . '[n]';
    $f = fopen("ly.txt", "a"); //a 代表以写方式打开，如果没有文件则创建
        //写文件之前先加写锁
        if (flock($f, LOCK_EX + LOCK_NB)) {
            fwrite($f, $msg);
        } else {
            echo "添加写锁失败！";
        }
        fclose($f); //关闭文件
    }
    //加锁读文件步骤：以读方式打开文件->加读锁->读文件->关闭文件
    if (file_exists("ly.txt")) {
        $f = fopen("ly.txt", "r"); //r 代表以读方式打开文件
    //读文件之前先加读锁
        if (flock($f, LOCK_SH + LOCK_NB)) {
            $ly = ""; //存放所有留言信息
            while (!feof($f)) {
                $ly .= fread($f, 1024);
            }
        } else {
            echo "添加读锁失败！";
        }
        fclose($f);
    // 显示留言信息
        $arr_ly = explode('[n]', rtrim($ly, '[n]'));
        foreach ($arr_ly as $val) {
            list($name, $dt, $content) = explode('#', $val); //使用#分割每条留言的三部分
            echo "<b>$name</b>(" . date('Y-m-d h:i', $dt) . ")：" . $content;
            echo "<br><hr></br>";
        }
    }
?>
```

说明：上述代码中，第一个 if 语句用来判断用户是否提交了表单，如果提交了表单，则将表单的信息写入文件 ly.txt 中。其中，代码“$msg = $name . '#' . time() . '#' . $content . '[n]';”表示将收集到的表单信息拼接成一条记录，昵称、留言时间和留言内容用“#”拼接，并加上“[n]”作为结束标志；后面的代码则是以加写锁的方式，将$msg 写入到文件 ly.txt 中。

第二个 if 语句用来判断 ly.txt 文件是否存在，如果存在则以加读锁的方式读取文件到变量$ly。代码“$arr_ly = explode('[n]', rtrim($ly, '[n]'));”实现两个功能：第一，代码“rtrim($ly, '[n]')”将变量$ly 最后的结束标志“[n]”去掉；第二，使用 explode()函数将字符串$ly 按结束标志“[n]”分割出每条留言记录，并作为留言记录数组保存到变量$arr_ly 中，后面的 foreach 语句则遍历数组$arr_ly，按格式显示每条留言信息。程序运行结果如图 9.9 所示。

图 9.9　留言板的程序运行结果

9.3　PHP 文件上传案例：上传头像

在 Web 项目开发中，上传文件到 Web 服务器是常见的功能。本节通过上传头像的案例讲解在 PHP 中如何实现文件上传的功能。

9.3.1　任务分析

在 PHP 中，要实现上传头像功能，必须解决以下几个问题：

（1）制作上传文件表单；

（2）修改 PHP 配置文件，设置关于文件上传的相关属性；

（3）上传文件的错误处理；

（4）实现文件上传功能，为上传后的文件自动生成唯一的文件名；

（5）上传头像后，显示当前上传的头像。

9.3.2　相关知识

1. 制作上传文件表单

表单要实现文件上传，必须满足两个条件：一是表单的提交方式必须为 post 提交；二是设置表单的 enctype 属性的值为 multipart/form-data。

上传文件的标签是<input type="file">。一般情况下，如果要限制上传文件的大小，可以在表单中添加一个隐藏域标签，其 name 属性设置为 MAX_FILE_SIZE，value 属性设置为要限制的文件大小，单位为字节，例如，“<input name="MAX_FILE_SIZE" type="hidden" value="5000000" />”表示限制上传文件的大小小于 5MB。

本例的表单程序代码（demo9.13.html）如下：

```
<form method="post" enctype="multipart/form-data" action="demo9.14.php">
        <input name="MAX_FILE_SIZE" type="hidden" value="5000000" />
        <p class="upload">上传头像：<input name="Fupload" type="file"/></p>
        <p>
    <input class="sub" type="submit" value="保存头像" name="btnTj">
    </p>
</form>
```

程序运行结果如图 9.10 所示。

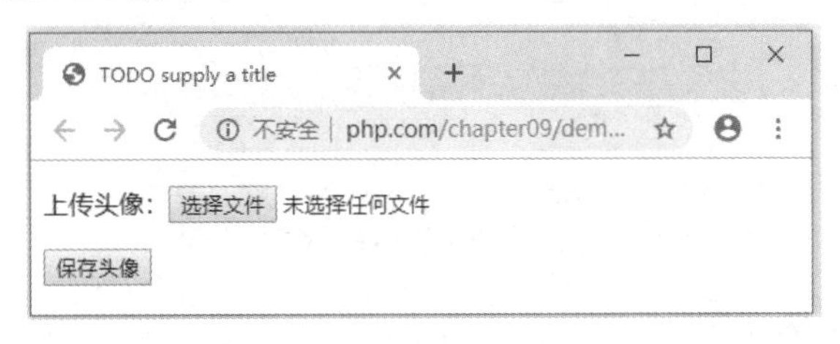

图 9.10　上传文件表单的程序运行结果

2. PHP 配置文件中的相关参数

对上传文件大小的限制，在表单中加隐藏域只是一种方便开发人员判断大小是否合法的参考值，实际上并不能完全地限制浏览器上传的数据大小，容易被恶意修改，因此，单靠客户端的限制是不够的，还需要服务器端的设置。PHP 配置文件 php.ini 中关于文件上传的相关参数有以下几个。

☑ file_uploads：是否允许通过 HTTP 上传文件，默认为 ON，表示为允许上传。

☑ upload_max_filesize：允许上传文件大小的最大值，默认为 2MB。

☑ post_max_size：通过表单 POST 给 PHP 的所能接收的最大值，包括表单里的所有的值，默认为 8MB。

☑ upload_tmp_dir：文件上传至服务器上存储临时文件的地方，如果没指定就会用系统默认的临时文件夹。

因此，要严格限制上传文件的大小，需要设置 php.ini 中的 upload_max_filesize 值，比如本例中，将该值设置为 5MB，代表上传文件不能超过 5MB。必须注意的是，修改了 PHP 配置文件 php.ini 后，必须重启服务才能使修改生效。

3. $_FILES 数组

当用户通过上传文件表单选择一个文件并提交表单后，PHP 把用户提交的文件信息保存到超全局数组$_FILES 中。在上面的表单后，添加以下程序代码（demo9.14.php）：

```
<?    if(!empty($_FILES))   var_dump($_FILES);    ?>
```

运行程序后，结果如图 9.11 所示。

从图 9.11 可以看出，$_FILES 是一个二维数组，每个提交的文件是一个数组元素，其键名为表单中 file 标签的 name 属性，其值为一个一维数组，有 5 个元素，每个元素都表示一个提交文件的信息。这些信息的说明如下：

☑ $_FILES['Fupload']['name']：表示上传文件的名称，如本例中文件名为 pic.jpg；

☑ $_FILES['Fupload']['type']：上传文件 MIME 类型；

- ☑ $_FILES['Fupload']['tmp_name']：上传文件保存在服务器的临时文件路径；
- ☑ $_FILES['Fupload']['error']：文件上传的错误代码，0 表示上传成功，其他值则表示出错；
- ☑ $_FILES['Fupload']['size']：上传文件的大小，以字节为单位。

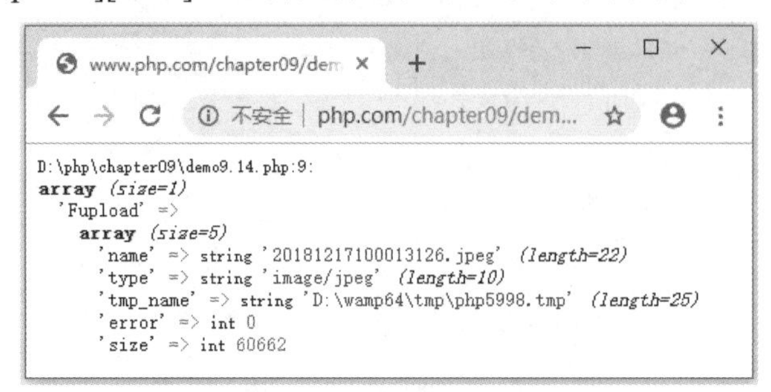

图 9.11 $_FILES 数组的程序运行结果

4．上传文件的错误处理

在前面提到，“$_FILES['Fupload']['error']”表示文件上传的错误代码，除了 0 表示文件上传成功，还有几个常用的错误代码，具体如表 9.2 所示

表 9.2 错误代码对照表

代　码	常　量	描　述
0	UPLOAD_ERR_OK	没有错误发生，文件上传成功
1	UPLOAD_ERR_INI_SIZE	上传文件的大小超过了 php.ini 中 upload_max_filesize 选项限制的值
2	UPLOAD_ERR_FORM_SIZE	上传文件的大小超过了 HTML 表单中 MAX_FILE_SIZE 选项指定的值
3	UPLOAD_ERR_PARTIAL	文件只有部分被上传
4	UPLOAD_ERR_NO_FILE	没有文件被上传
6	UPLOAD_ERR_NO_TMP_DIR	找不到临时文件夹
7	UPLOAD_ERR_CANT_WRITE	文件写入失败

在编写上传文件的代码中，经常使用“$_FILES['Fupload']['error']”来进行错误处理，例如程序代码（demo9.15.php）：

```
<?php
    if(empty($_FILES["Fupload"]))       return;
    if ($_FILES["Fupload"]["error"] > 0) {

            switch ($_FILES["Fupload"]["error"]) {
                case 1:
                case 2:echo "上传的文件超过了 5MB。<br/>";
                    break;
                case 3:echo "文件只有部分被上传。<br/>";
                    break;
                case 4:echo "没有文件被上传。<br/>";
                    break;
                case 6:echo "找不到临时文件夹。<br/>";
```

```
                    break;
                default:echo "未知错误！<br/>";
                    break;
            }
            exit;
        }
?>
```

5．move_uploaded_file()

文件上传成功后，文件会暂时保存在服务器的临时目录中，默认为 C:\Windows\Temp，为了让上传的文件保存到程序员指定的目录下，需要使用函数 move_uploaded_file()将临时目录下的文件移动到程序员指定的目录。其使用方法如下：

```
bool move_uploaded_file( string filename, string destination )
```

其中，第一参数是临时目录，第二个参数是需要移动到的程序员指定的目标路径。

需要注意的是，该函数检查并确保由 filename 指定的文件是否合法的上传文件（即通过 PHP 的 HTTP POST 上传机制所上传的）。如果 filename 是合法的上传文件，则将其移动到由 destination 指定的文件路径；如果 filename 不是合法的上传文件，则不会出现任何操作，move_uploaded_file()将返回 false；如果 filename 是合法的上传文件，但出于某些原因无法移动，则也不会出现任何操作，move_uploaded_file()将返回 false，此外还会发出一条警告。

9.3.3 任务实现

通过 9.3.2 小节的学习，我们对文件上传的相关知识已经有了一些了解，下面就可以来编写代码（demo9.16.php），实现本任务的功能了。

1．制作网页界面

制作如图 9.12 所示的网页界面。

图 9.12 上传前的网页界面

前端网页界面的代码如下：

```
<html>
<head>
```

```
<meta charset="utf-8">
<title>用户头像上传</title>
<style>
body{ background:#ccc; }
box{ width:320px; border: solid #ccc 1px; background:#fff; margin:0 auto; padding:0 0 10px 60px;}
img{ width:90px; float:left;padding:2px;border:1px solid #999;}
.exist{ float:left;}
.upload{ clear:both; padding-top:15px; }
h2{ padding-left:60px;font-size:20px;}
.sub{ margin-left:85px; background:#0099FF; border:1px solid #55BBFF; width:85px; height:30px;
color:#FFFFFF; font-size:13px; font-weight:bold; cursor:pointer; margin-top:5px;}
</style>
</head>
<body>
<div class="box">
<h2>上传用户头像</h2>
<p class="exist">上传头像：</p>
<img src="<?php if (isset($r)&&$r) { echo $des;} else { echo "default.jpg"; } ?>" />
<form method="post" enctype="multipart/form-data" action="">
<input name="MAX_FILE_SIZE" type="hidden" value="5000000" />
<p class="upload">上传头像：<input name="Fupload" type="file"/></p>
<p><input class="sub" type="submit" value="保存头像" name="btnTj"></p>
</form>
</div>
</body>
</html>
```

2．后台代码

```
<?php
    if (isset($_POST["btnTj"])) {
        //1. 判断错误
        if ($_FILES["Fupload"]["error"] > 0) {

            switch ($_FILES["Fupload"]["error"]) {
                case 1:
                case 2:echo "上传的文件超过了 5MB。 <br/>";
                    break;
                case 3:echo "文件只有部分被上传。 <br/>";
                    break;
                case 4:echo "没有文件被上传。<br/>";
                    break;
                case 6:echo "找不到临时文件夹。<br/>";
                    break;
                default:echo "未知错误！ <br/>";
                    break;
            }
            exit;
        }
        //2. 判断文件类型：bmp、jpg、jpeg、png
        $name = $_FILES["Fupload"]["name"];
        $arr = explode(".", $name);
```

```
            $ex = strtolower( array_pop($arr)); //出栈，获取最后一个元素
            $arr_ex = array("bmp", "jpg", "jpeg", "png");
            if (!in_array($ex, $arr_ex)) {
                exit("文件类型不对，请上传 bmp、jpg、jpeg 或 png 格式！");
            }
            //文件上传，将临时文件 tmp_name 复制到要上传的目录：当前目录\upload
            $tmp = $_FILES["Fupload"]["tmp_name"]; //临时文件
            //3. 上传的文件名为随机名：年月日时分秒+3 位随机数字
            $des_file = date("YmdHis") . rand(100, 999) . "." . $ex;
            $des = "./upload/" . $des_file; //目标文件
            $r=move_uploaded_file($tmp, $des);

        }
    ?>
```

说明：代码“if(isset($_POST["btnTj"]))”判断用户是否提交表单；代码“$name = $_FILES["Fupload"]["name"];”将上传文件在客户端中的文件名保存到变量$name；代码“$arr = explode(".", $name);”以“.”分割上传文件在客户端中的文件名，分割后的字符串以数组形式返回，保存到变量$arr 中；代码“$ex = strtolower(array_pop($arr));”取出数组$arr 的最后一个元素，即上传文件的扩展名，并转换成小写，保存到变量$ex 中；代码“$arr_ex = array("bmp", "jpg", "jpeg", "png");”记录允许上传文件的扩展名；代码“if (!in_array($ex, $arr_ex))”判断上传文件的扩展名是否合法；代码“$des_file = date("YmdHis") . rand(100, 999) . "." . $ex;”生成一个在服务器上唯一的文件名，文件名以当前的年月日时分秒加 3 位随机数字命名；代码“$des = "./upload/" . $des_file;”表示上传文件在服务器中的路径，本例中，图片文件都上传到网站根目录下的 upload 文件夹下，所以，需要先在网站根目录下新建名为“upload”的文件夹，用来保存所有上传的图片文件。

在前端网页界面中嵌入一段 PHP 代码：

```
<img src="<?php if (isset($r)&&$r) { echo $des;} else { echo "default.jpg"; } ?>" />
```

其中，代码“if (isset($r)&&$r)”中$r 是后台代码“$r=move_uploaded_file($tmp, $des);”的返回值，如果上传文件成功，$r 为 true，否则为 false；代码“if (isset($r)&&$r)”判断变量$r 是否存在，如果存在则用户提交了表单，而且变量$r 为 true，表示图片文件上传成功。所以，img 标签显示新上传的图片，如图 9.13 所示；否则显示默认图片“default.jpg”，如图 9.12 所示。

图 9.13　上传后显示的图片

实训任务 9　PHP 中的文件操作

1. 实训目的

☑ 掌握对文件的简单读写操作；

☑ 掌握对文件加读写锁的操作；

☑ 掌握文件上传及下载功能的实现。

2. 项目背景

通过本章的学习，小菜对 PHP 中的文件操作有了一些了解。知道了怎么读写文件，了解了文件的锁机制，以及常见的文件上传功能的实现方法，已经能够编一些关于文件操作的代码。在听完老师的讲解后，小菜感觉能听懂，但是在自己实际编程时，还是有点晕，于是在大鸟老师的指导下，小菜认真练习了下面的内容，终于感觉明白了许多。

3. 实训内容

基础任务：

（1）在 PHP 中，如何实现文件的读和写操作？有哪些方法实现？

（2）简单说明超全局数组$_FILES。

（3）在 PHP 中，如何判断文件是否存在？

（4）在 PHP 中，如何判断文件是否读取完毕？

（5）在 PHP 中，如何判断文件是否上传成功？

（6）在 PHP 中，如何限制上传文件的大小？

（7）在 PHP 中，如何限制上传文件的类型？

实践任务：

任务：使用加锁文件的读写方式，编程实现投票功能。程序运行的效果如图 9.14 所示。

要求：

（1）运行程序后，显示当前各个项目的投票数目，在初始状态下，各个项目的票数为 0。

（2）用户投票后，更新各个项目的投票数目。

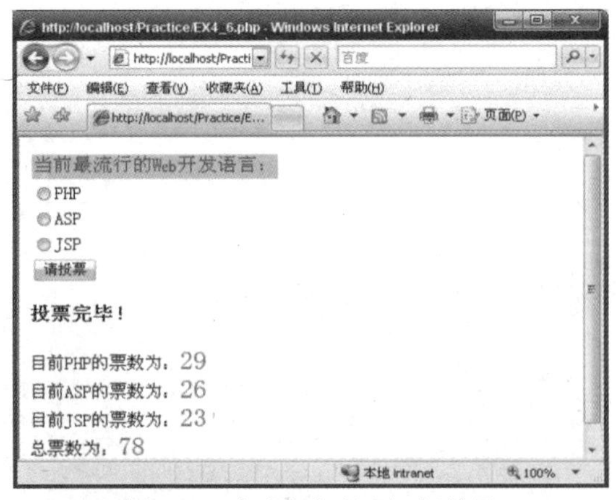

图 9.14　实践任务程序运行效果

第10章 PHP 操纵 MySQL 数据库

PHP 程序设计开发的目的是做出高效的动态网站，而动态网站必须依赖数据库进行数据的存储。和 PHP 配合使用最为广泛的是开源免费的 MySQL 数据库，本章将详细讲解如何使用 PHP 语言中的函数操作 MySQL 数据库。

PHP5 以上的版本中提供了 MySQL 和 MySQLi 两套扩展函数，MySQLi 是从 PHP 5 开始加入的，是对 MySQL 扩展函数的改进，PHP 7 已不再支持 MySQL 扩展函数。因此，本章只讲解 MySQLi 扩展函数。

章节学习目标

1．了解 MySQL 数据库；
2．熟悉 PHP 访问数据库的基本流程；
3．掌握 PHP 连接及关闭数据库的方法；
4．掌握 MySQLi 扩展函数，能够对 MySQL 数据库进行增、删、改、查等操作。

10.1 MySQL 数据库概述

10.1.1 MySQL 数据库

MySQL 是一款小型关系数据库管理系统，其开发者为瑞典 MySQL AB 公司，目前属于 Oracle 旗下产品。MySQL 支持“结构化查询语言”，也就是我们常说的“SQL”，该软件采用了 GPL（GNU 通用公共许可证）。由于其体积小、速度快、总体拥有成本低，尤其是具有开放源码和免费的特点，许多中小型网站为了降低网站成本而选择了 MySQL 作为网站数据库。MySQL 数据库管理系统与 PHP 脚本语言相结合的数据库系统解决方案，正被越来越多的网站所采用，其中又以 LAMP 模式最为流行。

因为本书使用 XAMPP 和 phpStudy 集成软件提供 PHP 开发的基本支持，该软件中集成了 MySQL 模块，只需要在集成软件中启动 MySQL 相应的服务便可以很好地支持 PHP 对 MySQL 数据库的操纵。

10.1.2 数据库与 Web 开发

动态网站的“动”字主要是指数据动态化，究其根源就是对数据进行操作。网站做好后页面结构框架被固定下来，但其内容会经常发生变化，企业不可能每次通过改变源码来修改数据，这就需要用到数据库。例如网站的新闻模块，在用户浏览时，程序会根据用户请求的新闻编号，将对应的新闻从数据库中读取出来，然后再以特定的格式响应给用户。Web 系统的开发基本上是离不开数据库的，因为任何东西都要存放在数据库中。所谓的动态网站就是基于数据库开发的 Web 系统，最重要的就是数据管理，或者说我们在开发时都是围绕着数据库编写程序的。所以作为一名 Web 程序员，只有先掌握一门数据库的应用，才可能去进行动态网站的开发。

基于数据库的 Web 系统将网站的内容存储在 MySQL 数据库中，然后使用 PHP 通过 SQL 查询获取这些内容并以 HTML 格式输出到浏览器中显示；或者将用户在表单中输入的数据，通过在 PHP 程序中执行 SQL 语句，将数据保存到 MySQL 数据库中；也可以在 PHP 脚本中接受用户在网页上的其他相关操作，再通过 SQL 语句对数据库中存储的网站内容进行管理。其流程如图 10.1 所示。

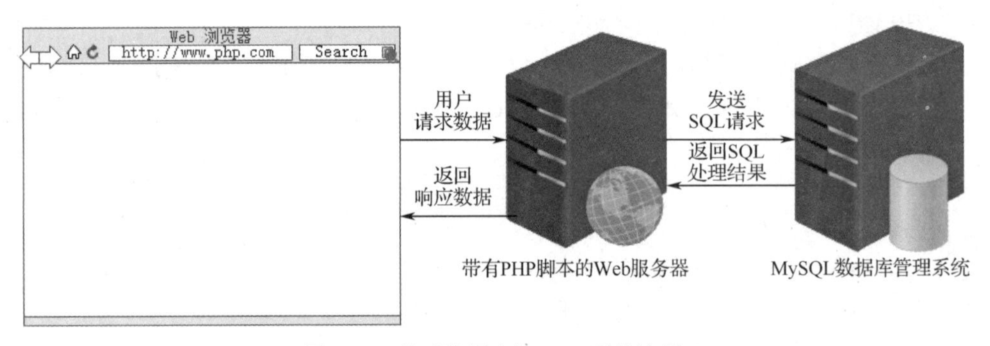

图 10.1　基于数据库的 Web 系统流程

10.1.3　PHP 与 MySQL 数据库

PHP 几乎支持所有的数据库系统，但对于一般的个人使用者和中小型企业来说，MySQL 提供的功能已经绰绰有余，而且由于 MySQL 是开放源码软件，因此可以大大降低其总体拥有成本。目前 Internet 上流行的网站架构方式是 LAMP（Linux+Apache+MySQL+PHP），就是使用 Linux 作为操作系统，Apache 作为 Web 服务器，MySQL 作为数据库，PHP 作为开发语言。由于这四个软件都是开源免费的，因此几乎可以零成本建网站。

一个 MySQL 数据库服务器中可以创建多个数据库，如果把每个数据库看成一个“仓库”，则网站中的内容数据就存储在这个仓库中。而对数据库中数据的存取及维护等，都是通过数据库管理系统进行管理的。为了使网站中的数据便于维护、备份及移植，在数据量不是太大的情况下，一般一个网站对应一个数据库。PHP 脚本程序作为 MySQL 服务器的客户端程序，PHP 通过 MySQLi 扩展函数对数据进行增、删、改、查等操作。

10.1.4　PHP 访问 MySQL 数据库的流程

PHP 提供了大量的函数来对 MySQL 数据库进行操作，比如对 MySQL 数据库的增、删、改、查等操作，从而实现基于 PHP 的动态网站数据的操纵。PHP 中提供了 MySQL 与 MySQLi 两种扩展函数，PHP 7 已不再支持 MySQL 扩展函数，因此本节讲解使用 MySQLi 扩展函数来访问 MySQL 数据库。

使用 MySQLi 扩展函数访问 MySQL 数据库的步骤如下：

（1）连接 MySQL 服务器；

（2）确定连接的数据库；

（3）编写、提交与执行 SQL 语句；

（4）处理返回值或得到的结果集；

（5）关闭数据库连接。

PHP 访问 MySQL 的具体流程如图 10.2 所示，首先 PHP 应和 MySQL 数据库服务器取得连接，然后选择一个数据库作为默认操作的数据库，才能向 MySQL 数据库管理系统发送 SQL 指令。如果发送的是 INSERT、UPDATE 或 DELETE 等 SQL 语句，MySQL 执行完成并对数据表的记录有所影响，同时返回影响的行数，则说明执行成功；如果发送的是 SELECT 的 SQL 语句，则会返回结果集，在获取结果集后可以使用 PHP 语句对结果集进行处理。为了保证程序执行效率，在 PHP 脚本执行结束后需要关闭本次连接。

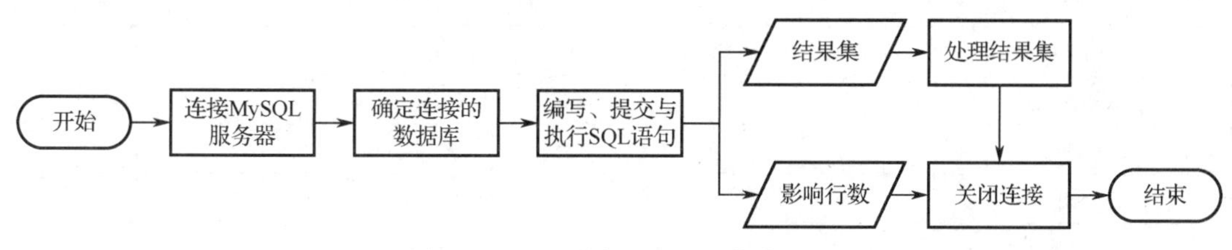

图 10.2　PHP 访问 MySQL 的流程图

10.2　从学生管理系统中学习 PHP 操纵 MySQL 数据库

学生管理系统主要是对学生的基本信息进行存储和管理，实现学生信息的系统化、自动化及规范化管理。本节任务为采用本节要学习的 PHP 操作数据库的方法编写程序，实现对学生管理系统的管理，如对学生信息进行增、删、改、查等操作。

10.2.1　任务分析

学生管理系统是对学生信息的采集、更改、删除及查询的操作平台，通过学生管理系统可以方便地管理学生的信息。由于学生信息存储在数据库中，因此学生信息的管理就是对数据库中的数据进行管理。

本任务的框架可分为五个部分：（1）连接数据库；（2）确定连接的数据库；（3）编写、提交与执行操作学生信息的 SQL 语句；（4）处理返回值或得到的结果集并在页面中进行展示；（5）关闭数据库连接。其中学生信息存储在 MySQL 数据库中，因此学生信息的管理需要使用 MySQLi 中的相关函数进行与 MySQL 数据库的连接、关闭数据库连接及数据的增、删、改、查等操作。

10.2.2 相关知识

PHP 中提供了 MySQLi 扩展函数，可以实现对数据库中的数据进行操作，下面就针对 MySQLi 扩展函数进行讲解。

1. 连接数据库

MySQLi 扩展函数提供了 PHP 与数据库进行连接的函数 mysqli_connect()，其基本语法结构如下：

```
mysqli_connect(host,username,password,dbname,port,socket);
```

说明 1：mysqli_connect()函数中包含六个参数，这些参数的含义如表 10.1 所示。

表 10.1 mysqli_connect()函数参数说明

参　数	描　述
host	可选，为主机名或 IP 地址
username	可选，为 MySQL 用户名
password	可选，为 MySQL 密码
dbname	可选，为数据库名称
port	可选，为 MySQL 服务器的端口号
socket	可选，为 Socket 通信

说明 2：当使用 mysqli_connect()函数连接成功后，该函数会返回一个代表 MySQL 数据库连接的对象；否则，该函数返回 false 表示连接失败。

【实例 10.1】 连接数据库并显示连接结果。

程序代码：

```
<?php
$link = mysqli_connect('localhost', 'root', 'root' , 'stu', '3306');
if($link){
      echo('数据库连接成功！ ');
            mysqli_set_charset($link, 'utf8');
}
else{
      echo('数据库连接失败！ ');
}
?>
```

在上述代码中，MySQL 数据库的主机名为“localhost”，数据库用户名为“root”，密码为“root”，连接的数据库名称为“stu”，MySQL 服务器的端口号为“3306”，当端口号为“3306”时可省略此参数。通过 mysqli_connect()函数连接数据库，若连接成功，则提示“数据库连接成功！”，如图 10.3 所示；若连接失败，则提示“数据库连接失败！”。同时，使用 mysqli_set_charset()函数设置字符集，保持 PHP 与数据库的字符集一致，避免出现中文乱码问题。

图 10.3　连接数据库的程序运行结果

2. 确定连接的数据库

若数据库连接不成功，可通过 mysqli_connect_error()函数获取数据库连接失败的原因，其基本语法结构如下：

```
mysqli_connect_error();
```

说明：mysqli_connect_error()函数无参数，若数据库连接失败，该函数将会返回上一次连接错误的错误描述。

【实例 10.2】 连接数据库并显示连接失败的原因。

程序代码：

```
<?php
$link = mysqli_connect('localhost', 'root', 'root' , 'st', '3306');
if($link){
    echo('数据库连接成功！ ');
    mysqli_set_charset($link, 'utf8');
} else{
    echo('数据库连接失败！ '. mysqli_connect_error());
}
?>
```

在上述代码中，将数据库名称改为“st”，则数据库连接失败，mysqli_connect_error()函数提示数据库连接失败的原因，如图 10.4 所示。

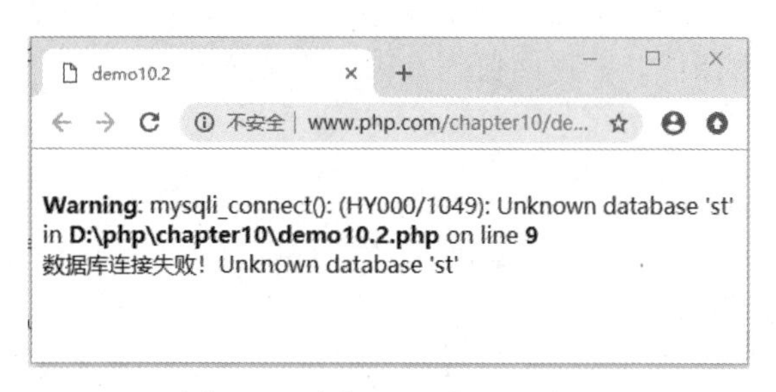

图 10.4　实例 10.2 的运行结果

3. 执行 SQL 语句

在完成数据库连接和字符集设置后，就可以执行 SQL 语句进行数据操作了。MySQLi 扩展函数提供了执行数据库查询的相关函数 mysqli_query()，其基本语法结构如下：

```
mysqli_query(connection,query,resultmode);
```

说明 1：mysqli_query()函数包含三个参数，参数的含义如表 10.2 所示。

表 10.2 mysqli_query()函数参数说明

参　数	描　述
connection	必需，将要执行操作的 MySQL 连接对象
query	必需，SQL 语句字符串
resultmode	可选，是一个常量，可以是下列值中的任意一个。 MYSQLI_USE_RESULT：初始化结果集检索，在需要大量检索时使用； MYSQLI_STORE_RESULT：默认

说明 2：当使用 mysqli_query()函数执行 SELECT、SHOW、DESCRIBE 或 EXPLAIN 查询时，将返回一个 mysqli_result 对象，保存结果集。当执行其他查询时，成功则返回 true；失败则返回 false。

【实例 10.3】 查询学生信息。

程序代码：

```
<?php
$link = mysqli_connect('localhost', 'root', 'root' , 'stu', '3306');
if($link){
        mysqli_set_charset($link, 'utf8');
        $sql="select * from student";
        $result = mysqli_query($link,$sql);
        if(!$result){
        echo('查询失败！');
        }
}
else{
        echo('数据库连接失败！'. mysqli_connect_error());
}
?>
```

在上述代码中，通过 mysqli_query()函数查询 student 表中的学生信息，然后判断 mysqli_query()函数的返回值，若返回值为 false，则查询失败。

4．处理结果集

在使用 mysqli_query()函数进行 SELECT、SHOW、DESCRIBE 或 EXPLAIN 操作后，若执行成功，则会返回一个 mysqli_result 对象，保存结果集。因此，MySQLi 扩展函数提供了处理结果集的相关函数。

（1）mysqli_num_rows()函数。使用 mysqli_num_rows()函数可以获取结果集中数据行的个数，其基本语法结构如下：

```
mysqli_num_rows(result);
```

说明：参数 result 为必需参数，其值为 mysqli_query()、mysqli_store_result()或 mysqli_use_result()返回的结果集。该函数返回结果集中数据行的个数。

【实例 10.4】 查询学生信息的数量。

程序代码：

```
<?php
$link = mysqli_connect('localhost', 'root', 'root' , 'stu', '3306');
```

```
if($link){
    mysqli_set_charset($link, 'utf8');
    $sql="select * from student";
    $result = mysqli_query($link,$sql);
    if(!$result){
        echo('查询失败！');
    }
    else{
        $rowcount=mysqli_num_rows($result);
        echo("总共返回 $rowcount 行数据。");
    }
}
else{
    echo('数据库连接失败！'. mysqli_connect_error());
}
?>
```

在上述代码中，将查询到的学生信息保存在$result 结果集中，通过 mysqli_num_rows()函数获取 student 表中的学生信息的数量，程序运行结果如图 10.5 所示。

图 10.5　实例 10.4 的运行结果

（2）mysqli_num_fields()函数。使用 mysqli_num_fields()函数可以获取结果集中数据列的个数，其基本语法结构如下：

```
mysqli_num_fields(result);
```

说明：参数 result 为必需参数，其值为 mysqli_query()、mysqli_store_result()或 mysqli_use_result()返回的结果集。该函数返回结果集中数据列的个数。

【实例 10.5】 查询学生信息字段的数量。

程序代码：

```
$link = mysqli_connect('localhost', 'root', 'root' , 'stu', '3306');
if($link){
    mysqli_set_charset($link, 'utf8');
    $sql="select * from student";
    $result = mysqli_query($link,$sql);
    if(!$result){
        echo('查询失败！');
    }
    else{
        $fieldcount=mysqli_num_fields($result);
        echo("学生信息中有 $fieldcount 个字段。");
    }
}
else{
    echo('数据库连接失败！'. mysqli_connect_error());
}
```

在上述代码中，将查询到的学生信息保存在$result 结果集中，通过 mysqli_num_fields() 函数获取 student 表中的学生信息字段的数量，程序运行结果如图 10.6 所示。

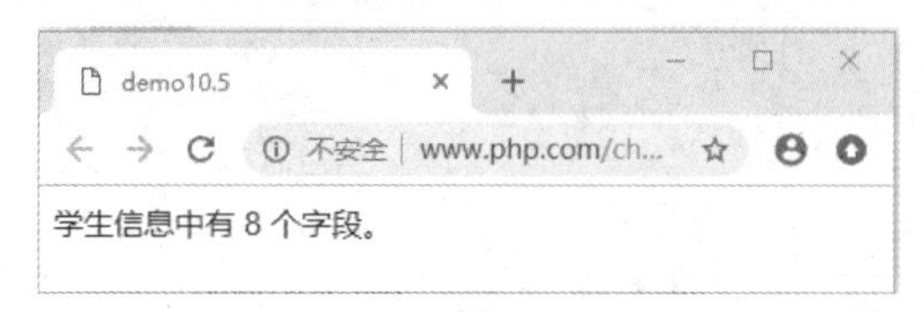

图 10.6　实例 10.5 的运行结果

（3）mysqli_fetch_all() 函数。使用 mysqli_fetch_all() 函数将结果集中的数据以关联数组、数字数组或同时以两种形式获取，其基本语法结构如下：

```
mysqli_fetch_all(result,resulttype);
```

说明：mysqli_fetch_all() 函数有两个参数，其中，参数 result 为必需参数，其值为 mysqli_query()、mysqli_store_result()或 mysqli_use_result()返回的结果集；参数 resulttype 为可选参数，规定返回的数组是哪种类型的数组，其值可以是 MYSQLI_ASSOC、MYSQLI_NUM 或 MYSQLI_BOTH，MYSQLI_ASSOC 表示返回的是一个关联数组，MYSQLI_NUM 表示返回的是一个索引数组，MYSQLI_BOTH 表示同时以两种形式返回，默认值为 MYSQLI_BOTH。该函数将结果集以数组形式返回。

【实例 10.6】 使用 mysqli_fetch_all() 函数查询学生信息并展示。

程序代码：

```
<?php
$link = mysqli_connect('localhost', 'root', 'root' , 'stu', '3306');
if($link){
        mysqli_set_charset($link, 'utf8');
        $sql="select * from student";
        $result = mysqli_query($link,$sql);
        if(!$result){
                echo('查询失败！ ');
        }
        else{
                $data=mysqli_fetch_all($result,MYSQLI_ASSOC);
                echo '<table align="center" width="80%" border="1">';
                echo '<caption><h1>查询学生基本信息</h1></caption>';
                echo '<th data-breakpoints="xs">学号</th>
                    <th>姓名</th>
                    <th>性别</th>
                    <th>系别</th>
                    <th>家庭住址</th>
                    <th>入学时间</th>
                    <th>专业</th>
                    <th data-breakpoints="xs">密码</th>';
                foreach($data as $row){
                    echo   "<tr>";
                    echo   "<td>".$row['stuno']."</td>";
                    echo   "<td>".$row['name']."</td>";
                    echo   "<td>".$row['sex']."</td>";
                    echo   "<td>".$row['sdept']."</td>";
```

```
                echo  "<td>".$row['home']."</td>";
                echo  "<td>".$row['rxtime']."</td>";
                echo  "<td>".$row['ps']."</td>";
                echo  "<td>".$row['password']."</td>";
                echo  "</tr>";
            }
            echo '</table>';
        }
}
else{
    echo('数据库连接失败！'. mysqli_connect_error());
}
?>
```

在上述代码中，将查询到的学生信息保存在$result 结果集中，使用 mysqli_fetch_all() 函数将结果集中的数据以数组形式全部取出来，通过循环从数组中取出数据进行展示，程序运行结果如图 10.7 所示。

图 10.7　实例 10.6 的运行结果

（4）mysqli_fetch_array() 函数。使用 mysqli_fetch_array()函数以关联数组、数字数组或同时以两种形式获取结果集中的一行数据，其基本语法结构如下：

```
mysqli_fetch_array(result,resulttype);
```

说明：mysqli_fetch_array()函数有两个参数，与 mysqli_fetch_all() 函数相同，这里不再重复说明。该函数将结果集中的一行以数组形式返回。

【实例 10.7】 使用 mysqli_fetch_array()函数查询学生信息并展示。

程序代码：

```
<?php
$link = mysqli_connect('localhost', 'root', 'root' , 'stu', '3306');
if($link){
    mysqli_set_charset($link, 'utf8');
    $sql="select * from student";
    $result = mysqli_query($link,$sql);
    if(!$result){
        echo('查询失败！');
    }
    else{
        echo '<table align="center" width="80%" border="1">';
        echo '<caption><h1>查询学生基本信息</h1></caption>';
        echo '<th data-breakpoints="xs">学号</th>
            <th>姓名</th>
```

```
                <th>性别</th>
                <th>系别</th>
                <th>家庭住址</th>
                <th>入学时间</th>
                <th>专业</th>
                <th data-breakpoints="xs">密码</th>';
            while($row=mysqli_fetch_array($result)){
                echo    "<tr>";
                echo    "<td>".$row['stuno']."</td>";
                echo    "<td>".$row['name']."</td>";
                echo    "<td>".$row['sex']."</td>";
                echo    "<td>".$row['sdept']."</td>";
                echo    "<td>".$row['home']."</td>";
                echo    "<td>".$row['rxtime']."</td>";
                echo    "<td>".$row['ps']."</td>";
                echo    "<td>".$row['password']."</td>";
                echo    "</tr>";
            }
            echo '</table>';
        }
}
else{
        echo('数据库连接失败！'. mysqli_connect_error());
}
?>
```

在上述代码中，将查询到的学生信息保存在$result 结果集中，使用 mysqli_fetch_array()函数可以获取结果集中的一行数据并保存在数组中进行展示，然后通过循环依次获取结果集中的数据。

（5）mysqli_fetch_assoc()函数。使用 mysqli_fetch_assoc()函数以关联数组的形式获取结果集中的一行数据，其基本语法结构如下：

```
mysqli_fetch_assoc(result);
```

说明：参数 result 为必需参数，其值为 mysqli_query()、mysqli_store_result()或 mysqli_use_result()返回的结果集。该函数将结果集中的一行以关联数组形式返回。

【实例 10.8】 使用 mysqli_fetch_ assoc ()函数查询学生信息并展示。

程序代码：

```
<?php
$link = mysqli_connect('localhost', 'root', 'root' , 'stu', '3306');
if($link){
        mysqli_set_charset($link, 'utf8');
        $sql="select * from student";
        $result = mysqli_query($link,$sql);
        if(!$result){
            echo('查询失败！');
        }
        else{
            echo '<table align="center" width="80%" border="1">';
            echo '<caption><h1>查询学生基本信息</h1></caption>';
            echo '<th data-breakpoints="xs">学号</th>
```

```
            <th>姓名</th>
            <th>性别</th>
            <th>系别</th>
            <th>家庭住址</th>
            <th>入学时间</th>
            <th>专业</th>
            <th data-breakpoints="xs">密码</th>';
        while($row=mysqli_fetch_assoc($result)){
            echo    "<tr>";
            echo    "<td>".$row['stuno']."</td>";
            echo    "<td>".$row['name']."</td>";
            echo    "<td>".$row['sex']."</td>";
            echo    "<td>".$row['sdept']."</td>";
            echo    "<td>".$row['home']."</td>";
            echo    "<td>".$row['rxtime']."</td>";
            echo    "<td>".$row['ps']."</td>";
            echo    "<td>".$row['password']."</td>";
            echo    "</tr>";
        }
        echo '</table>';
    }
}
else{
    echo('数据库连接失败！'. mysqli_connect_error());
}
```

在上述代码中，将查询到的学生信息保存在$result 结果集中，使用 mysqli_fetch_assoc()函数可以获取结果集中的一行数据并以关联数组的形式保存进行展示，然后通过循环依次获取结果集中的数据。

（6）mysqli_fetch_row()函数。使用 mysqli_fetch_row()函数以索引数组的形式获取结果集中的一行数据，其基本语法结构如下：

```
mysqli_fetch_row(result);
```

说明：参数 result 为必需参数，其值为 mysqli_query()、mysqli_store_result()或 mysqli_use_result()返回的结果集。该函数将结果集中的一行以索引数组形式返回。

【实例 10.9】 使用 mysqli_fetch_row()函数查询学生信息并展示。

程序代码：

```
<?php
$link = mysqli_connect('localhost', 'root', 'root' , 'stu', '3306');
if($link){
    mysqli_set_charset($link, 'utf8');
    $sql="select * from student";
    $result = mysqli_query($link,$sql);
    if(!$result){
        echo('查询失败！');
    }
    else{
        echo '<table align="center" width="80%" border="1">';
        echo '<caption><h1>查询学生基本信息</h1></caption>';
        echo '<th data-breakpoints="xs">学号</th>
```

```
            <th>姓名</th>
            <th>性别</th>
            <th>系别</th>
            <th>家庭住址</th>
            <th>入学时间</th>
            <th>专业</th>
            <th data-breakpoints="xs">密码</th>';
        while($row=mysqli_fetch_row($result)){
            echo  "<tr>";
            echo  "<td>".$row[0]."</td>";
            echo  "<td>".$row[1]."</td>";
            echo  "<td>".$row[2]."</td>";
            echo  "<td>".$row[3]."</td>";
            echo  "<td>".$row[4]."</td>";
            echo  "<td>".$row[5]."</td>";
            echo  "<td>".$row[6]."</td>";
            echo  "<td>".$row[7]."</td>";
            echo  "</tr>";
        }
        echo '</table>';
    }
}
else{
    echo('数据库连接失败！'. mysqli_connect_error());
}
?>
```

在上述代码中，将查询到的学生信息保存在$result 结果集中，使用 mysqli_fetch_row()函数可以获取结果集中的一行数据并以索引数组的形式保存、进行展示，然后通过循环依次获取结果集中的数据。从代码中可以看出，与关联数组相比，索引数组对数据库中字段的名称没有要求，按照数据在数据库中所占的列数获取数据，但不能从代码中直接看出当前数据对应数据库的哪个字段。

（7）mysqli_fetch_object()函数。使用 mysqli_fetch_object()函数获取结果集中的一行数据并作为对象返回，其基本语法结构如下：

```
mysqli_fetch_object(result,classname,params);
```

说明：mysqli_fetch_object()函数有三个参数，其中，result 为必需参数，其值为 mysqli_query()、mysqli_store_result()或 mysqli_use_result()返回的结果集；classname 为可选参数，该参数为实例化的类名称；params 为可选参数，该参数为一个传给 classname 对象构造器的参数数组。该函数将结果集中的一行以对象的形式返回。

【实例 10.10】 使用 mysqli_fetch_object()函数查询学生信息并展示。

程序代码：

```
<?php
$link = mysqli_connect('localhost', 'root', 'root' , 'stu', '3306');
if($link){
    mysqli_set_charset($link, 'utf8');
    $sql="select * from student";
    $result = mysqli_query($link,$sql);
```

```
        if(!$result){
            echo('查询失败！');
        }
        else{
            echo '<table align="center" width="80%" border="1">';
            echo '<caption><h1>查询学生基本信息</h1></caption>';
            echo '<th data-breakpoints="xs">学号</th>
                <th>姓名</th>
                <th>性别</th>
                <th>系别</th>
                <th>家庭住址</th>
                <th>入学时间</th>
                <th>专业</th>
                <th data-breakpoints="xs">密码</th>';
            while($obj=mysqli_fetch_object($result)){
                echo   "<tr>";
                echo   "<td>".$obj->stuno."</td>";
                echo   "<td>".$obj->name."</td>";
                echo   "<td>".$obj->sex."</td>";
                echo   "<td>".$obj->sdept."</td>";
                echo   "<td>".$obj->home."</td>";
                echo   "<td>".$obj->rxtime."</td>";
                echo   "<td>".$obj->ps."</td>";
                echo   "<td>".$obj->password."</td>";
                echo   "</tr>";
            }
        echo '</table>';
        }
    }
    else{
        echo('数据库连接失败！'. mysqli_connect_error());
    }
    ?>
```

在上述代码中，将查询到的学生信息保存在$result 结果集中，使用 mysqli_fetch_object() 函数可以获取结果集中的一行数据并以对象的形式保存，从$obj 中取出数据时，将学生信息的每个字段当作$obj 对象的属性取出并展示。

5. 关闭数据库连接

在完成数据获取与处理后，应当将结果集中的资源释放，并关闭数据库连接。MySQLi 扩展函数提供了释放结果集和关闭数据库连接的相关函数 mysqli_free_result()和 mysqli_close()。

（1）mysqli_free_result()函数。

```
mysqli_free_result(result);
```

说明：参数 result 为必需参数，其值为 mysqli_query()、mysqli_store_result()或 mysqli_use_result()返回的结果集。该函数没有返回值。

（2）mysqli_close()函数。

```
mysqli_close(connection);
```

说明：参数 connection 为必需参数，其值为需要关闭的 MySQL 连接。若关闭成功返回 true，否则返回 false。

【实例 10.11】 释放结果集并关闭数据库。

程序代码：

```
<?php
$link = mysqli_connect('localhost', 'root', 'root' , 'stu', '3306');
if($link){
        mysqli_set_charset($link, 'utf8');
        $sql="select * from student";
        $result = mysqli_query($link,$sql);
        if(!$result){
                echo('查询失败！ ');
        }
        else{
                echo '<table align="center" width="80%" border="1">';
                echo '<caption><h1>查询学生基本信息</h1></caption>';
                echo '<th data-breakpoints="xs">学号</th>
                    <th>姓名</th>
                    <th>性别</th>
                    <th>系别</th>
                    <th>家庭住址</th>
                    <th>入学时间</th>
                    <th>专业</th>
                    <th data-breakpoints="xs">密码</th>';
                while($row=mysqli_fetch_array($result)){
                    echo    "<tr>";
                    echo    "<td>".$row['stuno']."</td>";
                    echo    "<td>".$row['name']."</td>";
                    echo    "<td>".$row['sex']."</td>";
                    echo    "<td>".$row['sdept']."</td>";
                    echo    "<td>".$row['home']."</td>";
                    echo    "<td>".$row['rxtime']."</td>";
                    echo    "<td>".$row['ps']."</td>";
                    echo    "<td>".$row['password']."</td>";
                    echo    "</tr>";
                }
                echo '</table>';
                mysqli_free_result($result);
        }
}
else{
        echo('数据库连接失败！ '. mysqli_connect_error());
}
mysqli_close($link);
?>
```

在上述代码中，完成学生信息的查询后，使用 mysqli_free_result()函数释放$result 结果集资源，并通过 mysqli_close()函数关闭$link 连接。连接关闭后，将无法访问数据库。

10.2.3 任务实现

在学习了几种 MySQLi 扩展函数之后，接下来就可以来实现本节开始提出的任务了。学生成绩管理系统可以对学生信息进行增、删、改、查等操作。

1. 查询学生信息

网页代码：

```
<table align="center" width="80%" border="1">
<caption><h1>查询学生基本信息</h1></caption>
<tr>
<td colspan="9">
<form action="" method="post">
        <select name="stutj">
        <option value="">请选择查询条件</option>
        <option value="stuno">学号</option>
        <option value="name">姓名</option>
        <option value="ps">专业</option>
        </select>
        <input type="text" name="val">
        <button type="submit" name="sub">查询</button>
       <button type="button" onclick="window.location.href='renwu_ins.php'">添加</button>
</form>
</td>
</tr>
</table>
```

程序代码：

```
<?php
$link = mysqli_connect('localhost', 'root', 'root' , 'stu', '3306');
if($link){
        mysqli_set_charset($link, 'utf8');
        $val="";
        if(isset($_POST['sub'])){
                $stutj=$_POST['stutj'];
                $val=$_POST['val'];
        }
        if($val==""){
                $sql="select * from student";
        }
       else{
              $sql="select * from student where $stutj='$val'";
       }
        $result = mysqli_query($link,$sql);
        if(!$result){
                echo('查询失败！');
        }
        else{
                echo '<th data-breakpoints="xs">学号</th>
```

```
                <th>姓名</th>
                <th>性别</th>
                <th>系别</th>
                <th>家庭住址</th>
                <th>入学时间</th>
                <th>专业</th>
                <th data-breakpoints="xs">密码</th>
                  <th>修改/删除</th>';
            while($row=mysqli_fetch_array($result)){
                echo  "<tr>";
                echo  "<td>".$row['stuno']."</td>";
                echo  "<td>".$row['name']."</td>";
                echo  "<td>".$row['sex']."</td>";
                echo  "<td>".$row['sdept']."</td>";
                echo  "<td>".$row['home']."</td>";
                echo  "<td>".$row['rxtime']."</td>";
                echo  "<td>".$row['ps']."</td>";
                echo  "<td>".$row['password']."</td>";
                echo  "<td><a href='renwu_upd.php?flag=".$row['stuno']."'>修改</a>/<a href='renwu_sel.
php?action=del&&n=".$row['stuno']."'>删除</a></td>";
                echo  "</tr>";
            }
            mysqli_free_result($result);
        }
    }
    else{
        echo('数据库连接失败！'. mysqli_connect_error());
    }
    mysqli_close($link);
    ?>
```

程序运行结果如图 10.8 所示。

图 10.8　学生管理系统查询学生信息的运行结果

2. 添加学生信息

网页代码：

```
<form action="" method="post">
    <table align="center" width="80%" border="1">
    <caption><h1>添加学生</h1></caption>
```

```
        <tr><td><label>学号</label>
        <input type="text" name="stuno" required="required">
        </td></tr><tr><td><label >姓名</label>
        <input type="text" name="name" >
        </td></tr><tr><td>
        <label >性别</label>    
        <span><input type="radio"   name="sex" value="男" />男  
        <input type="radio" name="sex"   value="女" />女</span>
        </td></tr><tr><td><label >系别</label>    
        <select name="sdept">
            <option value="信息系">信息系</option>
            <option value="电气系">电气系</option>
            <option value="艺术系">艺术系</option>
            <option value="会计系">会计系</option>
            <option value="建工系">建工系</option>
        </select>
        </td></tr><tr><td><label >入学时间</label>
        <input type="date" name="rxtime" required="required">
        </td></tr><tr><td><label >籍贯</label>
        <input type="text" name="home">
        </td></tr><tr><td><label >备注</label>
        <input type="text" name="ps" >
        </td></tr><tr><td>
        <button type="submit" name="sub">添加</button>  
        <button type="reset">重置</button></td></tr>
        </table>
</form>
```

程序代码：

```
<?php
if(isset($_POST['sub'])){
        $stuno=$_POST['stuno'];
        $name=$_POST['name'];
        $sex=$_POST['sex'];
        $sdept=$_POST['sdept'];
        $home=$_POST['home'];
        $rxtime=$_POST['rxtime'];
        $ps=$_POST['ps'];
        $link = mysqli_connect('localhost', 'root', 'root' , 'stu');
        if(!$link){
                exit('数据库连接失败：'.mysqli_connect_error());
        }
        mysqli_set_charset($link, 'utf8');
        $sql="insert into student values ('$stuno', '$name', '$sdept', '$sex', '$home', '$rxtime', '$ps', '123')";
        $result=mysqli_query($link,$sql);
        if($result){
                echo "<script>alert('添加成功！ '); window.location.href= './renwu_sel.php'; </script>";
        }
        else{
                echo "<script> alert('添加失败!');</script>";
        }
```

```
        mysqli_free_result($result);
        mysqli_close($link);
    }
    ?>
```

程序运行结果如图 10.9 所示。

图 10.9　学生管理系统添加学生信息的运行结果

3．修改学生信息

网页代码：

```
    <form action="" method="post">
        <table align="center" width="80%" border="1">
        <caption><h1>修改学生信息</h1></caption>
        <tr><td>
        <label>学号</label>
        <input type="text" name="stuno" required="required" value="<?php echo $arr['stuno']; ?>" readonly="readonly">
        </td></tr><tr><td>
        <label >姓名</label>
        <input type="text" name="name" value="<?php echo $arr['name']; ?>">
        </td></tr><tr><td>
        <label >性别</label>    
        <span><input type="radio" name="sex" value=" 男 " <?php if($arr['sex']==" 男 "){echo 'checked';} ?>/>男  
        <input type="radio" name="sex" value="女" <?php if($arr['sex']=="女"){echo 'checked';} ?>/>女</span>
        </td></tr><tr><td>
    <label >系别</label>    
        <select name="sdept">
          <option value="信息系" <?php if($arr['sdept']=="信息系"){echo 'selected';} ?> >信息系</option>
          <option value="电气系" <?php if($arr['sdept']=="电气系"){echo 'selected';} ?> >电气系</option>
          <option value="艺术系" <?php if($arr['sdept']=="艺术系"){echo 'selected';} ?> >艺术系</option>
          <option value="会计系" <?php if($arr['sdept']=="会计系"){echo 'selected';} ?> >会计系</option>
          <option value="建工系" <?php if($arr['sdept']=="建工系"){echo 'selected';} ?> >建工系</option>
        </select>
        </td></tr><tr><td>
        <label >入学时间</label>
```

```
        <input type="date" name="rxtime" required="required" value="<?php echo $arr['rxtime']; ?>">
        </td></tr><tr><td>
        <label >籍贯</label>
        <input type="text" name="home" value="<?php echo $arr['home']; ?>">
        </td></tr><tr><td>
        <label >备注</label>
        <input type="text" name="ps" value="<?php echo $arr['ps']; ?>">
        </td></tr><tr><td>
        <label >密码 </label>
        <input type="text" name="password" value="<?php echo $arr['password']; ?>">
        </td></tr><tr><td>
        <button type="submit" name="sub">修改</button>  
        <button type="reset">重置</button>
        </td></tr>
        </table>
    </form>
```

程序代码：

```
    <?php
    $no=$_GET['flag'];
    $link = mysqli_connect('localhost', 'root', 'root' , 'stu', '3306');
    if(!$link){
        exit('数据库连接失败：'.mysqli_connect_error());
    }
    mysqli_set_charset($link, 'utf8');
    $sql="select * from student where stuno='$no'";
    $result=mysqli_query($link,$sql);
    $arr=mysqli_fetch_array($result);
    mysqli_free_result($result);
    mysqli_close($link);
    ?>

    <?php
    if(isset($_POST['sub'])){
        $stuno=$_POST['stuno'];
        $name=$_POST['name'];
        $sex=$_POST['sex'];
        $sdept=$_POST['sdept'];
        $home=$_POST['home'];
        $rxtime=$_POST['rxtime'];
        $ps=$_POST['ps'];
        $password=$_POST['password'];
        $link = mysqli_connect('localhost', 'root', 'root' , 'stu', '3306');
        if(!$link){
            exit('数据库连接失败：'.mysqli_connect_error());
        }
        mysqli_set_charset($link, 'utf8');
        $sql="update student set name='$name',sex='$sex',sdept='$sdept',home='$home',rxtime='$rxtime',
ps='$ps',password='$password' where stuno='$stuno'";
        $result=mysqli_query($link,$sql);
        if($result){
```

```
            echo "<script> alert('修改成功');</script>";
            echo "<script type='text/javascript'>"."location.href='"."renwu_sel.php"."'"."</script>";
        }
        else{
            echo "<script> alert('修改失败');</script>";
            echo "<script type='text/javascript'>"."location.href='"."renwu_sel.php"."'"."</script>";
        }
        mysqli_free_result($result);
        mysqli_close($link);
}
?>
```

程序运行结果如图 10.10 所示。

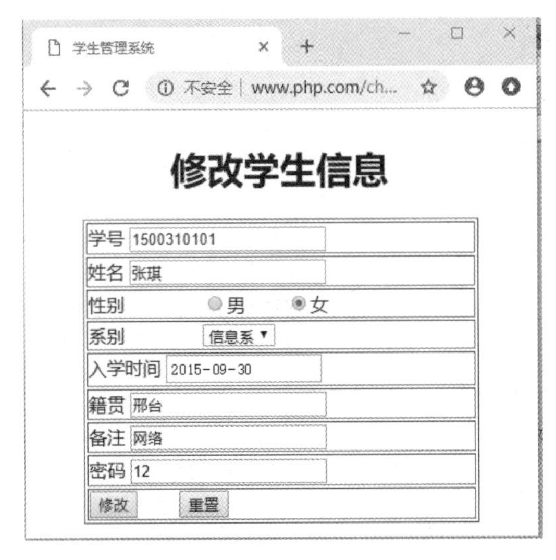

图 10.10　学生管理系统修改学生信息的运行结果

4．删除学生信息

程序代码：

```
<?php
error_reporting(E_ERROR);
if($_GET['action']=="del"){
        $stuno=$_GET['n'];
        $link = mysqli_connect('localhost', 'root', 'root' , 'stu');
        if(!$link){
            exit('数据库连接失败：'.mysqli_connect_error());
        }
        mysqli_set_charset($link, 'utf8');
        $sql="delete from student where stuno='$stuno'";
        $result=mysqli_query($link,$sql);
        if($result){
            echo "<script> alert('删除成功');</script>";
            echo "<script type='text/javascript'>"."location.href='"."renwu_sel.php"."'"."</script>";
        }
        else{
            echo "<script> alert('删除失败');</script>";
```

```
            echo "<script type='text/javascript'>"."location.href='"."renwu_sel.php"."'"."</script>";
        }
        mysqli_free_result($result);
        mysqli_close($link);
    }
?>
```

程序运行结果如图 10.11 所示。

图 10.11　学生管理系统删除学生信息的运行结果

实训任务 10　PHP 操作 MySQL 数据库

1. 实训目的

☑ 了解 MySQL 数据库；

☑ 熟悉 PHP 访问数据库的基本流程；

☑ 掌握 PHP 连接及关闭数据库的方法；

☑ 掌握 MySQLi 扩展函数，能够对 MySQL 数据库进行增、删、改、查等操作。

2. 项目背景

通过本章的学习，小菜对 PHP 操作 MySQL 数据库有了一些了解。知道了如何通过 PHP 语言连接数据库，学会了对 MySQL 数据库进行增、删、改、查的操作。在听完老师的讲解后，小菜感觉能听懂，但是在自己实际编程时，还是有点晕，于是在大鸟老师的指导下，小菜认真练习了下面的内容，感觉终于明白了 LAMP 中 PHP 和 MySQL 之间的关系。

3. 实训内容

基础任务：

（1）什么是 LAMP？其中每个字母分别代表什么？

（2）PHP 中提供了几种操作 MySQL 数据库扩展函数？分别是什么？

（3）MySQLi 扩展函数访问 MySQL 数据库的步骤是什么？

（4）mysqli_connect()函数有几个参数，分别代表什么含义？

（5）mysqli_fetch_all() 、mysqli_fetch_array()、mysqli_fetch_assoc()、mysqli_fetch_row()和 mysqli_fetch_object()函数的作用分别是什么？它们之间有什么区别？

实践任务：

完成学生管理系统的登录功能，界面如图 10.12 所示，如果登录成功则进入学生信息查询界面，否则提示用户名或密码错误。

图 10.12　学生管理系统登录界面

第11章 PHP 中的图形图像

PHP 不仅可以用于创建 HTML 输出，而且还支持创建和操作多种格式的图像文件，包括 GIF、PNG、JPG、BMP 和 XPM 等格式。使用 PHP 可以方便地创建图像文件，也可以将图像流直接输出到浏览器中。在网站中，有大量的图片需要由网站动态生成，如验证码图片和水印图片。PHP 提供了 GD 库，可以很轻松地实现这些功能。本章将详细讲解图像绘制及图片处理的相关知识。

章节学习目标

☑ 熟悉 PHP 绘图坐标系的方法；
☑ 掌握加载 GD 库的方法；
☑ 掌握使用 PHP 绘制各种图形的方法；
☑ 掌握使用 PHP 绘制文字的方法。

11.1 处理图像前的准备

在使用 PHP 进行图像处理前，需要做一些必要的环境配置，并了解图像的基础知识，例如如何加载 GD 库、使用图像中的坐标系统等，然后再来学习图像绘制相关的函数。

11.1.1 加载 GD 库

GD 库是 PHP 的图形扩展库。默认情况下 GD 库是没有被加载的，需要通过配置 PHP 配置文件来加载，具体步骤是修改 php.ini 文件，在该文件中查找“extension=php_gd2.dll”，找到后去掉前面的分号，保存 php.ini 文件，重启 Apache 服务器，即可正确加载 GD 库。由于本书使用的是集成开发环境，该扩展库已经默认被加载了。通过 phpinfo()或者 gd_info()函数可以获取当前使用的 GD 库信息。

【实例 11.1】 使用 phpinfo()函数获取当前 GD 库的信息。

程序代码：

```
<?php
phpinfo();
?>
```

实例 11.1 在浏览器中访问的结果如图 11.1 所示。

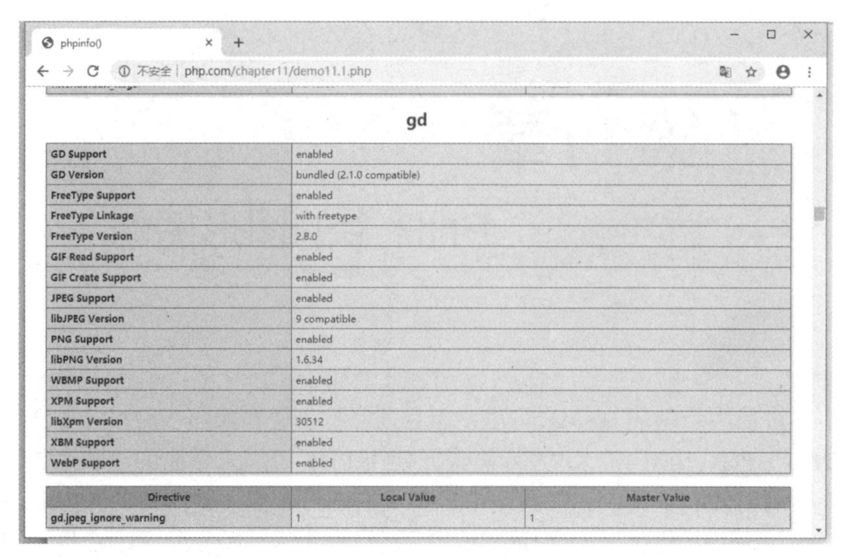

图 11.1　实例 11.1 的运行结果

11.1.2　PHP 图像坐标系

图像坐标系与数学中的坐标系是不同的，其坐标原点是画布左上角那个像素点，*X* 轴正方向水平向右，*Y* 轴正方向垂直向下。图片尺寸通常使用像素来表示，单位为 px。PHP 中图像的坐标系如图 11.2 所示。

O　*X* 轴　*Y* 轴

图 11.2　PHP 中图像坐标系

11.1.3　指定适合的 MIME 类型

MIME 是多用途 Internet 邮件扩展的缩写，它是 Internet 内容类型描述的事实标准。Web 服务器在发送被请求内容到浏览器之前会首先发送一个文件头，可以通过设置这个文件头来使浏览器正确识别图像。在 PHP 中可以使用 header()函数来设置文件头，其语法结构如下：

```
void header ( string $string [, bool $replace = true [, int $http_response_code ]] )
```

说明：参数 string 是要发送的报头字符串；参数 replace 用来设置是否替换原来的报头；参数 http_response_code 用来指定 HTTP 的响应代码。我们在输出图像时只需设置报头中“Content-Type”的内容即可。常用的图像 MIME 类型如表 11.1 所示。

表 11.1　常用图像 MIME 类型

图 像 类 型	MIME 表 示
JPEG 文件可交换格式（.jpeg/.jpg）	image/jpeg
可移植网络图像格式（.png）	image/png
可交换图像格式（.gif）	image/gif
Windows 位图格式（.bmp）	image/bmp

例如，使用如下代码让浏览器以 JPG 格式解析请求。注意，在设置的头文件输出前不可以有任何字符的输出，否则会导致图像无法显示。

```
header('Content-Type:image/jpeg')
```

11.2 图像的基本操作

在 PHP 中利用 GD 库进行图像处理，通常需要以下四个步骤：

（1）创建一个背景图像（画布），以后的操作都基于此背景图像来进行；

（2）在背景上绘制图像轮廓或文本；

（3）输出图像；

（4）释放资源。

11.2.1 创建画布

同现实中绘画类似，在绘画之前需要有一张“画布”，然后才能在上面作画。下面将介绍创建画布的方法。

1. 创建空白画布

在 PHP 中创建画空白布，可以使用 imagecreate()和 imagecreatetruecolor()函数，这两个函数的区别是 imagecreate()函数会创建一个基于调色板的图像，可以显示的色彩数通常为 256 色；而 imagecreatetruecolor()函数会创建一个真彩色的图像，通常可以显示 16 777 216 种颜色，官方推荐使用 imagecreatetruecolor()函数。但是 imagecreatetruecolor()函数不支持 GIF 格式的图像。这两个函数的语法结构如下：

```
resource imagecreate ( int $x_size , int $y_size )
resource imagecreatetruecolor ( int $x_size , int $y_size )
```

说明：参数 x_size 为画布的宽度，参数 y_size 为画布的高度，这两个函数会返回一个图像标识符以供后续的操作使用。

注意：虽然 imagecreate()和 imagecreatetruecolor()函数都会创建一个空白画布，但是默认情况下 imagecreate()函数会创建一个白色的空画布，而 imagecreatetruecolor()则会创建出一个黑色的空画布。

2. 创建基于文件的画布

创建一个基于文件或 URL 的画布就类似于将一张图像作为背景然后在其上面作画。由于 PHP 支持多种格式的图像类型，因此有多个函数用来创建不同文件格式的画布。常用的基于文件或 URL 创建画布的函数的语法结构如下：

```
resource imagecreatefromgif ( string $filename )
resource imagecreatefromjpeg ( string $filename )
resource imagecreatefrompng ( string $filename )
```

说明：参数 filename 为文件名或者 URL。这三个函数的返回值都为图像标识符。

11.2.2 输出图像

由于 PHP 支持多种图像类型，因此也有多个函数用来输出对应格式的图像。图像在输出前必须使用 header()函数来设置输出文件的 MIME 类型，语法结构如下：

```
header ( "Content-type: image/gif" ) ;
header ( "Content-type: image/jpeg" ) ;
header ( "Content-type: image/png" ) ;
```

常用的输出图像的函数的语法结构如下：

```
bool imagegif ( resource $image [, string $filename ] )
bool imagejpeg ( resource $image [, string $filename [, int $quality ]] )
bool imagepng ( resource $image [, string $filename ] )
```

说明：参数 image 为创建画布的函数返回的资源，参数 filename 用来规定是否以文件的形式保存而不直接输出在浏览器中。imagejpeg()函数中的参数 quality 用来设置输出图像的质量，范围为 0～100，默认为 75。

11.2.3 定义颜色

在创建了画布后，还需要定义颜色才能开始绘画。定义颜色可以使用 imagecolorallocate()和 imagecolorallocatealpha()函数，它们的语法结构如下：

```
int imagecolorallocate ( resource $image , int $red , int $green , int $blue )
int imagecolorallocatealpha ( resource $image , int $red , int $green , int $blue , int $alpha )
```

说明：参数 image 表示图像标识符，是图像创建函数的返回值；red、green 和 blue 三个参数分别表示所需要的颜色的红、绿、蓝的值，这些参数的取值范围是 0～255。imagecolorallocatealpha()函数中的参数 alpha 用来设置颜色的透明度，取值范围是 0～127，0 表示完全不透明，127 表示完全透明。

注意：使用 imagecolorallocate()和 imagecolorallocatealpha()函数第一次定义的颜色会作为 imagecreate()函数创建的画布的背景色，对于由 imagecreatetruecolor()函数创建的图像则不会填充。

11.2.4 释放图像资源

在图像输出后，需要使用 imagedestroy()函数清除图像来释放资源，其语法结构如下：

```
bool imagedestroy ( resource $image )
```

下面我们就来演示从创建画布到清除图像的整个流程及执行的效果。

【实例 11.2】 使用 imagecreatetruecolor()函数创建一个空画布并输出。

程序代码：

```
<?php
//创建画布
```

```
$img=imagecreatetruecolor(200,300);
//输出图像
header("Content-type:image/png");
imagepng($img);
//清除图像释放资源
imagedestroy($img);
?>
```

实例 11.2 在浏览器中访问的结果如图 11.3 所示。

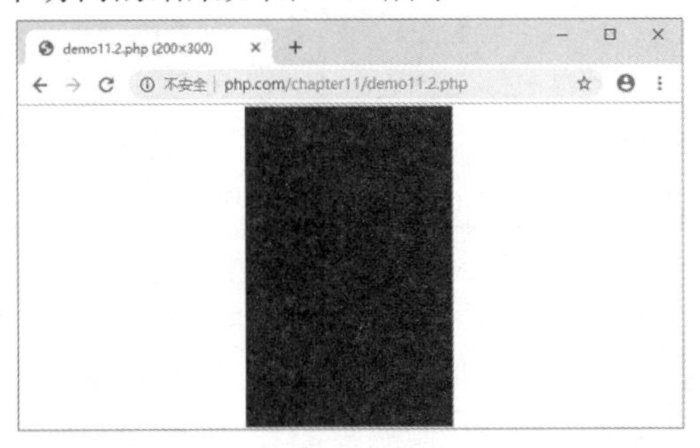

图 11.3　实例 11.2 的运行结果

从运行结果可以看出，使用 imagecreatetruecolor()函数会创建出一个黑色的空画布。

【实例 11.3】 使用 imagecreatefromjpeg()函数创建一个基于文件的画布并输出。

程序代码：

```
<?php
//创建画布
$img=imagecreatefromjpeg('1.jpg');
//清空输出缓冲区
ob_clean();
//输出图像
header("Content-type:image/png");
imagepng($img);
//清除图像释放资源
imagedestroy($img);
?>
```

实例 11.3 在浏览器中访问的结果如图 11.4 所示。

图 11.4　实例 11.3 的运行结果

注意：在定义报头前使用 ob_clean()函数清空输出缓冲区，否则图像可能不能显示。在进行图像处理时，自定义的报头、创建画布的函数和输出图像的函数都要一致，例如创建的画布为 PNG 格式，那么发送的报头就必须为“Content-Type:image/png”，输出函数也必须使用 imagepng()函数。

【实例 11.4】 使用 imagecreate()函数创建一个背景为蓝色的画布并输出。

程序代码：

```
<?php
//创建画布
$img=imagecreate(200,300);
//定义蓝色并作为画布的背景色
$blue=imagecolorallocate($img,0,0,255);
//清空输出缓冲区
ob_clean();
//输出图像
header("Content-type:image/png");
imagepng($img);
//清除图像释放资源
imagedestroy($img);
?>
```

实例 11.4 在浏览器中访问的结果如图 11.5 所示。

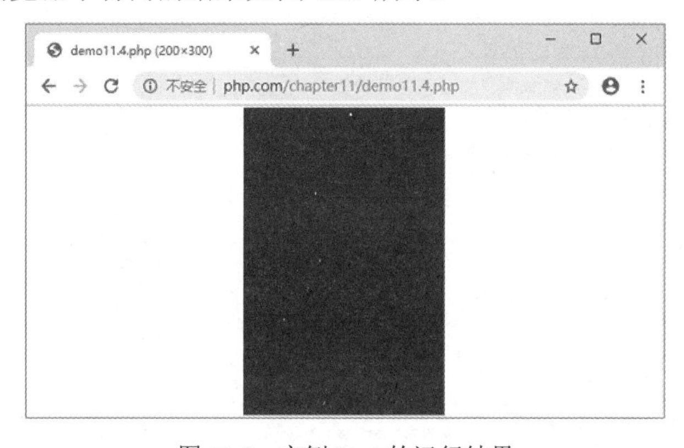

图 11.5　实例 11.4 的运行结果

注意：使用 imagecreate()函数创建画布，使用 imagecolorallocate()函数定义的第一个颜色将作为画布的背景颜色。

11.3　绘制基本图形案例：绘制围棋棋盘

我们已经学习了绘图前的准备工作和图像处理的基本操作，那么在 PHP 中如何绘制基本的图形呢？本节我们引入一个任务：绘制一个围棋棋盘。

11.3.1　任务分析

围棋的棋盘是由纵、横各 19 条直线组成的，纵线横线交叉的地方称为交叉点，棋子就下在这些交叉点上面，棋盘共有 361（19×19）个交叉点。为了便于识别棋子的位置，棋盘上画了 9 个点“•”，这 9 个点叫“星”，棋盘中间的星又称“天元”。只要能够掌握画线和画实心圆的方法就能绘制出围棋棋盘。

11.3.2 相关知识

1. 画像素

在图像处理中，PHP 可以处理的最小单位就是像素点。画一个像素点使用的函数是imagesetpixel()函数，它的语法结构如下：

```
bool imagesetpixel ( resource $image , int $x , int $y , int $color )
```

说明：在 image 图像中用 color 颜色在（x,y）坐标上画一个点。参数 image 为打开的图像资源，参数 x 和 y 分别为像素点的横坐标和纵坐标，参数 color 为像素点的颜色。

【实例 11.5】 使用 imagesetpixel()函数绘制一个像素点。

程序代码：

```
<?php
//创建背景画布
$img=imagecreatetruecolor(200,100);
//定义黑色
$black=imagecolorallocate($img,0,0,0);
//定义白色
$white=imagecolorallocate($img,255,255,255);
//填充背景为黑色
imagefill($img,0,0,$black);
imagesetpixel($img,100,100,$white);//绘制像素点
//清空输出缓冲区
ob_clean();
//输出图像
header("Content-type:image/png");
imagepng($img);
//清除图像释放资源
imagedestroy($img);
?>
```

实例 11.5 在浏览器中访问的结果如图 11.6 所示。

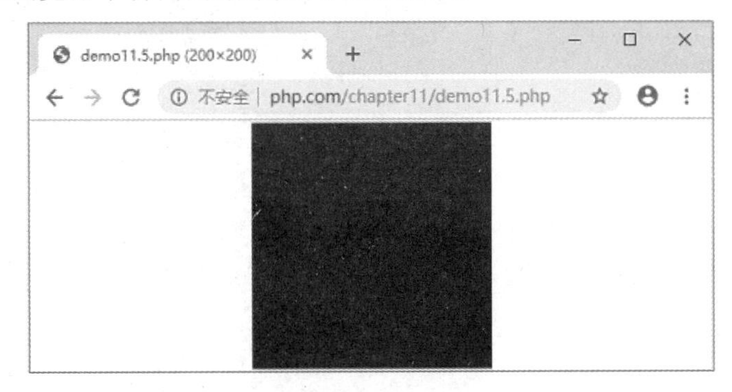

图 11.6　实例 11.5 的运行结果

【实例 11.6】 使用绘制像素点的方法绘制一条直线。

程序代码：

```
<?php
//创建背景画布
$img=imagecreatetruecolor(200,100);
//定义黑色
$black=imagecolorallocate($img,0,0,0);
//定义白色
$white=imagecolorallocate($img,255,255,255);
//填充背景为白色
imagefill($img,0,0,$white);
//定义一个循环，绘制像素点
for($i=0;$i<150;$i++)
imagesetpixel($img,$i,50,$black);
//清空输出缓冲区
ob_clean();
//输出图像
header("Content-type:image/png");
imagepng($img);
//清除图像释放资源
imagedestroy($img);
?>
```

实例 11.6 在浏览器中访问的结果如图 11.7 所示。

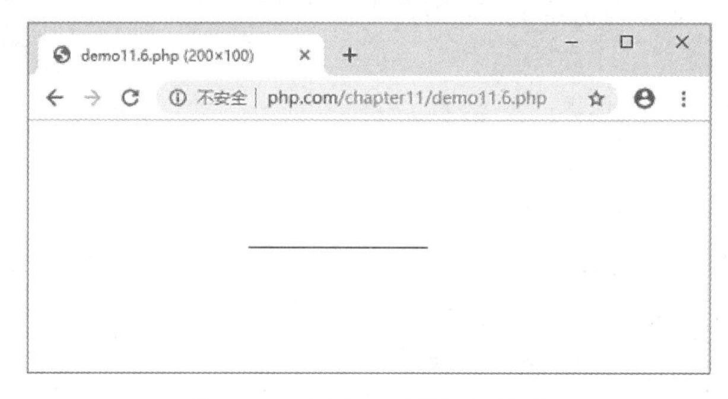

图 11.7 实例 11.6 的运行结果

从运行结果中可以很清楚地看到一条黑色的直线，这条直线就是由绘制的多个像素点组成的。

2. 画轮廓图形

1）绘制直线

在实例 11.6 中我们使用像素点连起来画出了一条直线，其实在 PHP 中提供了专门的 imageline()函数用来画一条直线，该函数的语法结构如下：

```
bool imageline ( resource $image , int $x1 , int $y1 , int $x2 ,
int $y2 , int $color )
```

说明：用 color 颜色在图像 image 中从坐标（$x1,y1$）到（$x2,y2$）画一条线段。

使用 imagesetthickness()函数可以设置画线的宽度，该函数的语法结构如下：

```
bool imagesetthickness ( resource $image , int $thickness )
```

说明：参数 image 为打开的图像资源，参数 thickness 为需要设置的画线的宽度。

【实例 11.7】 使用 imageline()函数绘制一条直线。

程序代码：

```
<?php
//创建背景画布
$img=imagecreatetruecolor(200,200);
//定义红色
$red=imagecolorallocate($img,255,0,0);
//定义白色
$white=imagecolorallocate($img,255,255,255);
//填充背景为白色
imagefill($img,0,0,$white);
//绘制红色直线
imageline($img,100,100,200,100,$red);
//输出图像
ob_clean();
header("Content-type:image/png");
imagepng($img);
//清除图像释放资源
imagedestroy($img);
?>
```

实例 11.7 在浏览器中访问的结果如图 11.8 所示。

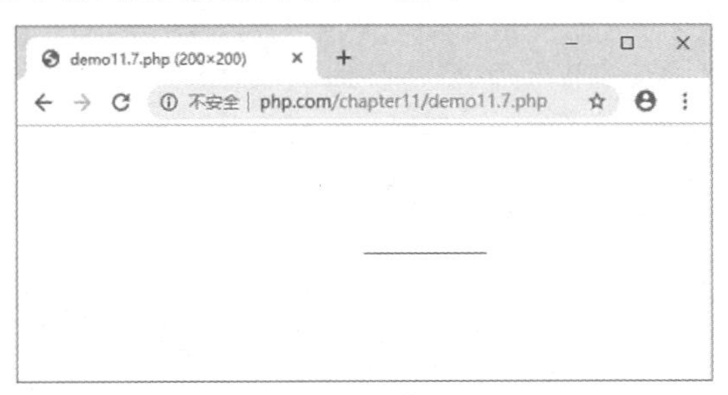

图 11.8　实例 11.7 的运行结果

从运行结果中可以看到一条很明显的直线。当然，在一个画布中可以画不止一条直线，下面来演示输出蓝色背景和交叉白线的图形。

【实例 11.8】 输出蓝色背景和交叉白线的图形。

程序代码：

```
<?php
//创建画布
$width=35;
$height=35;
$image=imagecreate($width,$height);
//定义白色
$white=imagecolorallocate($image,255,255,255);
//定义蓝色
$blue=imagecolorallocate($image,0,0,108);
imagefill($image,0,0,$blue);
//设置线宽
```

```
imagesetthickness($image,3);
//画两条直线
imageline($image,0,0,$width,$height ,$white);
imageline($image,$width,0,0,$height ,$white);
//输出图像
ob_clean();
header('content-type:image/png');
imagepng($image);
//清除画布释放资源
imagedestroy($image);
?>
```

实例 11.8 在浏览器中访问的结果如图 11.9 所示。

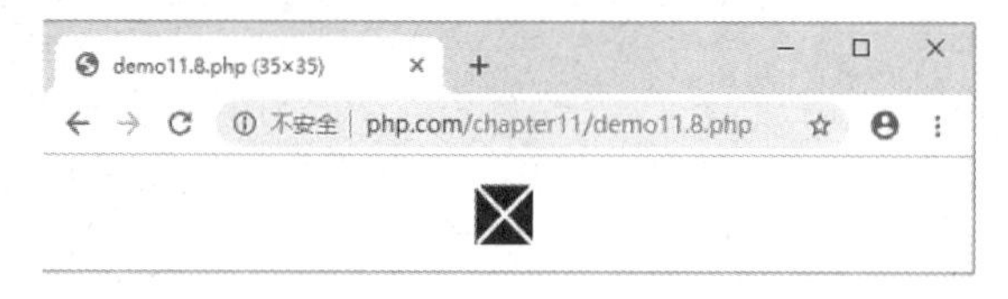

图 11.9　实例 11.8 的运行结果

2）绘制矩形

使用 imagerectangle()函数可以绘制矩形，该函数的语法结构如下：

```
bool imagerectangle ( resource $image , int $x1 , int $y1 , int
$x2 , int $y2 , int $col )
```

说明：用 col 颜色在 image 图像中画一个矩形，其左上角坐标为（$x1, y1$），右下角坐标为（$x2, y2$）。

【实例 11.9】 使用 imagerectangle()函数绘制一个矩形。

程序代码：

```
<?php
//创建背景画布
$img=imagecreatetruecolor(200,200);
//定义黑色
$black=imagecolorallocate($img,0,0,0);
//定义白色
$white=imagecolorallocate($img,255,255,255);
//填充背景为白色
imagefill($img,0,0,$white);
//绘制矩形
imagerectangle($img,50,50,150,100,$black);
//输出图像
ob_clean();
header("Content-type:image/png");
imagepng($img);
//清除图像释放资源
imagedestroy($img);
?>
```

实例 11.9 在浏览器中访问的结果如图 11.10 所示。

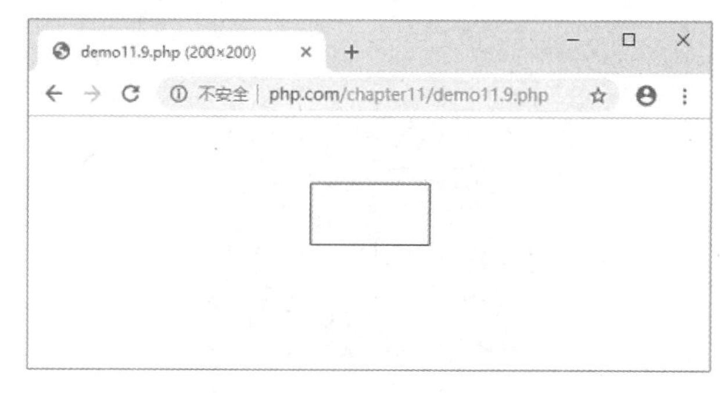

图 11.10　实例 11.9 的运行结果

【实例 11.10】 使用 imagerectangle()函数绘制一个 10 行、20 列的表格。

程序代码：

```
<?php
//定义函数 draw_grid 实现绘制一个颜色为 color 的 rows 行、cols 列的表格，
//表格单元格的宽度是 width，高度是 height
//表格左上角坐标为（x0, y0）
function draw_grid(&$img, $x0, $y0, $width, $height, $cols, $rows, $color) {
    //绘制外边框
    imagerectangle($img, $x0, $y0, $x0+$width*$cols, $y0+$height*$rows, $color);
    //绘制水平线
    $x1 = $x0;
    $x2 = $x0 + $cols*$width;
    for ($n=0; $n<ceil($rows/2); $n++) {
        $y1 = $y0 + 2*$n*$height;
        $y2 = $y0 + (2*$n+1)*$height;
        imagerectangle($img, $x1,$y1,$x2,$y2, $color);
    }
    //绘制垂直线
    $y1 = $y0;
    $y2 = $y0 + $rows*$height;
    for ($n=0; $n<ceil($cols/2); $n++) {
        $x1 = $x0 + 2*$n*$width;
        $x2 = $x0 + (2*$n+1)*$width;
        imagerectangle($img, $x1,$y1,$x2,$y2, $color);
    }
}
//定义画布，并调用 draw_grid 函数绘制表格
$img = imagecreatetruecolor(300, 200);
$red = imagecolorallocate($img, 255,0,0);
draw_grid($img, 0,0,15,20,20,10,$red);
ob_clean();
header("Content-type: image/png");
imagepng($img);
imagedestroy($img);
?>
```

实例 11.10 在浏览器中访问的结果如图 11.11 所示。

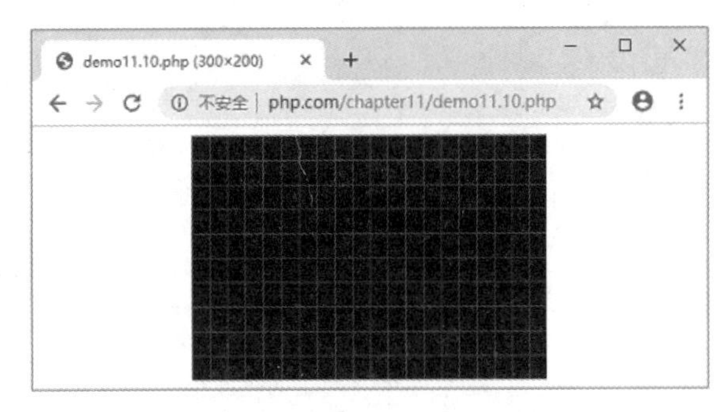

图 11.11　实例 11.10 的运行结果

3）绘制多边形

使用 imagepolygon()函数可以绘制多边形，该函数的语法结构如下：

bool imagepolygon (resource $image , array $points , int $num_points , int $color)

说明：在图像 image 中使用 color 颜色绘制一个顶点为 points 的多边形。参数 image 为打开的图像资源；参数 points 为一个数组，用来保存各个顶点的坐标，它的形式为 array(x1,y1,x2,y2,x3,y3,x4,…)；参数 num_points 用来指定顶点的总数，必须大于 3，points 数组中多余的顶点会被省略；参数 color 为绘制的多边形的线条的颜色。

【实例 11.11】 使用 imagepolygon()函数绘制一个六边形。

程序代码：

```
<?php
//创建背景画布
$img=imagecreatetruecolor(200,200);
//定义黑色
$black=imagecolorallocate($img,0,0,0);
//定义白色
$white=imagecolorallocate($img,255,255,255);
//填充背景为白色
imagefill($img,0,0,$white);
//绘制六边形
$points=array(30,30,170,30,200,100,170,170,30,170,0,100);
imagepolygon($img,$points,6,$black);
//输出图像
ob_clean();
header("Content-type:image/png");
imagepng($img);
//清除图像释放资源
imagedestroy($img);
?>
```

实例 11.11 在浏览器中访问的结果如图 11.12 所示。

4）绘制椭圆

使用 imageellipse()函数可以绘制椭圆，该函数的语法结构如下：

bool imageellipse (resource $image , int $cx , int $cy , int $w , int $h , int $color)

说明：参数 image 为打开的图像资源，参数 cx 和 cy 为圆心的横纵坐标，参数 w 为椭圆的宽度，参数 h 为椭圆的高度，参数 color 为线条的颜色。

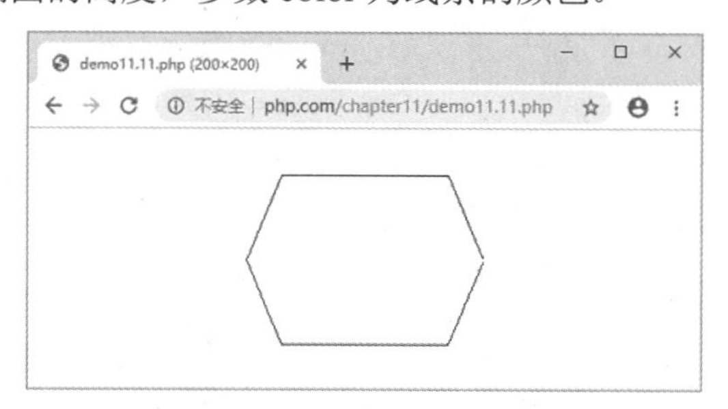

图 11.12　实例 11.11 的运行结果

【实例 11.12】 使用 imageellipse()函数绘制椭圆。

程序代码：

```
<?php
//创建背景画布
$img=imagecreatetruecolor(200,200);
//定义黑色
$black=imagecolorallocate($img,0,0,0);
//定义白色
$white=imagecolorallocate($img,255,255,255);
//填充背景为白色
imagefill($img,0,0,$white);
//绘制椭圆
imageellipse($img,100,100,200,80,$black);
//输出图像
ob_clean();
header("Content-type:image/png");
imagepng($img);
//清除图像释放资源
imagedestroy($img);
?>
```

实例 11.12 在浏览器中访问的结果如图 11.13 所示。

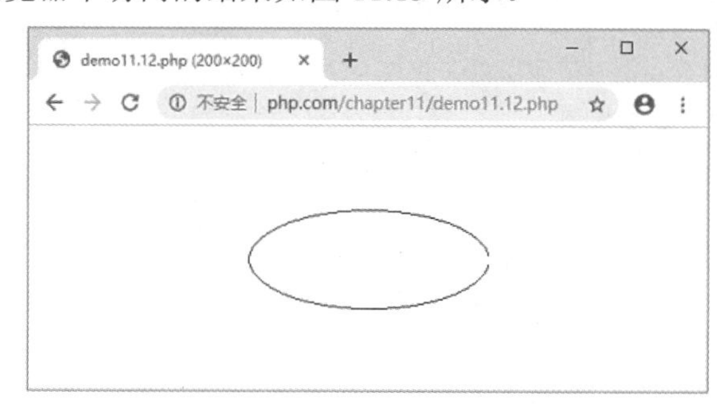

图 11.13　实例 11.12 的运行结果

5）绘制弧线

使用 imagearc()函数可以绘制弧线，该函数的语法结构如下：

```
bool imagearc ( resource $image , int $cx , int $cy , int $w ,
```

int $h , int $s , int $e , int $color)

说明：以坐标点（*cx*, *cy*）为中心在 image 所代表的图像中画一个椭圆弧。参数 image 为打开的图像资源，参数 cx 和 cy 用来规定弧线的圆心，参数 w 和 h 分别指定了椭圆的宽度和高度，参数 s 用来规定弧线的开始角度，参数 e 用来规定弧线的结束角度，参数 color 用来规定弧线的颜色。0° 位于三点钟位置，以顺时针方向绘画。

【实例 11.13】 使用 imagearc()函数绘制一条弧线。

程序代码：

```
<?php
//创建一个 200 像素×200 像素的背景画布
$img=imagecreatetruecolor(200,200);
//分配颜色
$white=imagecolorallocate($img,255,255,255);
$black=imagecolorallocate($img,0,0,0);
//填充背景为白色
imagefill($img,0,0,$white);
//画一个黑色的圆弧
imagearc($img,100,100,150,150,0,280,$black);
//将图像输出到浏览器
ob_clean();
header("Content-type:image/png");
imagepng($img);
//释放内存
imagedestroy($img);
?>
```

实例 11.13 在浏览器中访问的结果如图 11.14 所示。

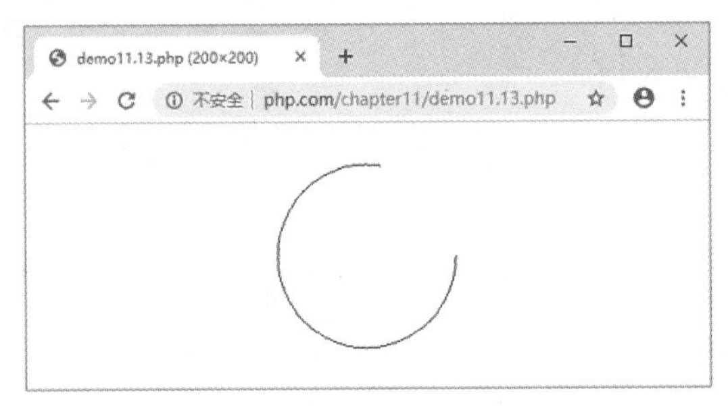

图 11.14 实例 11.13 的运行结果

3. 画填充图形

1）绘制填充矩形

使用 imagefilledrectangle()函数可以绘制填充矩形，该函数的语法结构如下：

bool imagefilledrectangle (resource $image , int $x1 , int $y1 , int $x2 , int $y2 , int $color)

说明：参数 image 为打开的图像资源，参数 x1 和 y1 为矩形左上角的横纵坐标，参数 x2 和 y2 为矩形右下角的横纵坐标，参数 color 为填充的颜色。

【实例 11.14】 使用 imagefilledrectangle()函数填充矩形框内的区域。

程序代码：

```
<?php
//创建一个 200 像素×200 像素的背景画布
$img=imagecreatetruecolor(200,200);
//分配颜色
$white=imagecolorallocate($img,255,255,255);
$black=imagecolorallocate($img,0,0,0);
//填充背景为白色
imagefill($img,0,0,$white);
//绘制矩形
imagefilledrectangle ($img,50,50,150,100,$black);
//将图像输出到浏览器
ob_clean();
header("Content-type:image/png");
imagepng($img);
//释放内存
imagedestroy($img);
?>
```

实例 11.14 在浏览器中访问的结果如图 11.15 所示。

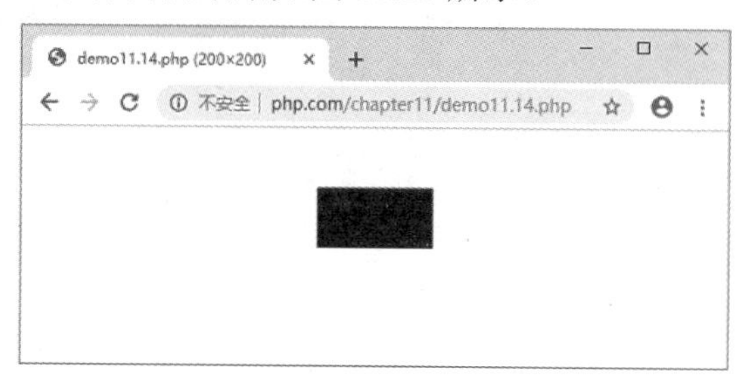

图 11.15　实例 11.14 的运行结果

2）绘制填充多边形

使用 imagefilledpolygon()函数可以绘制填充多边形，该函数的语法结构如下：

```
bool imagefilledpolygon ( resource $image , array $points , int
$num_points , int $color )
```

说明：参数 image 为打开的图像资源；参数 points 为一个数组，用来保存各个顶点的坐标，它的形式为 array(x1,y1,x2,y2,x3,y3,x4,…)；参数 num_points 用来指定顶点的总数，必须大于 3，points 数组中多余的顶点会被省略；参数 color 为绘制的多边形的填充色。

【实例 11.15】 使用 imagefilledpolygon()函数绘制一个填充六边形。

程序代码：

```
<?php
//创建一个 200 像素×200 像素的背景画布
$img=imagecreatetruecolor(200,200);
//分配颜色
$white=imagecolorallocate($img,255,255,255);
$black=imagecolorallocate($img,0,0,0);
//填充背景为白色
```

```
imagefill($img,0,0,$white);
//绘制六边形
$points=array(30,30,170,30,200,100,170,170,30,170,0,100);
Imagefilledpolygon($img,$points,6,$black);
//将图像输出到浏览器
ob_clean();
header("Content-type:image/png");
imagepng($img);
//释放内存
imagedestroy($img);
?>
```

实例 11.15 在浏览器中访问的结果如图 11.16 所示。

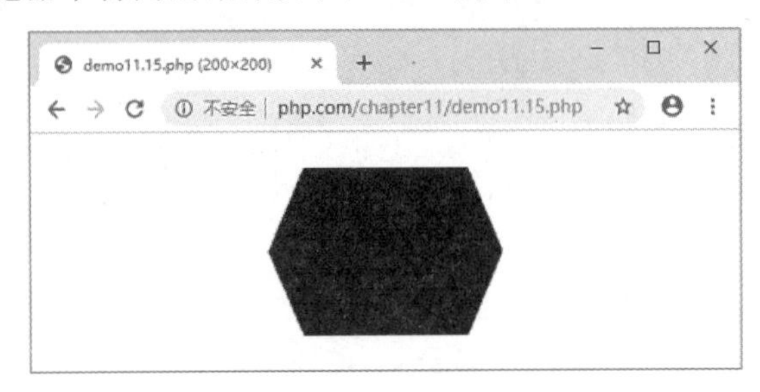

图 11.16　实例 11.15 的运行结果

3）绘制填充椭圆

使用 imagefilledellipse()函数可以绘制填充椭圆，该函数的语法结构如下：

```
bool imagefilledellipse ( resource $image , int $cx , int $cy , int $w , int $h , int $color )
```

说明：参数 image 为打开的文件资源，参数 cx 和 cy 为圆心的横纵坐标，参数 w 为椭圆的宽度，参数 h 为椭圆的高度，参数 color 为填充色。

【实例 11.16】 使用 imagefilledellipse()函数绘制填充椭圆。

程序代码：

```
<?php
//创建一个 200 像素×200 像素的背景画布
$img=imagecreatetruecolor(200,200);
//分配颜色
$white=imagecolorallocate($img,255,255,255);
$black=imagecolorallocate($img,0,0,0);
//填充背景为白色
imagefill($img,0,0,$white);
//绘制椭圆
imagefilledellipse($img,100,100,200,80,$black);
//将图像输出到浏览器
ob_clean();
header("Content-type:image/png");
imagepng($img);
//释放内存
imagedestroy($img);
?>
```

实例 11.16 在浏览器中访问的结果如图 11.17 所示。

图 11.17　实例 11.16 的运行结果

4）绘制填充弧形区域

使用 imagefilledarc()函数可以绘制填充椭圆弧线，该函数的语法结构如下：

```
bool imagefilledarc ( resource $image , int $cx , int $cy , int
$w , int $h , int $s , int $e , int $color , int $style )
```

说明：以坐标点（*cx*, *cy*）为中心在 image 所代表的图像中画一个填充 color 颜色的弧形区域。参数 image 为打开的图像资源，参数 cx 和 cy 用来规定椭圆弧线的圆心，参数 w 和 h 分别指定了椭圆的宽度和高度，参数 s 用来规定弧线的开始角度，参数 e 用来规定弧线的结束角度，参数 color 用来规定弧形区域的填充色。参数 style 用来规定填充和绘制的风格，可选的参数值及说明如下。

IMG_ARC_PIE：产生圆形边界；

IMG_ARC_CHORD：用直线连接起始和结束点并填充到圆心的区域；

IMG_ARC_NOFILL：弧或弦只有轮廓，不填充；

IMG_ARC_EDGED：用直线将起始点和结束点与中心点相连。

以上这些参数可以使用按位运算或组合来实现多个效果。

【实例 11.17】 使用 imagefilledarc()函数绘制并填充弧形区域。

程序代码：

```
<?php
//创建一个 200 像素×200 像素的背景画布
$img=imagecreatetruecolor(200,200);
//分配颜色
$white=imagecolorallocate($img,255,255,255);
$black=imagecolorallocate($img,0,0,0);
//填充背景为白色
imagefill($img,0,0,$white);
//绘制弧线
imagefilledarc($img,100,100,100,150,30,330,$black,IMG_ARC_PIE);
//将图像输出到浏览器
ob_clean();
header("Content-type:image/png");
imagepng($img);
//释放内存
imagedestroy($img);
?>
```

实例 11.17 在浏览器中访问的结果如图 11.18 所示。

图 11.18　实例 11.17 的运行结果

11.3.3　任务实现

前面已经完成了使用 PHP 绘制基本图形的学习，下面就用所学的知识来实现绘制围棋棋盘的任务。

程序代码：

```
<!doctype html>
<html>
<head>
<meta charset="utf-8">
<title>绘制围棋棋盘</title>
</head>
<?php
//在棋盘的指定位置画出实心圆
function drawellipse($img,$row,$column,$r,$left,$top,$cell_width,$color)
{
	$x1=$left+$column*$cell_width;
	$y1=$top+$row*$cell_width;
	imagefilledellipse($img,$x1,$y1,$r*2,$r*2,$color);
}
function drawGoBoard()
{
	$left=30;//左上角的 x 坐标
	$top=30;//左上角的 y 坐标
	$cell_width=30;//每个正方形格子的边长
	$board_width=$cell_width*18+$left*2;//棋盘宽度
	$board_height=$cell_width*18+$top*2;//棋盘高度
	$img=imagecreatetruecolor($board_width,$board_height);
	//分配颜色
	$white=imagecolorallocate($img,255,255,255);
	$black=imagecolorallocate($img,0,0,0);
	//填充背景为白色
	imagefill($img,0,0,$white);
	//画竖线
	for($i=0;$i<19;$i++)
	{
		$x1=$left+$i*$cell_width;
		$y1=$top;
		$x2=$left+$i*$cell_width;
		$y2=$top+18*$cell_width;
```

```
            imageline($img,$x1,$y1,$x2,$y2,$black);
        }
        //画横线
        for($i=0;$i<19;$i++)
        {
            $x1=$left;
            $y1=$top+$i*$cell_width;
            $x2=$left+18*$cell_width;
            $y2=$top+$i*$cell_width;
            imageline($img,$x1,$y1,$x2,$y2,$black);
        }
        //画出天元与星
        drawellipse($img,3,3,6,$left,$top,$cell_width,$black);
        drawellipse($img,3,9,6,$left,$top,$cell_width,$black);
        drawellipse($img,3,15,6,$left,$top,$cell_width,$black);
        drawellipse($img,9,3,6,$left,$top,$cell_width,$black);
        drawellipse($img,9,9,6,$left,$top,$cell_width,$black);
        drawellipse($img,9,15,6,$left,$top,$cell_width,$black);
        drawellipse($img,15,3,6,$left,$top,$cell_width,$black);
        drawellipse($img,15,9,6,$left,$top,$cell_width,$black);
        drawellipse($img,15,15,6,$left,$top,$cell_width,$black);
        //将图像输出到浏览器
        ob_clean();
        header("Content-type:image/jpeg");
        imagepng($img);
        //释放内存
        imagedestroy($img);
    }
        drawGoBoard();
    ?>
    <body>
    </body>
    </html>
```

在浏览器中访问的结果如图 11.19 所示。

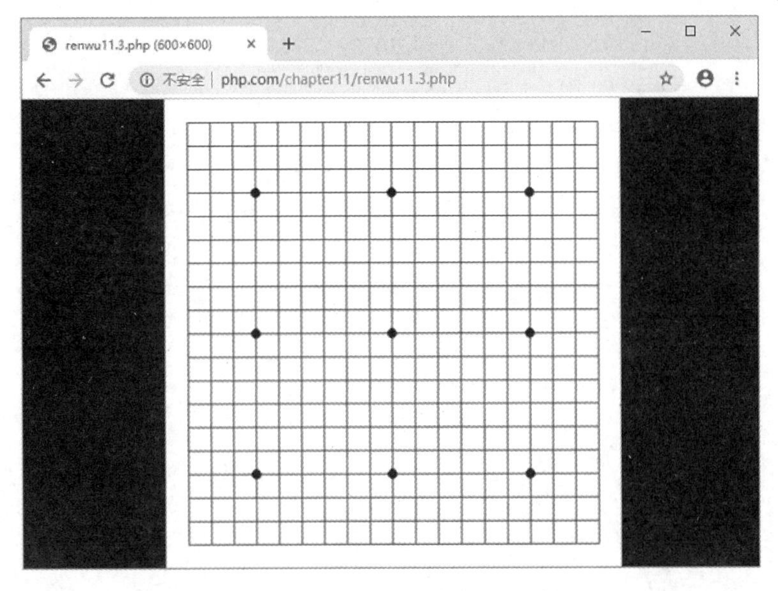

图 11.19 绘制围棋棋盘的运行结果

11.4 绘制文本案例：生成验证码

创建一个 GD 图像后，除绘制各种图形外，还可以根据需要在图像中绘制文本。例如，为图像添加标注或生成验证码。本节我们将引入一个任务：创建两个 PHP 动态页面，一个用于生成图形验证码，一个用于模拟网站登录（包含图形验证码），要求图形验证码中要有干扰点和干扰线。

11.4.1 任务分析

图形验证码的主要目的是解决验证安全问题。常见的使用场景有登录与注册、短信验证码下发、投票、论坛评论、搜索等。通过在原有业务逻辑上增加图形验证码验证环节，可以有效地扼制非法攻击。

图形验证码的实现要解决三个问题：（1）从验证码库中随机生成验证码，可以使用数组来实现；（2）存储生成的验证码，可以使用 Session 来实现；（3）绘制验证码。本节将主要讲解如何绘制字符。

11.4.2 相关知识

1．绘制单个字符

使用 imagechar()和 imagecharup()函数可以绘制单个字符，这两个函数的语法结构如下：

```
bool imagechar ( resource $image , int $font , int $x , int $y , string $c , int $color )
bool imagecharup ( resource $image , int $font , int $x , int $y , string $c , int $color )
```

说明：将字符串 c 的第一个字符绘制在 image 指定的图像中，其左上角位于（x, y）坐标，颜色为 color。如果参数 font 的值是 1、2、3、4 或 5，则使用内置的字体，外部字体可以在载入 imageloadfont()函数后使用。imagechar()函数将水平地绘制字符，imagecharup()函数将垂直地绘制字符。

【实例 11.18】 演示使用 imagechar()和 imagecharup()函数绘制字符。

程序代码：

```
<?php
//创建一个 200 像素×200 像素的背景画布
$img=imagecreatetruecolor(200,200);
//分配颜色
$white=imagecolorallocate($img,255,255,255);
$black=imagecolorallocate($img,0,0,0);
//填充背景为白色
imagefill($img,0,0,$white);
//水平方向绘制字符 S
imagechar($img,5,100,100,'S',$black);
```

```
//垂直方向绘制字符 X
imagecharup($img,5,150,150,'X',$black);
//将图像输出到浏览器
ob_clean();
header("Content-type:image/png");
imagepng($img);
//释放内存
imagedestroy($img);
?>
```

实例 11.18 在浏览器中访问的结果如图 11.20 所示。

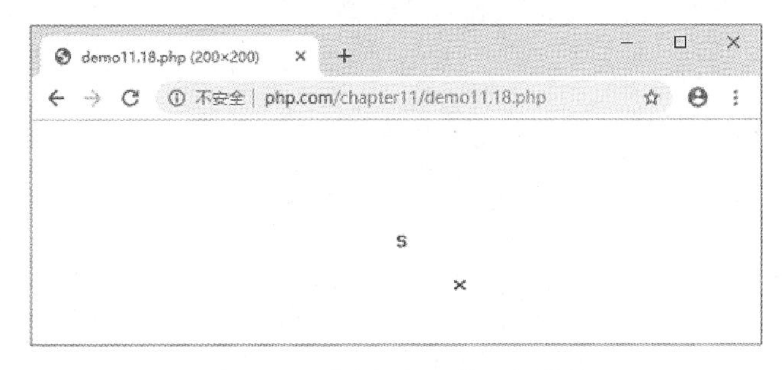

图 11.20　实例 11.18 的运行结果

2. 绘制字符串

在图像上绘制字符串虽然可以使用绘制单个字符的方法一个一个地绘制，但是过于麻烦了，在 PHP 中提供了 imagestring()和 imagestringup()两个函数来实现字符串的绘制。imagestring()函数可以在水平方向上绘制一行字符串，imagestringup()函数可以在垂直方向上绘制一行字符串。这两个函数的语法结构如下：

```
bool imagestring ( resource $image , int $font , int $x , int $y , string $s , int $col )
bool imagestringup ( resource $image , int $font , int $x , int $y , string $s , int $col )
```

说明：用 col 颜色将字符串 s 画到 image 所代表的图像的（x, y）坐标处。如果 font 是 1、2、3、4 或 5，则使用内置的字体。

【实例 11.19】 使用 imagestring()和 imagestringup()函数绘制字符串。

程序代码：

```
<?php
//创建一个 200 像素×200 像素的背景画布
$img=imagecreatetruecolor(200,200);
//分配颜色
$white=imagecolorallocate($img,255,255,255);
$black=imagecolorallocate($img,0,0,0);
//填充背景为白色
imagefill($img,0,0,$white);
//定义字符串
$char='Hello world!';
//水平方向绘制字符串
imagestring($img,3,50,20,$char,$black);
```

```
//垂直方向绘制字符串
imagestringup($img,5,20,170,$char,$black);
//将图像输出到浏览器
ob_clean();
header("Content-type:image/png");
imagepng($img);
//释放内存
imagedestroy($img);
?>
```

实例 11.19 在浏览器中访问的结果如图 11.21 所示。

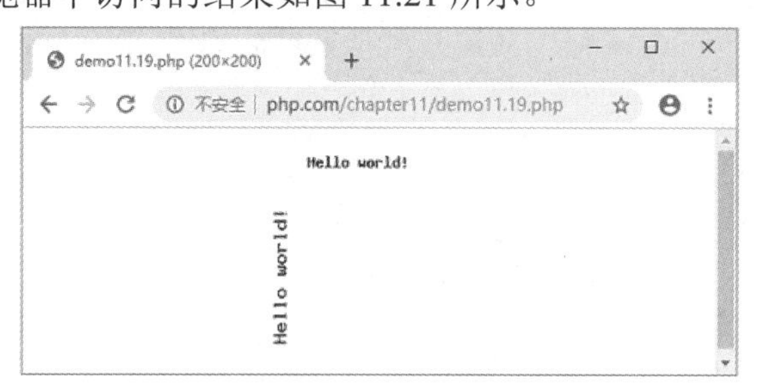

图 11.21　实例 11.19 的运行结果

3. 绘制中文文本

使用 imagechar()和 imagestring()等函数可以方便地向图像写入字符和字符串，但是这些函数不能向图像写入中文。如果需要向图像写入中文文本，首先需要将中文字符串转换为 UTF-8 格式，然后通过调用 imagettftext()函数向图像写入中文字符串。

在 PHP 中字符编码转换可以使用以下两个函数来实现。

（1）使用 iconv()函数把一个字符串转换为所需要的字符编码格式，其语法结构如下：

```
string iconv ( string $in_charset, string $out_charset, string $str )
```

说明：将字符串 str 的字符编码从 in_charset 转换到 out_charset。如果在 out_charset 后添加了字符串“//TRANSLIT”，将启用转写功能，即当一个字符不能被目标字符集所表示时，它可以通过一个或多个形似的字符来近似表达；如果添加了字符串“//IGNORE”，不能以目标字符集表达的字符将被默默地丢弃；否则，如果没有在 out_charset 中添加“//TRANSLIT”或“//IGNORE”，当目标的编码不能表示字符串中的字符时，则从第一个不能表示的字符开始丢弃剩余部分，并导致一个 E_NOTICE。例如：

```
<?php echo iconv("gb2312","utf-8","测试");?>
```

（2）使用 mb_convert_encoding()函数对字符串的编码方式进行转换，其语法结构如下：

```
string mb_convert_encoding(string $str, string $to_encoding [, mixed $from_encoding] )
```

说明：将字符串 str 的字符编码从可选的 from_encoding 转换到 to_encoding。例如：

```
<?php echo mb_convert_encoding("测试","utf-8","gb2312,gbk",);?>
```

将中文字符串转换为 UTF-8 格式后，就可以通过调用 imagettftext()函数来实现用 TrueType 字体向图像写入中文文本，该函数的语法结构如下：

array imagettftext (resource $image , float $size , float $angle , int $x , int $y , int $color , string $fontfile , string $text)

说明 1：使用 TrueType 字体将指定的 text 写入图像。参数 image 为由图像创建函数返回的图像资源；参数 size 为字体的大小；参数 angle 为文字的角度，会逆时针旋转文本，0 为从左向右；参数 x 和 y 为文本第一个字符的基本点（字符的左下角为基本点）；参数 color 为字体的颜色；参数 fontfile 为想要使用的 TrueType 字体的路径；参数 text 为需要绘制的 UTF-8 编码的文本。

说明 2：当参数 fontfile 不包含路径时，会在库定义字体路径中尝试搜索该文件名。当使用的 GD 库版本低于 2.0.18 时，空格字符将被用作不同字体文件的“路径分隔符”，因此如果使用了低于 2.0.18 版本的 GD 库，请确保字体文件存放路径不包含空格。

【实例 11.20】 使用 imagettftext()函数在图像上绘制文字。

程序代码：

```
<?php
//用图像文件创建背景画布
$img=imagecreatefromjpeg('1.jpg');
//定义白色
$white=imagecolorallocate($img,255,255,255);
//定义字符串
$text='花开了';
//使用 imagettftext()函数绘制文本
imagettftext($img,22,0,imagesx($img)/2,imagesy($img)-20,$white,'C:\Windows\Fonts\simkai.ttf',$text);
//输出图像
ob_clean();
header("Content-type:image/jpeg");
imagejpeg($img);
//清除图像释放资源
imagedestroy($img);
?>
```

实例 11.20 在浏览器中访问的结果如图 11.22 所示。

图 11.22 实例 11.20 的运行结果

说明：在 Windows 操作系统中，字体文件通常存放在 C:\Windows\Fonts 路径下。因为保存的 PHP 源码文件格式为 UTF-8，所以不需要为文本转换编码格式。imagesx()和 imagesy()函数的功能是获取画布的宽度和高度。

11.4.3 任务实现

我们已经学习了如何使用 PHP 来绘制字符和汉字，下面就用所学的知识来实现验证码功能。

1. 登录页面（login.php）

程序代码：

```
<html>
<head>
<title>用户登录</title>
</head>
<body>
<form method="post" action="">
用户名：<input type="text" size="20" name="username" style="height:25px;"><br/>
密 码：<input type="text" size="20" name="pwd" style="height:25px;"><br/>
验证码：<input type="text" size="20" name="check" style="height:25px;">
<img src="yzm.php"><br/>
<input type="submit" name="ok" value="登录">
</form>
</body>
</html>
<?php
session_start();//启动 Session
if(isset($_POST['ok']))
{
	$checkstr=$_SESSION['string'];	//使用$_SESSION 变量获取页面上的验证码
	$str=$_POST['check'];			//用户输入的字符串
	if(strcasecmp($str,$checkstr)==0) //不区分大小写进行比较
		echo "<script>alert('验证码输入正确！');</script>";
	else
		echo "<script>alert('输入错误！');</script>";
}
?>
```

2. 生成验证码页面（yzm.php）

程序代码：

```
<?php
session_start();//启动 Session
ob_clean();
header('Content-type:image/jpeg');//输出头信息
$image_w=100; //验证码图形的宽
$image_h=25;	//验证码图形的高
$number=range(0,9);//定义一个成员为数字的数组
$character=range("Z","A"); //定义一个成员为大写字母的数组
```

```
$result=array_merge($number,$character);//合并两个数组
$string="";                    //初始化
$len=count($result);           //新数组的长
for($i=0;$i<4;$i++)
{
    $new_number[$i]=$result[rand(0,$len-1)];    //在$result 数组中随机取出 4 个字符
    $string=$string.$new_number[$i];//生成验证码字符串
}
$_SESSION['string']=$string;//使用$_SESSION 变量传值
$check_image=imagecreatetruecolor($image_w,$image_h);    //创建图片对象
$white=imagecolorallocate($check_image, 255, 255, 255);
$black=imagecolorallocate($check_image, 0, 0, 0);
imagefill($check_image,0,0,$white);    //设置背景颜色为白色
for($i=0;$i<100;$i++) //加入 100 个干扰的黑点
{
    imagesetpixel($check_image, rand(0,$image_w), rand(0,$image_h),$black);
}
for($i=0;$i<count($new_number);$i++)//在背景图片中循环输出 4 位验证码
{
    $x=mt_rand(1,8)+$image_w*$i/4;//设定字符所在位置的 X 坐标
    $y=mt_rand(1,$image_h/4); //设定字符所在位置的 Y 坐标
    //随机设定字符颜色
    $color=imagecolorallocate($check_image,mt_rand(0,200),mt_rand(0,200),mt_rand(0,200));
    //输入字符到图片中
    imagestring($check_image,5,$x,$y,$new_number[$i],$color);
}
    imagejpeg($check_image);
    imagedestroy($check_image);
?>
```

在浏览器中访问的结果如图 11.23 所示。

图 11.23　生成验证码的运行结果

实训任务 11　使用 PHP 处理图形图像

1. 实训目的

☑ 熟悉 PHP 绘图坐标系的方法；

☑ 掌握加载 GD 库的方法；

☑ 掌握使用 PHP 绘制各种图形的方法；

☑ 掌握使用 PHP 绘制文字的方法。

2．项目背景

小菜学习了 PHP 中的图形图像处理的相关知识，了解了 PHP 中的绘图坐标系，掌握了加载 GD 库的方法，会使用 GD 库中的函数绘制各种轮廓图形和填充图形，也学会了如何在图像中绘制单个字符、字符串和中文文本。小菜信心十足，找到大鸟老师，要求检验自己的学习成果，于是大鸟老师布置了以下实训任务。

3．实训内容

任务 1：请使用绘制像素的方法绘制一个三角形。

任务 2：请使用绘制直线的方法绘制一个三角形、一个矩形和一个五角星。

任务 3：请绘制一个五角星的轮廓图形和一个填充的五角星。

任务 4：请利用所学知识绘制一个阴阳图，运行效果如图 11.24 所示。

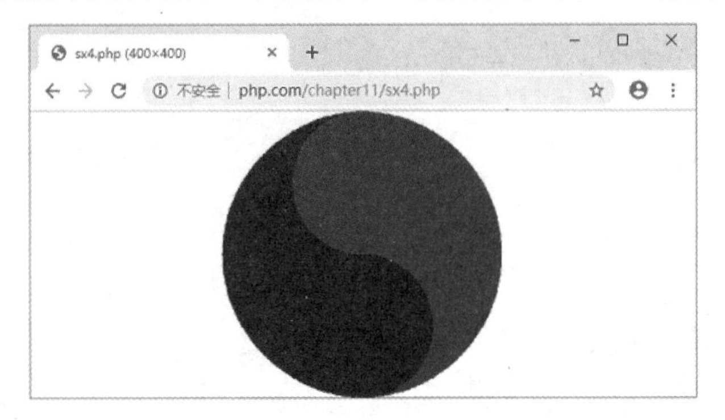

图 11.24　绘制阴阳图的效果图

第12章 综合实例：通信录管理系统

通过前面章节的学习，相信读者已经掌握了开发 PHP+MySQL 动态网站的基本技术。接下来，为了及时有效地巩固所学的知识，本章将综合运用所学知识开发一个通信录管理系统。通过对本章节项目的学习，读者可以学会项目的需求分析、数据库的设计与使用，以及网站常用功能的开发。

章节学习目标

1. 熟悉项目的需求分析；
2. 掌握项目的数据库设计；
3. 掌握会话技术在项目开发中的应用；
4. 掌握 PHP+MySQL 技术在网站中的综合应用。

12.1 案例展示

“通信录管理系统”的功能主要包括用户登录与注册、验证码保护、查看联系人信息、修改联系人信息、添加联系人及删除联系人等，如图 12.1 至图 12.5 所示是本项目的运行效果图。

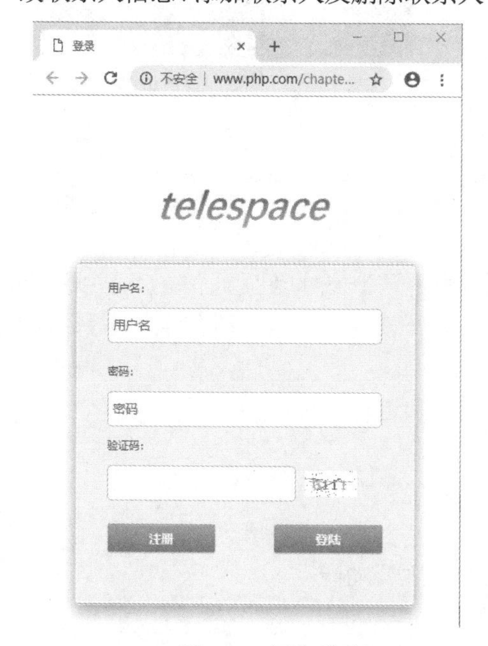

图 12.1　用户登录

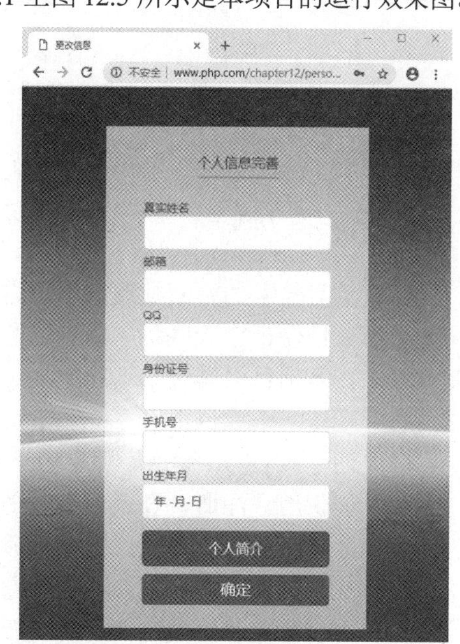

图 12.2　个人信息完善

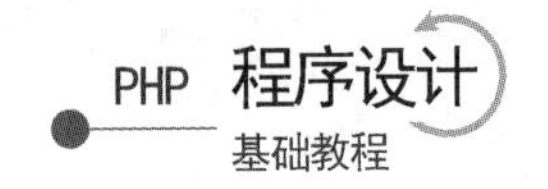

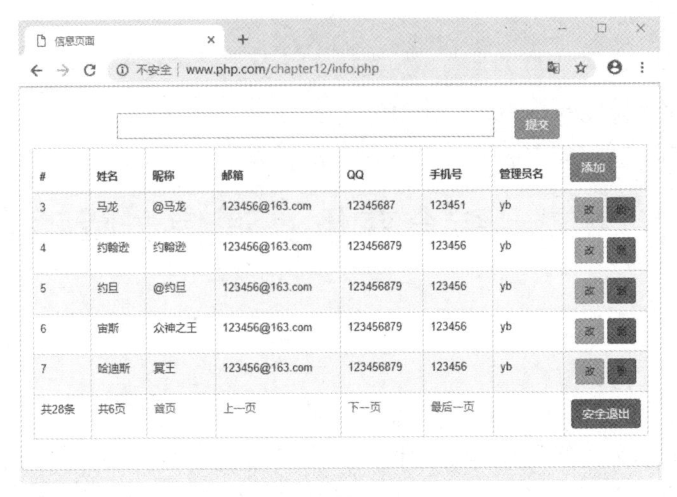

图 12.3　联系人信息展示

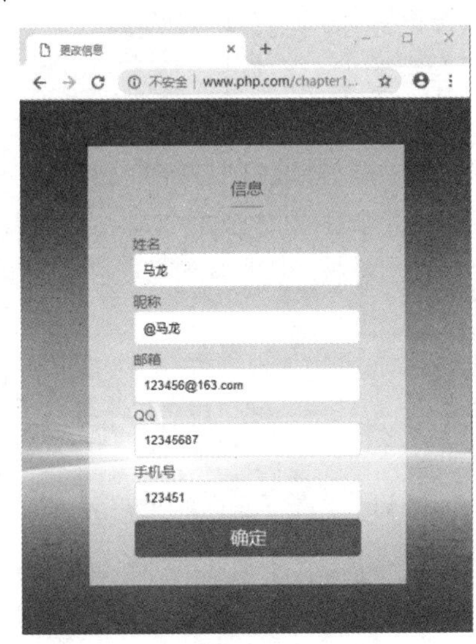

图 12.4　联系人信息查询

图 12.5　联系人信息更新

12.2　需求分析

随着信息技术的不断发展，电子通信录管理系统代替了传统的纸质通信录，可以帮助用户更有效地管理个人联系人信息。通过调查和分析，为满足用户对于通信录管理系统的基本需求，本项目需具有以下功能：

（1）配置一个虚拟主机“www.php.com”用于测试和运行项目；

（2）通过 MySQL 数据库保存用户的数据；

（3）提供用户注册、登录、用户个人信息完善的功能；

（4）为了避免恶意登录，提供验证码保护功能；

（5）提供查看、添加、修改、删除联系人信息四个主要功能；

（6）提供分角色管理通信录的功能。

（7）提供模糊查询联系人信息的功能。

12.3 案例实现

12.3.1 准备工作

1. 创建虚拟主机

本项目的域名为“www.php.com”，编辑 Apache 虚拟主机配置文件，具体配置如下：

```
<VirtualHost _default_:80>
    DocumentRoot "D:\php"
    ServerName www.php.com
</VirtualHost>
```

更改系统 hosts 文件，使上述域名在本机内生效，更改内容如下：

```
127.0.0.1      www.php.com
127.0.0.1      php.com
```

2. 目录结构划分

一个完整的项目包含了 PHP、HTML、CSS、JavaScript、图片等多种文件，因此需要规划一个合理的目录结构以便于维护和管理项目中的文件。本项目的目录结构如表 12.1 所示。

表 12.1　目录结构

文　件	描　述
baidueditor	保存百度编辑器文件
code	保存生成验证码文件
css	保存项目的 CSS 文件
font	保存项目的字体文件
img	保存项目的图片文件
js	保存项目的 JavaScript 文件
add.php	提供添加联系人信息功能
connection.php	提供连接数据库功能
delete.php	提供删除联系人信息功能
index.php	提供用户登录功能
info.php	提供展示联系人信息功能
personalinformation.php	提供完善个人信息功能
quit.php	提供用户退出功能
register.php	提供用户注册功能
sql.php	保存数据库连接信息
update.php	提供更改联系人信息功能

3. 配置文件

创建项目的数据库连接配置文件 sql.php，保存数据库参数配置，便于数据库连接中使用相应参数，具体参数如下：

```
<?php
//数据库连接配置
$ip="www.php.com";                    //服务器地址
$user="root";                         //用户名
$password="root";                     //密码
$database_name="address_list";        //数据库名
$charset="utf8";                      //数据库字符集
?>
```

4. 数据库连接

本项目需连接数据库完成相关功能，如用户登录、注册、联系人信息管理等功能。数据库连接操作在项目中会重复执行。因此，创建 connection.php 文件用于实现数据库连接及数据库相关操作，数据库连接的具体代码如下：

```
<?php
require ('sql.php');
$link=mysqli_connect($ip,$user,$password)or die("连接错误");//连接数据库
$select=mysqli_select_db($link,$database_name)or die("数据库连接错误");//选择数据库
mysqli_query($link,"set names '".$charset."'");
?>
```

使用 require()函数引入数据库配置文件，通过 mysqli_connect()函数打开数据库连接，并通过 mysqli_select_db()函数连接到通信录数据库，完成数据库连接。

12.3.2 数据库设计

数据库用来存储项目中的用户及联系人信息，因此数据库设计关系到项目的开发、运行和维护。根据本项目的需求分析，本项目需要四个数据表，分别是 user（用户）、role（角色）、personal_information（个人信息）和 info（联系人）表。user 表用来存储用户的用户名、密码及用户角色，role 表用来存储角色类别，personal_information 表用来存储用户的个人信息，info 表用来存储用户的联系人信息，其结构分别如表 12.2～表 12.5 所示。

表 12.2 user 表结构

字 段 名	数 据 类 型	描 述
id	int	用户 ID，主键，自动增长
username	varchar(10)	用户名，唯一
password	varchar(30)	密码
role	int	角色 ID

表 12.3 role 表结构

字 段 名	数 据 类 型	描 述
id	int	角色 ID，主键，自动增长
role	varchar(50)	角色名

表 12.4 personal_information 表结构

字 段 名	数 据 类 型	描 述
id	int	个人信息 ID，主键，自动增长
name	varchar(20)	姓名
email	varchar(30)	邮箱
qq	varchar(20)	QQ
IDnumber	varchar(18)	身份证号
phone	decimal(11)	手机号
username	varchar(10)	用户名
resume	varchar(800)	简介
birthday	varchar(20)	出生日期

表 12.5 info 表结构

字 段 名	数 据 类 型	描 述
id	int	联系人 ID，主键，自动增长
nickname	varchar(20)	昵称
name	varchar(20)	姓名
phone	decimal(11)	手机号
email	varchar(30)	邮箱
qq	varchar(20)	QQ
username	varchar(10)	用户名

12.3.3 用户登录

1．显示用户登录界面

创建 index.php 文件用于实现用户登录的功能，具体代码如下：

```
<?php
session_start();//启动 Session
require('connection.php');
?>
<body class="login">
<div class="login_m">
<div class="login_logo"><img src="img/logo.png" width="196" height="46"></div>
<div class="login_boder">
<div class="login_padding" id="login_model">
<form action="" method="post">
<h2>用户名：</h2>
<label>
<input type="text" name="text_user" id="username" class="txt_input txt_input2" placeholder="用户名" >
</label>
<h2>密码：</h2>
<label>
```

```
<input type="password" name="text_passwd" id="userpwd" class="txt_input" placeholder="密码" >
</label>
<div class="rem_sub">
<label>
<input type="submit" class="sub_button" name="btn" id="button" value="登录" style="opacity: 0.7;">
</label></div>
</form>
</div></div></div></div>
```

使用 require()函数引入数据库连接文件，通过 POST 提交方式来完成用户名及密码的表单提交，其中包括用户名文本框“text_user”、密码文本框“text_passwd”及登录按钮“btn”。

2. 验证用户名和密码是否为空

在用户单击“登录”按钮后，验证表单提交的用户名和密码是否为空，具体代码如下：

```
if(isset($_POST["btn"])){
        $username=trim($_POST["text_user"]);
        $password=trim($_POST['text_passwd']);
        $_SESSION['username']=$username; //利用 Session 保存用户名
        if($username==""||$password==""){
                alert("用户名或密码不能为空");
        }
        //判断用户名和密码是否正确……
}
```

在上述代码中，根据“$_POST["btn"]”是否存在，来判断是否有表单提交。使用“$_SESSION ['username']=$username;”语句保存用户名信息。当验证用户名或密码为空时，在 connection.php 中定义函数 alert()函数，通过 alert()函数弹出提示框以提示用户补充信息，具体代码如下：

```
function alert($tan){
        echo "<script>alert('".$tan."');</script>";
}
```

3. 验证用户名和密码是否正确

在验证用户名和密码非空后，在 index.php 中判断表单提交的用户名和密码与数据库当中的是否一致，具体代码如下：

```
$data=login_select1($username,$password);
        if(mysqli_num_rows($data)==0||mysqli_num_rows($data)==null){
                alert("用户名或密码错误");
        }
        else{
                is_first_login();
        }
```

在上述代码中，使用 connection.php 中定义的 login_select1($username,$password)函数在数据库中查询相应的用户名和密码，通过 mysqli_num_rows($data)函数判断查询结果是否存在，从而判断用户名和密码是否存在。login_select1($username,$password)函数的具体代码如下：

```
function login_select1($username,$password){
	global $link;
$sql="SELECT * FROM user where username='".$username."' and password='".$password."'";
	$query=mysqli_query($link,$sql);
	return $query;
}
```

在上述代码中，通过 SQL 查询语句查找相应的用户名及密码，调用 mysqli_query()函数执行查询操作，并将结果返回到$query 中。

4．登录成功界面跳转

当用户名和密码验证通过后，调用 is_first_login()函数判断用户是否为第一次登录，具体代码如下：

```
function is_first_login(){
		//判断是否第一次登录
		$data=personal_information_select($_SESSION['username']);
		if(mysqli_num_rows($data)==0||mysqli_num_rows($data)==null){
			header('Location:personalinformation.php');
		}
		else{
			header('Location: info.php');
		}
```

在上述代码中，通过调用 connection.php 中的 personal_information_select ()函数查看用户个人信息，使用 mysqli_num_rows() 函数获取结果集中行的数目，从而判断用户是否为注册后第一次登录。personal_information_select ()函数的具体代码如下：

```
function personal_information_select($username){
global $link;
		$sql="SELECT * FROM personal_information where username='".$username."'";
		$query=mysqli_query($link,$sql);
		return $query;
}
```

当在数据库中查到存在当前用户的个人信息时，会通过 header()函数直接跳转到 info.php 界面；若未查到，则跳转到 personalinformation.php 界面。

12.3.4 生成验证码

在用户登录功能中，考虑到项目的安全问题，可以使用验证码来防止特定程序以暴力破解方式进行不断的登录获取用户的密码。通常情况下，使用随机数字图片验证码，用户输入图片上的数字来进行验证。

1．生成四位随机数字

在项目的 code\identifyingcode.php 中保存生成验证码的相关函数。生成验证码首先要生成验证的文本信息，本项目采用四位随机数字作为验证码的文本，生成代码如下：

```
function zi(){
		session_start();
```

```
        $str='0123456789';//随机因子
        $len=strlen($str)-1;//总长度
        $randomN="";
        for($i=0;$i<4;$i++){
            $randomN.=$str[mt_rand(0,$len)];
        }
        $_SESSION['cun']=$randomN;
        return $randomN;
    }
```

在上述代码中，使用 mt_rand(0,$len)函数从$str 中随机取出四个数字保存到$randomN，通过 Session 保存验证码文本。

2．生成验证码图片

生成验证码的四位随机数字后，调用 cs($x)函数生成验证码图片，具体代码如下：

```
function cs($x){
        header("Content-Type:image/png");//设置消息头
        ob_clean();//清空输出缓冲区
        $im=imagecreate(58,28);
        //随机产生颜色
        $bgcolor=imagecolorallocate($im,255,255,255);
        $fontcolor1=imagecolorallocate($im,rand(1,255),rand(0,255),rand(0,255));
        $fontcolor2=imagecolorallocate($im,rand(1,255),rand(0,255),rand(0,255));
        $fontcolor3=imagecolorallocate($im,rand(1,255),rand(0,255),rand(0,255));
        $fontcolor4=imagecolorallocate($im,rand(1,255),rand(0,255),rand(0,255));
        $arr=array($fontcolor1,$fontcolor2,$fontcolor3,$fontcolor4);
        // 将背景设为白色
        imagefill($im,0,0,$bgcolor);
        //设置字的颜色
        for($i=0;$i<=3;$i++){
            $a1=substr($x,$i,1);
            imagestring($im,10,9+$i*10,7,$a1,$arr[$i]);
            }
        //产生点
        for($i=1;$i<50;$i++){
            imagesetpixel($im,rand(0,58),rand(0,28),$fontcolor2);
            }
        //产生直线
        for($i=1;$i<3;$i++){
        imageline($im,rand(0,58),rand(0,28),rand(0,28),rand(0,28),$fontcolor3);
         }
        //产生弧线
        for($i=1;$i<3;$i++){
        imagearc($im, rand(0,58), rand(0,28), rand(0,58), rand(0,28), rand(0,58), rand(0,28), $fontcolor4);
        }
        imagepng($im);//输出图片
        imagedestroy($im);//释放图像资源
    }
```

在上述代码中，通过 imagecreate()函数新建一个基于调色板的图像，使用 imagecolorallocate()函数为图片分配随机颜色，并分别产生点、直线、弧线等造型，实现了为验证码图片设置颜色、为随机数字设置颜色、添加造型等功能，完成了验证码图片的绘制，并输出图片。

3．输出验证码图片

在项目的 code\ call.php 中调用生成验证码函数，实现验证码图片输出功能，具体代码如下：

```
<?php
require("identifyingcode.php");
$yong=new identifyingcode();
$yong->cs($yong->zi());
?>
```

修改 index.php 文件，在密码文本框下添加验证码输入文本框及验证码图片，代码如下：

```
<h2>验证码：</h2>
<label class="aa">
<input name="text_identifyingcode" class="txt_input tt" type="text" />
<img src="code/call.php" class="bb" onclick="this.src=this.src+'?t='+Math.random();" style="cursor:
pointer"/>
</label>
```

在上述代码中，通过图片控件调用生成验证码函数，完成验证码图片的绘制及输出，并添加点击事件，完成点击切换图片的功能。

4．判断验证码是否正确

在验证用户名和密码后，再判断验证码输入是否正确，然后再查看用户是否为第一次登录，具体代码如下：

```
$identifyingcode=trim($_POST['text_identifyingcode']);
if($identifyingcode==trim($_SESSION['cun'])){
    is_first_login();
}
else{
    alert("验证码错误");
}
```

12.3.5 用户注册

1．显示用户注册界面

创建 register.php 文件用于实现用户注册功能，具体代码如下：

```
<?php
require('connection.php');
?>
<body class="login">
<div class="login_m">
<div class="login_logo">
<img src="img/logo.png" width="196" height="46"></div>
<div class="login_boder">
```

```
<div class="login_padding" id="login_model">
<form action="" method="post">
<h2>用户名：</h2>
<label>
<input type="text" name="text_user" id="username" class="txt_input txt_input2" placeholder="用户名" >
</label>
<h2>密码：</h2>
<label>
<input type="password" name="text_passwd1" id="passwd" class="txt_input" placeholder="密码" >
</label>
<h2>确认密码：</h2>
<label>
<input type="password" name="text_passwd2" id="querenpasswd" class="txt_input" placeholder="确认密
码" >
</label>
<h2 class="hh">身份：</h2>
<label>
<select name="select" class="txt_input">
    <?php
    $query=role_select();
    while($row=mysqli_fetch_array($query)){
        echo "<option value='".$row['id']."'>".$row['role']."</option>";
    }
    ?>
</select>
</label>
<div class="rem_sub">
<div class="rem_sub_l">
<label>
<input type="submit" class="sub_button" name="btn_register" id="button" value="注册" style="opacity:
0.7;">
</label>
</div>
<label>
<a href="index.php">
<input type="button" class="sub_button" name="btn1" id="button1" value=" 取 消 " style="opacity:
0.7;"></a>
</label></div>
</form></div>
```

在上述代码中，调用 connection.php 中 role_select()函数，用来从数据库中查询用户的角色类别，实现按角色注册功能，代码如下：

```
function role_select(){
    $sql="SELECT * FROM role";
    $query=mysqli_query($link,$sql);
    return $query;
}
```

函数执行结束后返回查询结果，并将查询到的用户角色类别以选项的形式显示到用户注册界面中。

2．验证用户名和两次密码信息

在用户单击“注册”按钮后，验证表单提交的用户名和两次密码是否为空，并判断两次密码是否一致，具体代码如下：

```
if(isset($_POST["btn_register"]))
{
        $username=$_POST["text_user"];
        $role=$_POST["select"];
        $password1=$_POST["text_passwd1"];//获取表单数据
        $password2=$_POST["text_passwd2"];
        if($username==""||$password1==""||$password2=="")//判断是否填写
        {
            alert("请填写完整");
        }
    else{
        if(strcasecmp($password1,$password2)==0)//确认密码是否一致
            {//新用户注册
            }
            Else
            {alert("密码不一致");
            }
        }
    }
```

通过$_POST 获取控件的输入值，并使用 strcasecmp()函数判断两次用户名是否一致，从而进行注册前的验证功能。

3．新用户注册

注册前的验证成功后，进行用户注册，具体代码如下：

```
$query=login_select($username);
$pass=mysqli_fetch_row($query);
if($pass[1]!=null||$pass[1]!="")//判断数据库表中是否已存在该用户名
{
        alert("该用户名已被注册");
}
else{
        //将注册信息插入数据库表中
        $query=login_insert($username,$password1,$role);
        if($query)
        {
            alert("注册成功");
            header('Location:index.php');
        }
}
```

在上述代码中，调用 connection.php 中的 login_select()函数查看是否存在该用户名，在本项目中用户名不能重复，如果用户名不存在则注册成功，否则不成功。login_select()函数的具体代码如下：

```
function login_select($username){
global $link;
    $sql="SELECT * FROM user where username='".$username."'";
    $query=mysqli_query($link,$sql);
    return $query;
}
```

通过 SQL 语句查找 user 表中是否存在当前用户名，当用户名验证不存在时，调用 connection.php 中的 login_insert()函数进行新用户注册，注册成功后通过 header()函数跳转到登录界面，具体代码如下：

```
function login_insert($username,$password,$role){
global $link;
    $sql="INSERT INTO user (username, password, role) VALUES ('".$username."', '".$password." ' ,
'".$role."')";
    $query=mysqli_query($link,$sql);
    return $query;
}
```

4．添加注册链接

修改 index.php 文件，在密码文本框下添加“注册”按钮，并为按钮添加链接，单击按钮后可直接跳转到 register.php 注册界面，具体代码如下：

```
<label>
<a href="register.php">
<input type="button" class="sub_button" name="btn1" id="button1" value="注册" style="opacity:
0.7;"></a>
</label>
```

12.3.6 完善用户信息

对于第一次登录的用户需要进行用户信息的完善，填写相关的用户信息。创建 personalinformation.php 文件用于实现用户信息完善功能，具体代码如下：

```
<?php
session_start();
require('connection.php');
?>
<body>
<div class="login_cont">
<div class="login_nav">
<div class="nav_slider">
<a href="#" class="signup focus">个人信息完善</a>
</div>
</div>
<form action="" method="post">
<div class="input_signup active">
<div >真实姓名</div>
<input class="input"name="text_name" type="text">
<div>邮箱</div>
```

```
<input class="input" name="text_email"  type="text">
<div >QQ</div>
<input class="input" type="text"name="text_qq">
<div >身份证号</div>
<input class="input" type="text"name="text_IDnumber">
<div >手机号</div>
<input class="input" type="text"name="text_phone">
<div >出生年月</div>
<input class="input" type="date" name="text_birthday">
<input class="btn btn-primary btn-lg" type="button" data-toggle="modal" data-target="#myModal"
value="个人简介" style="margin-bottom:10px; margin-top:10px;">
<!-- 模态框（Modal）-->
<div class="modal fade" id="myModal" tabindex="-1" role="dialog" aria-labelledby="myModalLabel"
aria-hidden="true">
<div class="modal-dialog" >
<div class="modal-content">
<div class="modal-header">
<button type="button" class="close" data-dismiss="modal" aria-hidden="true">×</button>
<h4 class="modal-title" id="myModalLabel">自我介绍</h4>
</div>
<div class="modal-body">
<textarea id="editor" name="editor" type="text/plain" style="width:100%;height:300px;"></textarea>
</div>
<div class="modal-footer">
<button type="button" class="btn btn-default" data-dismiss="modal">关闭</button>
<button type="button" class="btn btn-primary" data-dismiss="modal">确认</button>
</div>
</div><!-- /.modal-content -->
</div><!-- /.modal-dialog -->
</div><!-- /.modal -->
<input class="input" type="submit" name="btn_confirm" value="确定" >
</div>
</form>
</div>
<script src="js/jquery-3.3.1.min.js"></script>
<script src="js/bootstrap.min.js"></script>
<script>
    $(function () { $('#myModal').modal('hide')});
</script>
</body>
```

在上述代码中，包括真实姓名、邮箱、QQ、身份证号、手机号和出生年月文本框，并使用模态框来隐藏个人简介编辑弹出框。当单击“个人简介”按钮后，弹出简介编辑文本框。信息填写完成后，单击“确定”按钮，对提交的用户信息进行处理，具体代码如下：

```
if(isset($_POST["btn_confirm"]))
{
    $name=$_POST["text_name"];
    $IDnumber=$_POST["text_IDnumber"];
    $phone=$_POST["text_phone"];
    $qq=$_POST["text_qq"];//获取表单数据
    $email=$_POST["text_email"];
```

```
        $birthday=$_POST["text_birthday"];
        $resume=$_REQUEST["editor"];
        $data=personal_information_insert($name,$email,$qq,$IDnumber,$phone,$birthday,$resume);
    if($data){
            header('Location: nfo.php');
        }
        else{
            alert("添加失败");
        }
    }
```

根据$_POST["btn_confirm"]是否存在，来判断是否有表单提交。表单提交后，调用connection.php 中的 personal_information_insert()函数向数据库添加用户个人信息，具体代码如下：

```
    function personal_information_insert($name,$email, $qq,$IDnumber, $phone,$birthday, $resume){
    global $link;
        $sql="INSERT INTO personal_information (name, email, qq, IDnumber, phone, username,
birthday,resume) VALUES ('".$name."', '".$email."', '".$qq."', '".$IDnumber."', '".$phone."','".$_SESSION
['username']."','".$birthday."','".$resume."') ";
        $query=mysqli_query($link,$sql);
        return $query;
    }
```

通过 SQL 语句在数据库的 personal_information 表中添加用户信息，并返回添加结果。如果添加成功，则通过 header()函数跳转到用户联系人信息展示界面。

12.3.7 查看联系人信息

1. 查询联系人信息

创建 info.php 文件用来显示用户联系人信息，用户联系人信息分角色显示，管理员可显示自己账号的联系人信息，超级管理员可显示所有账号的联系人信息，具体代码如下：

```
<?php
session_start();
$username=$_SESSION['username'];
require('connection.php');
$role=user_role_select($username);
$query=info_select($username,$role);
?>
```

在上述代码中，$role 用于保存用户的账号角色，通过调用 connection.php 中的 user_role_select()函数获取账号角色。user_role_select()函数的具体代码如下：

```
function user_role_select($username){
    $sql="select role from user where username='".$username."' ";
    $row=mysqli_fetch_array(mysqli_query($sql));
    return $row['role'];
}
```

获取用户的角色后，通过调用 connection.php 中的 info_select()函数查询该用户所能管理的联系人信息，$ query 用于保存查询到的联系人信息。info_select()函数的具体代码如下：

```
function info_select($username,$role){
global $link;
        $sql="select * from info ";
        if($role==1){
                $sql=$sql." where username='".$username."' ";
        }
        $query=mysqli_query($link,$sql);
        return $query;
}
```

2．显示联系人信息

查询到联系人信息后，在 info.php 文件中将信息显示到查看联系人信息界面中，具体代码如下：

```
<table class="table table-striped table-bordered">
<thead>
<tr>
<th>#</th>
<th>姓名</th>
<th>昵称</th>
<th>邮箱</th>
<th>QQ</th>
<th>手机号</th>
<th>管理员名</th>
</tr>
</thead>
<tbody>
<?php
while($row=mysqli_fetch_array($query)){
      echo "<tr style='text-align:content'>";
      echo "<td>".$row["id"]."</td>";
      echo "<td>".$row["name"]."</td>";
      echo "<td>".$row["nickname"]."</td>";
      echo "<td>".$row["email"]."</td>";
      echo "<td>".$row["qq"]."</td>";
       echo "<td>".$row["phone"]."</td>";
       echo "<td>".$row["username"]."</td>";
}
?>
</tbody>
</table>
```

在上述代码中，通过 mysqli_fetch_array()函数获取到查询结果中的一行，并生成数组保存在$row 中，进而获取$row 中的每个值显示在界面中。

3．联系人模糊查询

在 info.php 文件中添加表单，包含搜索框和“查询”按钮，具体代码如下：

```
<form action="" method="post" id="myform">
<input name="text_cha" type="text" class="in">
```

```
<input name="btn_submit" type="submit" class="btn btn-info btn-large">
</form>
```

更改查询联系人信息代码，添加模糊查询联系人功能，具体代码如下：

```
if(!isset($_SESSION['a'])||$_SESSION['a']==null)
{
        $_SESSION['a']="";
}
if(isset($_POST["btn_submit"])){
        $_SESSION['a']=$_POST["text_cha"];
}
```

在上述代码中，根据$_POST["btn_submit"]是否存在，来判断是否进行联系人信息查询，并将查询结果保存在 Session 中。修改在 connection.php 中的 info_select()函数，具体代码如下：

```
function info_select($username,$role){
global $link;
        $sql="select * from info ";
        if($_SESSION['a']==""||$_SESSION['a']==null){
                if($role==1){
                        $sql=$sql." where username='".$username."' ";
                }
        }
        else{
                $sql=$sql." where (name  like '%".$_SESSION['a']."%' or nickname like '%".$_SESSION['a']."
%' or qq like '%".$_SESSION['a']."%' or email like '%".$_SESSION['a']."%' or phone like '%".$_SESSION['a']."
%') ";//获取文本框内容，模糊查询
                if($role==1){
                        $sql=$sql." and username='".$username."' ";
                }
        }
        $query=mysqli_query($link,$sql);
        return $query;
}
```

12.3.8 分页查询

当用户联系人信息过多时，一次显示所有联系人信息会导致网页打开速度过慢，因此采用分页查询的方法保证网页显示速度。修改 info.php 中的代码实现分页查询功能，通过 GET 参数来传递当前页码，具体代码如下：

```
<?php
session_start();
$username=$_SESSION['username'];
require('connection.php');
if(!isset($_SESSION['a'])||$_SESSION['a']==null)
{
        $_SESSION['a']="";
}
```

```
    $pageNo=isset($_GET['page'])?$_GET['page']:1;//当前页码
    if(isset($_POST["btn_submit"])){
        $pageNo=1;
        $_SESSION['a']=$_POST["text_cha"];
    }
    $role=user_role_select($username);
    $num=info_num_select($username,$role); //查询联系人信息数量
    $page_size=5; //设置每页显示联系人数量
    $pageCount=max(ceil($num/$page_size),1);//总页数
    $pageNext=($pageNo+1)>$pageCount?$pageCount:$pageNo+1;//上一页
    $pagePrev=($pageNo-1)<1?1:$pageNo-1;//下一页
    $query=info_select($username,$role,$pageNo,$page_size);//按页数查询当前显示信息
    ?>
```

在上述代码中，设置每页显示的联系人信息的数量为5，$num用于保存联系人信息总数量，通过调用connection.php中的info_num_select()函数来获取联系人个数。info_num_select()函数的具体代码如下：

```
    function info_num_select($username,$role){
    global $link;
        $sql="select count(*) from info ";
        if($_SESSION['a']==""||$_SESSION['a']==null){
            if($role==1){
                $sql=$sql." where username='".$username."' ";
            }
        }
        else{
            $sql=$sql." where (name  like '%".$_SESSION['a']."%' or nickname like '%".$_SESSION['a']."
%' or qq like '%".$_SESSION['a']."%' or email like '%".$_SESSION['a']."%' or phone like '%".$_SESSION['a']."
%') ";//获取文本框内容，模糊查询
            if($role==1){
                $sql=$sql." and username='".$username."' ";
            }
        }
        $row=mysqli_fetch_array(mysqli_query($link,$sql));
        return $row[0];
    }
```

在上述代码中，通过$_SESSION['a']判断是否有查询条件，并判断用户是否为超级管理员，通过mysqli_fetch_array()函数查询符合条件的数据。

修改connection.php中的info_select()函数，添加分页查询功能，具体代码如下：

```
    function info_select($username,$role,$pageNo,$page_size){
    global $link;
        $sql="select * from info ";
        if($_SESSION['a']==""||$_SESSION['a']==null){
            if($role==1){
                $sql=$sql." where username='".$username."' ";
            }
        }
        else{
            $sql=$sql." where (name  like '%".$_SESSION['a']."%' or nickname like '%".$_SESSION['a'].
```

```
"%' or qq like '%".$_SESSION['a']."%' or email like '%".$_SESSION['a']."%' or phone like '%".$_SESSION['a'].
"%') ";//获取文本框内容，模糊查询
                if($role==1){
                        $sql=$sql." and username='".$username."' ";
                }
        }
        $sql=$sql." limit ".(($pageNo-1)*$page_size).", ".$page_size;
        $query=mysqli_query($link,$sql);
        return $query;
}
```

在 info.php 中添加分页导航，用于上下翻页等操作，分页导航通常包含首页、上一页、下一页、最后一页、联系人总数量和总页数，具体代码如下：

```
echo "<td>共".$num."条</td>";
echo "<td>共".$pageCount."页</td>";
echo "<td><a href='info.php?page=1'>首页</a></td>";
echo "<td><a href='info.php?page=".$pagePrev."'>上一页</a></td>";
echo "<td><a href='info.php?page=".$pageNext."'>下一页</a></td>";
echo "<td><a href='info.php?page=".$pageCount."'>最后一页</a></td>";
```

12.3.9 添加联系人

1. 显示添加联系人界面

创建 add.php 文件用于实现添加联系人功能，具体代码如下：

```
<?php
session_start();
require('connection.php');
?>
<body>
<div class="login_cont">
<div class="login_nav">
<div class="nav_slider">
<a href="#" class="signup focus">添加联系人</a></div>
</div>
<form action="" method="post">
<div class="input_signup active">
<input class="input" name="text_name" type="text" placeholder="姓名" value="">
<div class="hint">请填写符合格式的用户名</div>
<input class="input" name="text_nickname" type="text" placeholder="昵称" value="">
<div class="hint">请填写符合格式的昵称</div>
<input class="input" name="text_phone" type="text" placeholder="手机号" value="">
<div class="hint">请填写符合格式的手机号</div>
<input class="input" name="text_email" type="text" placeholder="邮箱" value="">
<div class="hint">请填写邮箱</div>
<input class="input" type="text" name="text_qq" placeholder="QQ" value="">
<div class="hint">请填写符合格式的 QQ</div>
<input class="input" type="submit" name="btn_add" value="添加">
</div></form>
</div></body>
```

在上述代码中，包括姓名、昵称、手机号、邮箱和 QQ 文本框，并通过 post 方式提交文本信息。

2. 验证表单信息

在用户单击“添加”按钮后，验证表单提交的联系人信息是否为空，具体代码如下：

```
if(isset($_POST["btn_add"]))
{
        $name=$_POST["text_name"];
        $nickname=$_POST["text_nickname"];
        $email=$_POST["text_email"];
        $qq=$_POST["text_qq"];
        $phone=$_POST["text_phone"];
        if($name==null||$name==""){

                alert("用户名不能为空");
        }
        else
                {
                        if($nickname==""||$nickname==null){
                                alert("昵称不能为空");
                        }
                        else
                        {
                                if($phone==""||$phone==null){
                                        alert("手机号不能为空");
                                }
                                else
                                {
                                        //在数据库中添加联系人
                                }
                        }
                }
        }
```

在上述代码中，根据$_POST["btn_add "]是否存在来判断是否有表单提交。表单提交后，验证用户名、昵称和手机号不能为空。

3. 在数据库中添加联系人信息

验证通过后，向数据库中添加联系人信息，具体代码如下：

```
$query=info_add($name,$nickname,$phone,$qq,$email,$_SESSION['username']);
if($query){
        alert("添加成功");
        header('Location: info.php');
}
```

通过调用 connection.php 中的 info_add()函数向数据库中添加联系人信息，添加结果保存在$query 中，添加成功则跳转到 info.php。info_add()函数的具体代码如下：

```
function info_add($name,$nickname,$phone,$qq,$email,$username){
global $link;
    $sql="INSERT INTO info (name,nickname,phone,qq,email,username) VALUES ('".$name."',
'".$nickname."','".$phone."','".$qq."','".$email."','".$username."')";
    $query=mysqli_query($link,$sql);
    return $query;
}
```

4. 添加链接

修改 info.php 中的代码，在表格最后一列增加“添加”按钮，具体代码如下：

```
<th>
<a href="http://www.php.com/chapter12/add.php">
<input name="add" type="button" class="btn btn-success btn-large" value="添加" form="myform"></a>
</th>
```

12.3.10 修改联系人

1. 显示修改联系人界面

创建 update.php 文件用于实现修改联系人功能，具体代码如下：

```
<?php
require('connection.php');
$id=$_GET['id'];
$query=info_select1($id);
$row=mysqli_fetch_array($query);
?>
<body>
<div class="login_cont">
<div class="login_nav">
<div class="nav_slider">
<a href="#" class="signup focus">信息</a>
</div>
</div>
<form action="" method="post">
<div class="input_signup active">
<div >姓名</div>
<input class="input"name="text_name" type="text" value="<?php echo $row['name']; ?>">
<div >昵称</div>
<input class="input" name="text_nickname" type="text" value="<?php echo $row['nickname']; ?>">
<div>邮箱</div>
<input class="input" name="text_email" type="text"    value="<?php echo $row['email']; ?>">
<div >QQ</div>
<input class="input" type="text"name="text_qq" value="<?php echo $row['qq']; ?>">
<div >手机号</div>
<input class="input" type="text" name="text_phone" value="<?php echo $row['phone']; ?>">
<input class="input" type="submit" name="btn_submit" value="确定" >
</div></form>
</div></body>
```

在上述代码中，通过 get 方式获取要修改的联系人 id，通过 connection.php 中的 info_select1()函数查找联系人信息并显示在界面中。

2．在数据库中修改联系人信息

当用户单击“确定”按钮后，在数据库中修改联系人信息，具体代码如下：

```
if(isset($_POST["btn_submit"]))
{
    $name=$_POST["text_name"];
    $nickname=$_POST["text_nickname"];
    $phone=$_POST["text_phone"];
    $qq=$_POST["text_qq"];//获取表单数据
    $email=$_POST["text_email"];
    $query=info_update($name,$nickname,$phone,$email,$qq,$id);
    if($query){
        alert("修改成功");
        header('Location:info.php');
    }
}
```

在上述代码中，通过调用 connection.php 中的 info_update()函数在数据库中修改联系人信息，修改结果保存在$query 中，修改成功则跳转到 info.php。info_update()函数的具体代码如下：

```
function info_update($name,$nickname,$phone,$email,$qq,$id){
global $link;
    $sql="update info set nickname='".$nickname."',name='".$name."' , phone='".$phone."', email='".
$email."', qq='".$qq."' where id='".$id."'";
    $query=mysqli_query($link,$sql);
    return $query;
}
```

3．添加修改链接

修改 info.php 中的代码，在联系人信息最后一列添加“修改”按钮，具体代码如下：

```
echo "<td class='action-td'>
<a href='http://www.php.com/chapter12/update.php?id=".$row["id"]."' class='btn btn-sm btn-warning'>
<span>改</span></a>
</td>";
```

在上述代码中，单击“修改”按钮后，向 update.php 中传递要修改的联系人 id。

12.3.11 删除联系人

1．添加删除链接

修改 info.php 中的代码，在“修改”按钮后添加“删除”按钮，具体代码如下：

```
<a href='http://www.php.com/chapter12/delete.php?id=". $row['id']."' class='btn btn-sm btn-danger
shan'><span>删</span></a>
```

2. 在数据库中删除联系人信息

在单击“删除”按钮后，会向 delete.php 中传递参数 id，该参数 id 代表要删除的联系人，具体代码如下：

```
<?php
echo "<meta charset='utf-8' />";
require('connection.php');
$id=$_GET['id'];
$query=info_delete($id);
if($query){
	header("Location: info.php");
}
?>
```

在上述代码中，通过调用 connection.php 中的 info_delete()函数实现删除联系人功能，删除成功后跳转到 info.php。info_delete()函数的具体代码如下：

```
function info_delete($id){
	$sql="DELETE FROM info WHERE id='".$id."'";
	$query=mysqli_query($link,$sql);
	return $query;
}
```

12.3.12 用户退出

修改 info.php 中的代码，在分页导航后添加“安全退出”按钮，具体代码如下：

```
echo "<td> <a href='http://www.php.com/chapter12/quit.php'>
	<input name='quit' type='button' class='btn btn-danger btn-large' value='安全退出' form='myform'>
</a></td>";
```

创建 quit.php 文件用于实现用户退出功能，具体代码如下：

```
<?php
session_start();
//清空 session 信息
$_SESSION = array();
//清除客户端 sessionid
if(isset($_COOKIE[session_name()]))
{
	setCookie(session_name(),'',time()-3600,'/');
}
//彻底销毁 session
session_destroy();
header('Location: index.php');
?>
```

在上述代码中，单击“安全退出”按钮后，销毁 Session，并跳转到登录界面。

参 考 文 献

[1] 工业和信息化部教育与考试中心. Web 前端开发（高级）[M]. 北京：电子工业出版社，2019.

[2] 工业和信息化部教育与考试中心. Web 前端开发（中级）[M]. 北京：电子工业出版社，2019.

[3] 高洛峰. 细说 PHP（第 4 版）[M]. 北京：电子工业出版社，2019.

[4] 兄弟连 IT 教育. 跟兄弟连学 PHP [M]. 北京：电子工业出版社，2016.

[5] 黑马程序员. PHP 基础案例教程[M]. 北京：人民邮电出版社，2017.

[6] 牟奇春，汪剑. PHP 动态网站开发项目教程[M]. 北京：人民邮电出版社，2016.

[7] 林世鑫. PHP 程序设计基础教程[M]. 北京：电子工业出版社，2018.

[8] 汤青松. PHP Web 安全开发实战[M]. 北京：清华大学出版社，2018.

[9] 郑阿奇. PHP 实用教程（第 3 版）[M]. 北京：电子工业出版社，2019.

[10] 朱珍，黄玲. PHP 网站开发实战项目式教程[M]. 北京：电子工业出版社，2019.